国家职业教育专业教学资源库配套教材

山东省职业教育精品在线开放课程配套教材

山东省职业教育精品资源共享课程配套教材

互联网+

After Effects 影视特效与合成
案例教程（微课版）

（第二版）

主　编　王德才　张成霞　曾文权

副主编　赵凤卿　袁永美　陈　奕

参　编　贾凤岐　单晓丽　徐　慧　姬　莹

主　审　徐国庆

科学出版社

北　京

内 容 简 介

本书基于编者丰富的教学与实践经验，精选工作实例，系统介绍 After Effects 2024 的核心功能与广泛应用。本书内容循序渐进，从基础动画制作起步，涵盖图层操作、关键帧动画、轨道与蒙版等核心概念，进而深入探讨文字动画、色彩校正、抠像、跟踪表达式、三维合成及影视特效等高级技巧。紧跟人工智能技术浪潮，本书特辟 AIGC 辅助视频创作前沿篇章，引领读者洞悉行业最新动态。通过精心策划的综合实训项目，全面提升读者的实战操作与创意制作能力。

本书既适合职业院校数字媒体技术、数字媒体艺术设计、虚拟现实技术应用等相关专业的影视后期教学，也适合业余爱好者自学提升。

图书在版编目（CIP）数据

After Effects影视特效与合成案例教程：微课版 / 王德才，张成霞，曾文权主编. -- 2 版. -- 北京：科学出版社，2025.1. -- ISBN 978-7-03-081288-9

Ⅰ. TP391.413

中国国家版本馆 CIP 数据核字第 20251BM509 号

责任编辑：张振华 / 责任校对：马英菊
责任印制：吕春珉 / 封面设计：东方人华平面设计部

科 学 出 版 社 出版

北京东黄城根北街 16 号
邮政编码：100717
http://www.sciencep.com

三河市骏杰印刷有限公司印刷
科学出版社发行 各地新华书店经销
*

2017 年 6 月第 一 版　　开本：787×1092　1/16
2025 年 1 月第 二 版　　印张：17
2025 年 1 月第九次印刷　　字数：370 000

定价：68.00 元
（如有印装质量问题，我社负责调换）

销售部电话 010-62136230　编辑部电话 010-62135120-2005

前　言

党的二十大报告深刻指出："加快建设国家战略人才力量，努力培养造就更多大师、战略科学家、一流科技领军人才和创新团队、青年科技人才、卓越工程师、大国工匠、高技能人才。"为了深入贯彻落实党的二十大精神，编者根据二十大报告和《职业院校教材管理办法》《高等学校课程思政建设指导纲要》《"十四五"职业教育规划教材建设实施方案》等相关文件精神，对本书内容进行了全面修订。在修订过程中，紧紧围绕"培养什么人、怎样培养人、为谁培养人"这一教育的根本问题，以落实立德树人为根本任务，以学生综合职业能力培养为中心，以培养卓越工程师、大国工匠、高技能人才为目标，以"科学、实用、新颖"为编写原则。经过修订，本书体例更加合理统一，工程案例和思政元素更加丰富，配套资源更加完善。具体而言，主要具有以下突出特点。

1. 校企"双元"联合编写，行业特色鲜明

本书是在行业专家、企业专家和课程开发专家的指导下，由校企"双元"联合开发。编者均来自教学或企业一线，具有多年的教学或实践经验。在编写本书的过程中，编者紧扣课程标准，遵循职业教育教学规律和技术技能人才培养规律，将影视行业发展的新理论、新标准、新规范和职业院校技能大赛要求的知识、能力与素养贯穿其中，符合当前企业对人才综合素质的要求。

2. 项目引领、任务驱动，突出"工学结合"

本书采用"基于项目教学""基于工作过程"的职业教育课程改革理念，以影视领域真实工程项目、典型工作任务、案例等为载体组织教学内容，能够满足项目化、案例化、模块化等多种教学方式的要求。

本书共设计 10 个项目、33 个任务。每个项目给出"内容导读""学习目标""思维导图"，便于学生明确学习内容和学习目标，制订学习计划；各任务以"任务目标""任务要求""任务实施"等模块展开，层层递进，环环相扣，将相关知识点、技能点、思政影射点等贯穿于实例中，集"教、学、练"于一体，突出"工学结合"。

3. 体现以人为本，强调综合职业能力培养

本书切实从职业院校学生的实际出发，以浅显易懂的语言和丰富的图示来进行说明，以岗位能力为核心设计单元，重点介绍操作技能与实用技巧，旨在培养学生的综合职业能力，拓宽学生的视野，激发学生的创新精神，并锻炼学生独立解决问题的能力。

本书从实用、专业的角度出发，剖析各个知识点、技能点，以练代讲，让学生在实践中学习，在学习中领悟。学生只要跟随操作步骤完成工作任务，就可以掌握 After Effects（简称 AE）的技术精髓。这种创新的教学方式不仅可以大幅提高学生的学习效率，还能有效激发学生的学习热情与创作灵感。

4. 融入思政元素，落实课程思政、专业思政

为落实立德树人的根本任务，充分发挥教材承载的思政教育功能，本书编写以习近平新时代中国特色社会主义思想为指导，深入贯彻落实二十大精神，结合影视领域相关岗位的共性职业素养要求，将规范意识、效率意识、创新意识、质量意识、职业素养、工匠精神、文化自信、家国情怀等思政元素融入教学内容，使学生在学习专业知识的同时，潜移默化地提升思想政治素养。

5. 配套立体化教学资源，适应信息化教学

为了方便教师教学和学生自主学习，本书配套有免费的立体化教学资源包，包括多媒体课件、微课视频、教案、素材、工程文件等。此外，本书中穿插有丰富的二维码，通过终端扫描可以观看相关的微课视频。

本书建议教学时数为 108 学时，各项目的学时分配请参考下表。

项目	课程内容	讲授	上机	合计
	课程导入	4	0	4
1	基础动画制作	4	4	8
2	轨道与蒙版应用	4	8	12
3	文字动画制作	4	8	12
4	影视色彩校正	4	4	8
5	抠像应用	4	4	8
6	跟踪与表达式应用	4	8	12
7	三维动画制作	4	8	12
8	影视特效制作	4	8	12
9	AIGC 辅助视频创作	2	2	4
10	综合实训	4	12	16
总计		42	66	108

本书由王德才（潍坊工程职业学院，教授，省教学名师，全国职业院校技能大赛教学能力比赛一等奖获得者，省职业教育精品资源共享课程负责人）、张成霞（潍坊工程职业学院，教授，省职业教育精品在线开放课程负责人）、曾文权（广东科学技术职业学院，教授，国家"万人计划"教学名师、国家课程思政教学名师，全国黄炎培职业教育"杰出教师奖"、国家教学成果奖二等奖获得者）担任主编，赵凤卿（潍坊工程职业学院，副教授，省课程思政示范课程负责人）、袁永美（山东信息职业技术学院，教授）、陈奕（浙江时光坐标科技股份有限公司，教授，影视特效导演）担任副主编，贾凤岐（潍坊工程职业学院）、单晓丽（潍坊工程职业学院）、徐慧（潍坊工程职业学院）、姬莹（潍坊工程职业学院，副教授，省优秀思政课教师）参与编写。徐国庆（华东师范大学职业教育与成人教育研究所，教授）对全书内容进行审定。

由于编者水平有限，书中难免存在疏漏和不足之处，恳请广大读者批评指正，意见和建议请发至 22139309@qq.com。

本书课程思政元素设计

为践行、弘扬"富强、民主、文明、和谐；自由、平等、公正、法治；爱国、敬业、诚信、友善"的社会主义核心价值观，落实"立德树人"的根本任务，本书以习近平新时代中国特色社会主义思想为指导，结合影视特效相关岗位的职业素养要求，从法治意识、环保意识、工匠精神、社会责任、爱国情怀、民族自信、文化自信等维度着眼，确定思政目标，设计思政内容，构建"匠心"（职业意识）、"匠魂"（职业道德）、"匠行"（职业行为）培育图谱，形成"浸润式"思政内容体系，润物细无声地将课程思政内容有效传递给学习者，让课程思政真正入脑入心入行。

位置	内容导引	课程思政目标	融入方式	课程思政元素
P30～P36	制作活泼的小蝌蚪动画	培养可持续发展的绿色生活理念，以及人与自然和谐共处的生态理念，同时引导传承和弘扬中华民族优秀传统文化，激发爱国热情，从而树立文化自信	通过制作活泼的小蝌蚪动画，引导培养可持续发展的绿色生活理念，以及人与自然和谐共处的生态理念，同时引导传承和弘扬中华民族优秀传统文化，激发爱国热情，从而树立文化自信	环保意识 爱国情怀 文化自信
P36～P40	制作大国工匠动态展示动画	培养敬业、精益、专注、创新的工匠精神，立志技能报国，为祖国建设发光发热、添砖加瓦	通过制作大国工匠动态展示动画，引导培养敬业、精益、专注、创新的工匠精神，立志技能报国，为祖国建设发光发热、添砖加瓦	工匠精神 社会责任
P48～P51	制作诗词渐现动画	传承和弘扬中华民族优秀传统文化，坚定文化自信、民族自信	通过制作诗词渐现动画，引导传承和弘扬中华民族优秀传统文化，坚定文化自信、民族自信	传统文化 文化自信 民族自信
P56～P60	制作扫光文字动画	树立担当意识、责任意识	通过制作"中国梦"扫光文字动画，引导树立担当意识、责任意识	担当意识 责任意识
P75～P79	制作放大镜文字动画	树立环境保护意识，践行绿色生态发展观，坚持人与自然和谐共生的生活理念	通过制作放大镜文字动画，引导树立环境保护意识，践行绿色生态发展观，坚持人与自然和谐共生的生活理念	环保意识 生态意识
P80～P84	制作跳动的路径文字	树立远大理想，争做新时代好青年，脚踏实地，奋发向上	通过制作跳动的路径文字"少年当有鸿鹄志，展翅高飞冲九霄"，引导树立远大理想，争做新时代好青年，脚踏实地，奋发向上，自强不息	立志高远 自强不息
P100～P102	晴朗风光视频调色	强化环境保护意识，感悟"绿水青山就是金山银山"的深刻含义	通过对晴朗风光视频进行调色，强化环境保护意识，感悟"绿水青山就是金山银山"的深刻含义	环保意识 生态意识
P117～P120	更换汽车背景	激发爱国热情，增强民族自信心，坚定道路自信、制度自信	通过更换汽车背景，感悟我国制造业的辉煌成就，激发爱国热情，增强民族自信心，坚定道路自信、制度自信	爱国精神 民族自信 道路自信 制度自信

续表

位置	内容导引	课程思政目标	融入方式	课程思政元素
P120~P123	晨雾中的河滩	强化保护环境意识，引导积极践行绿色可持续发展理念	通过绘制晨雾中的河滩，强化保护环境的意识，引导积极践行绿色可持续发展理念	环保意识 绿色发展
P145~P148	制作人物面部马赛克动画	培养数据安全意识、责任意识、服务意识，自觉遵守职业道德	通过制作人物面部马赛克动画，引导培养数据安全意识、责任意识、服务意识，自觉遵守行业职业道德	安全意识 责任意识 服务意识
P166~P171	制作彩色立方体动画	培养空间思维、整体思维	通过制作彩色立方体动画，引导培养空间思维、整体思维	空间思维 整体思维
P177~P182	制作航天宣传片	激发爱国热情，引导培养爱国精神，坚定文化自信、民族自信	通过制作航天宣传片，激发爱国热情，引导培养爱国精神，坚定文化自信、民族自信	爱国精神 文化自信 民族自信
P211~P216	制作"法治中国"动画	树立法治意识，自觉遵守行业职业道德，强化责任意识、服务意识	通过制作"法治中国"动画，引导树立法治意识，自觉遵守行业职业道德，强化责任意识、服务意识	法治意识 责任意识 服务意识
P220~P222	国内 AI 视频工具介绍	培养创新意识、责任意识	通过介绍国内 AI 视频工具，认知我国在 AI 大模型领域的国际前列水平，引导培养创新意识、责任意识	创新意识 责任意识
P225~P226	嬉戏的小动物	强化人与自然和谐共生的理念，积极践行保护环境的生活理念	通过利用嬉戏的小动物图片生成相应视频，强化人与自然和谐共生的理念，积极践行保护环境的生活理念	环保意识 生态意识
P230~P245	制作"珍惜水资源"公益广告	培养节约意识、环保意识，认识到水资源的不可再生性	通过制作"珍惜水资源"公益广告，引导培养节约意识、环保意识，认识到水资源的不可再生性	节约意识 环保意识
P246~P258	制作《走进科学》栏目片头	培养科学思维，以及独立思考的习惯，不盲从权威	通过制作《走进科学》栏目片头，引导培养科学思维，以及独立思考的习惯，不盲从权威	科学思维 独立思考

目　　录

课 程 导 入

▌内容导读

　　本部分涵盖了影视特效与合成的基础知识，包括影视制作中的镜头运镜技巧、数字视频的基础知识、常见文件格式，以及 After Effects 2024 的工作界面和制作动画的基本流程。通过本部分的学习，学生能够熟悉并掌握 After Effects 2024 的基本操作，为后续深入学习影视特效与合成打下坚实基础。

▌学习目标

知识目标

1. 了解镜头运镜的技巧。
2. 掌握数字视频的基础概念及常见文件格式。
3. 熟悉 After Effects 2024 的工作界面，掌握制作动画的基本流程。

能力目标

1. 熟练应用镜头的运镜技巧。
2. 熟练操作 After Effects 2024 的工作界面。
3. 能够制作简单的入门动画。

素养目标

1. 通过学习概念、专业术语，树立客观、严谨的科学态度。
2. 树立职业岗位工作标准化、规范化操作意识。
3. 传承和弘扬精益求精的工匠精神。

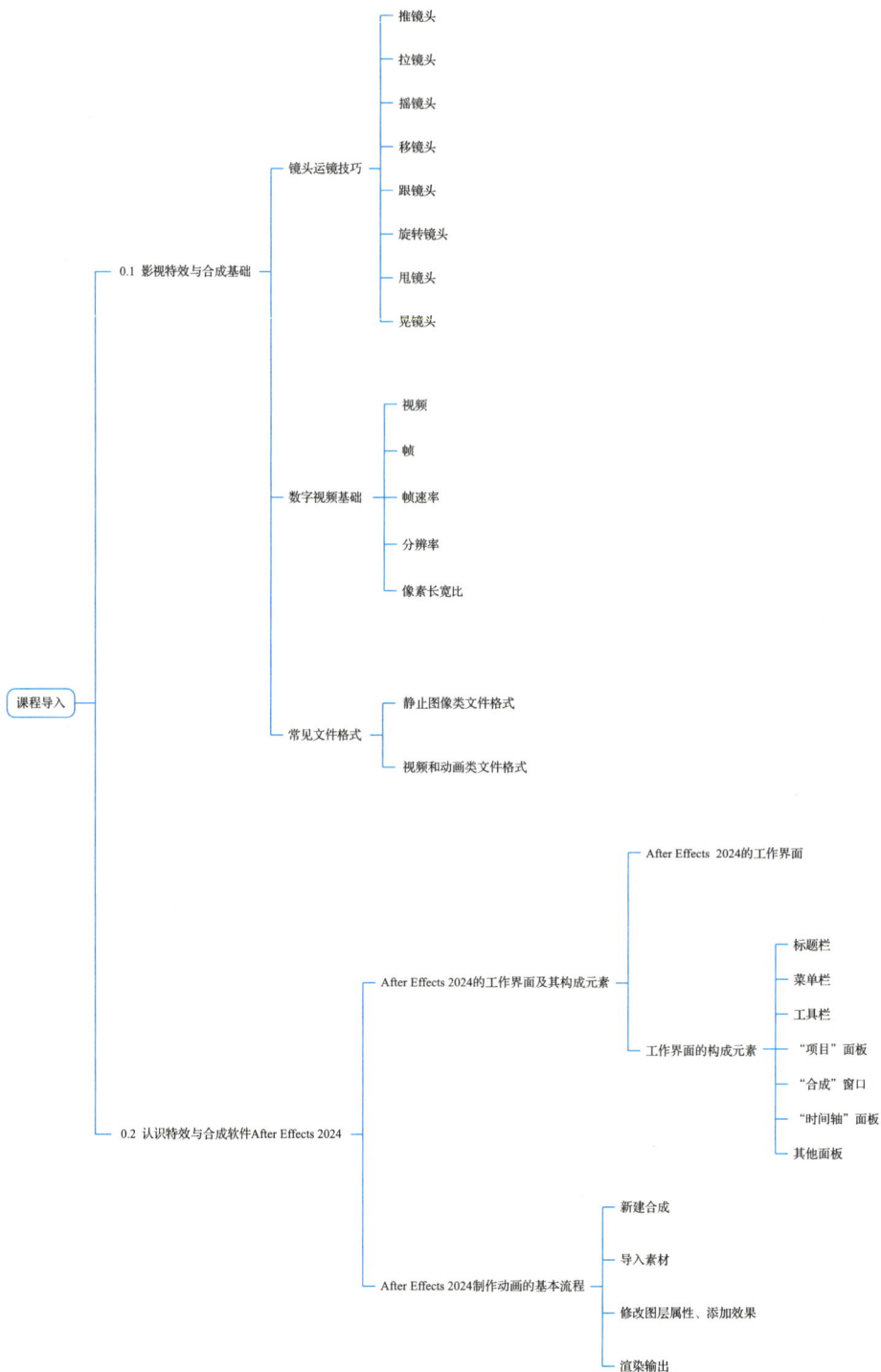

思维导图

课程导入
├─ 0.1 影视特效与合成基础
│   ├─ 镜头运镜技巧
│   │   ├─ 推镜头
│   │   ├─ 拉镜头
│   │   ├─ 摇镜头
│   │   ├─ 移镜头
│   │   ├─ 跟镜头
│   │   ├─ 旋转镜头
│   │   ├─ 甩镜头
│   │   └─ 晃镜头
│   ├─ 数字视频基础
│   │   ├─ 视频
│   │   ├─ 帧
│   │   ├─ 帧速率
│   │   ├─ 分辨率
│   │   └─ 像素长宽比
│   └─ 常见文件格式
│   ├─ 静止图像类文件格式
│   └─ 视频和动画类文件格式
└─ 0.2 认识特效与合成软件After Effects 2024
     ├─ After Effects 2024的工作界面及其构成元素
     │   ├─ After Effects 2024的工作界面
     │   └─ 工作界面的构成元素
     │   ├─ 标题栏
     │   ├─ 菜单栏
     │   ├─ 工具栏
     │   ├─ "项目"面板
     │   ├─ "合成"窗口
     │   ├─ "时间轴"面板
     │   └─ 其他面板
     └─ After Effects 2024制作动画的基本流程
          ├─ 新建合成
          ├─ 导入素材
          ├─ 修改图层属性、添加效果
          └─ 渲染输出

0.1 影视特效与合成基础

影视特效与合成是影视后期制作的关键环节，它运用先进技术和创意手段，将虚拟元素与实拍画面无缝融合，创造出震撼的视觉效果。通过特效处理，影片得以超越现实，呈现奇幻场景，增强叙事表现力，为观众带来沉浸式的观影体验。

0.1.1 镜头运镜技巧

镜头是影视创作的基石，每个完整的影视作品都由众多镜头拼接而成，缺失任何一个镜头，都无法构成作品。镜头的编排与设计共同塑造了影视作品的整体风貌，而镜头运用技巧的高低直接影响着作品的最终质量。

1. 推镜头

推镜头是指摄像机镜头与画面主体逐渐靠近，画面外框逐渐缩小，画面内的景物逐渐放大，使观众的视线从整体逐渐聚焦到某一局部。这种拍摄手法可以引导观众更深刻地感受角色的内心活动，加强情绪气氛的烘托。

推镜头在影视作品中的应用非常广泛。在新闻联播中，当需要选择和交待众多参与者中的重要人物时，记者常用推镜头来突出该新闻中的主要人物。在故事片中，推镜头也常被用来引导观众的视线、突出重要情节或揭示角色内心活动。

2. 拉镜头

拉镜头是指摄像机镜头逐渐远离画面主体，画面外框逐渐扩大，画面内的景物逐渐缩小，使观众的视线从某一细节扩展到整体布局。这种拍摄手法能够展现更广阔的场景，揭示更多的背景信息，同时给予观众一种远离、释放或结束的情感体验。

拉镜头在影视作品中的应用同样非常广泛。在纪录片中，拉镜头常被用来展示自然风光的壮丽，从微观细节逐渐扩展到宏大的自然景观。在剧情片中，拉镜头可以用来表现角色从紧张状态逐渐放松，或者从个人情感中抽离出来，重新融入周围环境的氛围。此外，在结尾场景中，拉镜头也常被用来营造一种渐离感，暗示故事即将结束，给观众留下回味和思考的空间。

3. 摇镜头

摇镜头是指摄像机镜头围绕某一中心点进行水平或垂直旋转，以捕捉不同角度的画面。这种拍摄手法能够展现同一场景下的多个视角，丰富画面内容，增强观众的视觉体验。

摇镜头在影视作品中的应用十分多样。在动作片中，摇镜头常被用来追踪快速移动的目标，如赛车、追逐等场景，使观众能够跟随角色的行动轨迹，感受紧张刺激的氛围。在风景片中，摇镜头可以展现山川湖泊、城市建筑的壮丽景色，带领观众领略不同地域的风土人情。此外，在对话场景中，摇镜头也可以用来切换不同角色的特写，展现他们之间的情感交流和互动。

4. 移镜头

移镜头是指摄像机沿着一定轨迹进行移动拍摄，以捕捉动态场景或展现不同位置的画面。这种拍摄手法能够增强画面的动态感和空间感，使观众有身临其境之感。

移镜头在影视作品中的应用非常灵活。在战争片中，移镜头常被用来展现战场的广阔与残酷。通过移动摄像机来捕捉不同位置的战斗场景，使观众能够感受到战争的紧张氛围。在旅行纪录片中，移镜头可以跟随主角的脚步，展现沿途的风景和人文景观，带领观众一起探索未知的世界。此外，在剧情片中，移镜头也可以用来表现角色的内心活动和情感变化，通过移动摄像机来展现角色在不同场景下的心理变化。

5. 跟镜头

跟镜头是指摄像机跟随某一运动物体进行拍摄，以捕捉该物体的动态过程和周围环境的变化。这种拍摄手法能够保持被摄物体的中心地位，同时展现其运动轨迹和周围环境的变化。

跟镜头在影视作品中的应用同样广泛。在体育比赛中，跟镜头常被用来捕捉运动员的动作和比赛过程，使观众能够清晰地看到运动员的技艺及比赛现场的紧张氛围。在纪录片中，跟镜头可以跟随主角的行动，展现其日常生活和工作环境，让观众更加深入地了解主角的生活和故事。此外，在剧情片中，跟镜头也可以用来表现角色的追踪、逃跑等场景，增强剧情的紧张感和观众的代入感。

6. 旋转镜头

旋转镜头是指被拍摄对象呈旋转效果的画面，镜头沿镜头光轴或接近镜头光轴的角度旋转拍摄，摄像机快速做超过 360°的旋转拍摄，这种拍摄手法多表现人物的晕眩感觉，是影视拍摄中常用的一种拍摄手法。

7. 甩镜头

甩镜头是通过快速摇动镜头，极快地从一个景物转移到另一个景物，从而将画面切换到另外的内容，而中间的过程则产生一片模糊的效果。这种拍摄手法可以表现内容的突然过渡。

8. 晃镜头

晃镜头相对于前面几种拍摄手法，应用要少一些，主要用于特定环境，让画面产生上下、左右或前后等摇摆效果，表现精神恍惚、头晕目眩、乘车船等摇晃效果。例如，在表现一个喝醉酒的人物场景时，就要用到晃镜头来增强视觉效果；同样地，在表现乘车行驶在崎岖不平的道路上时，也要采用晃镜头营造出颠簸感。

镜头语言是影视创作的灵魂，推、拉、摇、移、跟、旋转、甩、晃等拍摄技巧各具特色，不仅丰富了画面表现力，更深刻影响了情感的传达与故事的叙述，为观众带来沉浸式的视听享受与深刻的情感体验。

0.1.2 数字视频基础

数字视频基础涵盖视频采集、编辑、特效及输出，是影视制作的核心技术，可实现视觉内容的创作与表达。

1. 视频

视频是指由一系列单幅静态图像组成，每秒连续播放 24 帧以上，借助人眼的视觉暂留现象，在观者眼中形成的平滑而连续活动的影像。

2. 帧

在视频和电视领域，"帧"是一个非常重要的概念。它代表了视频信号传输中的基本单位，也是视频图像在时间上的最小单位。每一帧都是一幅静止的图像，而连续播放的帧则构成了动态的视频。

帧的概念与电影的胶片有相似之处。在胶片电影中，每一格胶片就代表了一个画面，当这些画面以一定的速度连续播放时，观众就能看到动态的电影。同样，在数字视频中，每一帧都是一个数字图像，当这些图像以每秒一定的帧数连续播放时，就能形成流畅的视频。

了解帧的概念和特性对于理解视频的质量、制作和传输过程具有重要意义。

3. 帧速率

帧速率（FPS）是指每秒扫描图片的帧数。

帧速率对视频的质量有重要影响。高帧速率可以提供更流畅、更真实的动态效果，但同时也需要更高的数据传输速率和更大的存储空间。常见的帧速率有 24FPS、30FPS、60FPS等，不同的帧速率适用于不同的应用场景，如电影、电视节目、体育赛事直播等。

4. 分辨率

我们经常听说的 4K、2K、1920、1080、720 等数字，就是指作品的分辨率。其中，4K分辨率具有更高的像素密度和更清晰的图像质量。

分辨率是用于度量图像内数据量多少的一个参数。例如，分辨率为 720px×576px，是指在横向和纵向上的有效像素为 720px 和 576px。因此，当在很小的屏幕上播放该分辨率的作品时，画面会显得清晰；当在很大的屏幕上播放该分辨率的作品时，由于作品本身像素不够，画面就变得模糊。

帧的分辨率也是视频质量的一个重要指标。分辨率决定了帧中像素的数量，进而影响图像的清晰度和细节表现。

5. 像素长宽比

像素长宽比是指像素的宽度与高度之间的比例关系。在标准的计算机图形和视频处理中，像素通常被视为正方形，因此其长宽比通常为 1∶1。然而，在某些特定的应用场景中，如电视广播标准或特定的显示设备，像素可能具有非正方形的形状，导致像素长宽比发生变化。这种变化可能会影响图像的显示效果，因此在处理图像和视频时需要特别注意。

0.1.3　常见文件格式

After Effects 支持很多种文件格式，有的格式是仅导入，而有的格式既可以导入也可以导出。

1. 静止图像类文件格式

静止图像类文件格式如表 0-1-1 所示。

表 0-1-1　静止图像类文件格式

格式	导入/导出支持	格式	导入/导出支持
Adobe Illustrator（AI、EPS、PS）	仅导入	JPEG（JPG、JPE）	导入和导出
Adobe PDF（PDF）	仅导入	Maya 相机数据（MA）	仅导入
Adobe Photoshop（PSD）	导入和导出	Open EXR（EXR）	导入和导出
位图（BMP、RLE、DIB）	仅导入	PCX（PCX）	仅导入
Cineon（CIN、DPX）	导入和导出	便携网络图形（PNG）	导入和导出
CompuServe GIF（GIF）	仅导入	Targa（TGA、VDA、ICB、VST）	导入和导出
ElectricImage IMAGE（IMG、EI）	仅导入	TIFF（TIF）	导入和导出

2. 视频和动画类文件格式

视频和动画类文件格式如表 0-1-2 所示。

表 0-1-2　视频和动画类文件格式

格式	导入/导出支持	格式	导入/导出支持
Panasonic	仅导入	AVCHD（M2TS）	仅导入
RED	仅导入	DV	导入和导出
Sony X-OCN	仅导入	H.264（M4V）	仅导入
RED 图像处理	仅导入	媒体交换格式（MXF）	仅导入
H.265（HEVC）	仅导入	MPEG-1（MPG、MPE、MPA、MPV、MOD）	仅导入
3GPP（3GP、3G2、AMC）	仅导入	QuickTime（MOV）	导入和导出
Adobe Flash Player（SWF）	仅导入	Windows Media（WMV、WMA）	仅导入
Adobe Flash 视频（FLV、F4V）	仅导入	开放式媒体框架（OMF）	导入和导出
动画 GIF（GIF）	仅导入	Video for Windows（AVI）	导入和导出

0.2　认识特效与合成软件After Effects 2024

After Effects 2024 是一款功能强大的视频特效与合成软件，支持 2D 及 3D 动画制作，可提供丰富的特效插件和动画工具。其优化的性能和增强的功能，使视频后期处理更加高效、流畅，助力用户实现创意视觉作品。

0.2.1　After Effects 2024 的工作界面及其构成元素

After Effects 2024 的工作界面包含菜单栏、工具栏、"项目"面板、"合成"窗口（也称查看器窗口）、"时间轴"面板等区域，用户可根据需求自定义工作区布局，实现高效的视频后期处理与动画制作。

1. After Effects 2024 的工作界面

启动 After Effects 2024 后，会出现欢迎界面，单击"新建项目"按钮，将进入 After Effects 2024 默认的工作界面。该工作界面由标题栏、菜单栏、工具栏、"项目"面板、"效果控件"面板、"合成"窗口、"时间轴"面板、"效果和预设"面板、"信息"面板等多个控制面板组成，如图 0-2-1 所示。

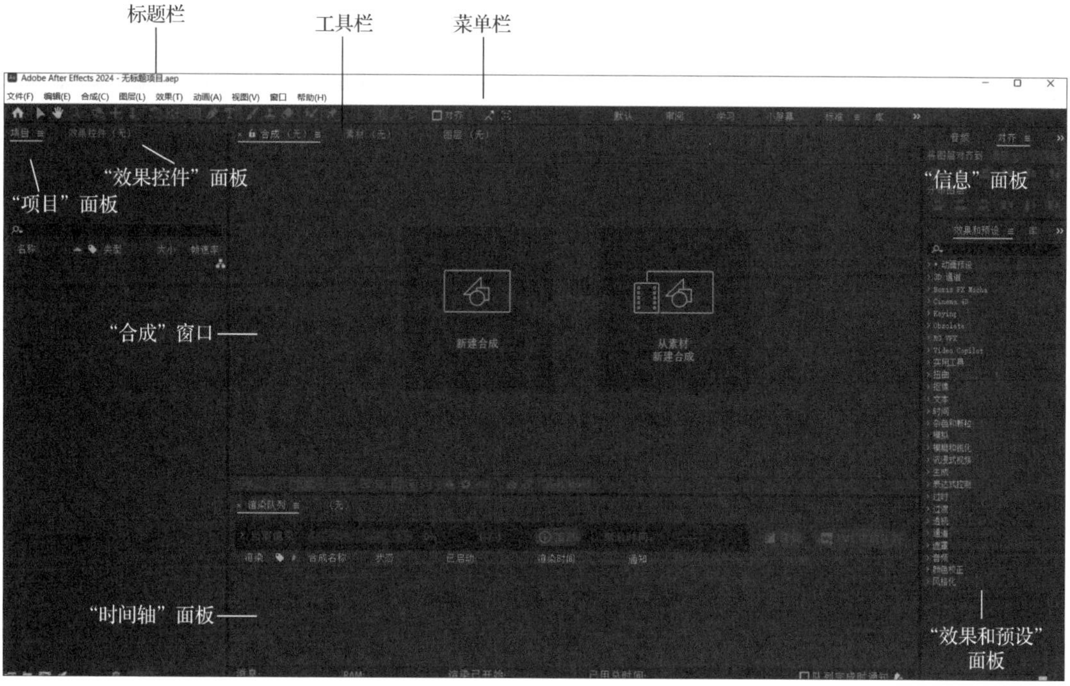

图 0-2-1　After Effects 2024 的工作界面

标题栏：用于显示软件版本、文件名称等基本信息。

菜单栏：按照程序功能分组排列，共有 9 个菜单栏命令，分别为文件、编辑、合成、图层、效果、动画、视图、窗口和帮助。

工具栏：提供各种基础工具来完成素材的选择、编辑、绘制和调整等工作。

"项目"面板：用于存放、导入及管理素材。

"效果控件"面板：主要用于设置效果参数。

"合成"窗口：用于预览"时间轴"面板中图层合成的效果。

"时间轴"面板：用于组接、编辑视/音频、修改素材参数、创建动画等。大多数编辑工作都需要在"时间轴"面板中完成。

"效果和预设"面板：用于为素材文件添加各种视频、音频、预设效果。

"信息"面板：用于显示选中素材的相关信息值。

2．工作界面的构成元素

下面介绍 After Effects 2024 工作界面各部分的构成与功能。

（1）标题栏

标题栏位于 After Effects 2024 工作界面的最上方，左侧用于显示软件版本、文件名称等基本信息，右侧可以进行最小化、最大化/还原和关闭工作界面等操作。

（2）菜单栏

菜单栏位于标题栏下方，共有 9 个菜单栏命令，如图 0-2-2 所示。

文件(F)　编辑(E)　合成(C)　图层(L)　效果(T)　动画(A)　视图(V)　窗口　帮助(H)

图 0-2-2　菜单栏

各个菜单栏命令的主要作用如下：

文件：主要对 After Effects 文件进行新建、打开、保存、关闭、导入、导出等操作。

编辑：主要对当前操作进行撤销或还原，对当前所选对象（如图层、关键帧）进行剪切、复制、粘贴等操作。

合成：主要进行新建合成、设置合成等与合成相关的操作。

图层：主要进行新建各种类型的图层，并对图层使用蒙版、遮罩、形状路径等与图层相关的操作。

效果：主要对"时间轴"面板中所选图层应用各种 After Effects 预设的效果。

动画：主要管理"时间轴"面板中的关键帧，如设置关键帧插值、调整关键帧速度、添加表达式等。

视图：主要用于控制"合成"窗口中显示的内容，如标尺、参考线等，也可以调整"合成"窗口的大小和显示方式。

窗口：主要用于开启和关闭各面板。

帮助：主要用于了解 After Effects 2024 的具体情况和各种帮助信息。

（3）工具栏

工具栏位于菜单栏下方，主要包括 3 个部分，最左边为"主页"按钮，中间部分为工具属性栏，右侧为工作模式选项，如图 0-2-3 所示。

图 0-2-3　工具栏

1）单击"主页"按钮可以打开 After Effects 2024 的"主页"界面，在"主页"界面可以进行新建项目、打开项目等操作，如图 0-2-4 所示。

图 0-2-4 "主页"界面

2）工具属性栏集成了操作时较为常用的工具按钮，有的工具右下角有一个小三角图标，表示这是一个工具组，在该工具上按住鼠标左键不放，可显示工具组中隐藏的工具。工具属性栏如图 0-2-5 所示。

图 0-2-5 工具属性栏

选取工具 ：可选择和移动对象，还可调节对象的关键帧，为对象设置入点和出点。

手形工具 ：在"合成"窗口或"图层"窗口中拖动鼠标指针，可移动对象的显示位置。

缩放工具 ：可用于放大和缩小"合成"窗口或"图层"窗口中显示的对象。

旋转工具 ：可对"合成"窗口中的对象进行旋转操作。

绕光标旋转工具 ：在 3D 图层打开后才能使用，可绕光标单击位置移动摄像机。

在光标下平移工具 ：平移速度相对于光标单击位置发生变化。

向光标方向推拉镜头工具 ：将镜头从合成中心推向光标单击位置。

向后平移（锚点）工具 ：用于调整对象的锚点位置。

矩形工具 ：可在画面中绘制矩形或创建矩形蒙版。

钢笔工具 ：可在画面中创建形状、路径和蒙版。

横排文字工具 ：可在"合成"窗口中输入横排文字。

画笔工具 ：可在画面中绘制图像，只能在"图层"窗口中使用。

仿制图章工具 ：可在画面中复制和取样图像，只能在"图层"窗口中使用。

橡皮擦工具 ：可擦除画面中的像素，然后显示出背景色，只能在"图层"窗口中使用。

Roto 笔刷工具 ：可将前景对象从背景中快速分离出来。

人偶位置控点工具 ：用于设置控制点位置。

3）在工作模式选项中，用户可根据自身需求选择不同模式的工作界面，主要包括默认、审阅和学习 3 种工作模式。在工作模式选项右侧单击按钮，可在弹出的菜单中查看其他工作模式。

（4）"项目"面板

"项目"面板位于界面的左上角，主要用来组织、管理所使用的素材，如图 0-2-6 所示。

图 0-2-6　"项目"面板

（5）"合成"窗口

"合成"窗口主要用于显示当前合成的画面效果，如图 0-2-7 所示。

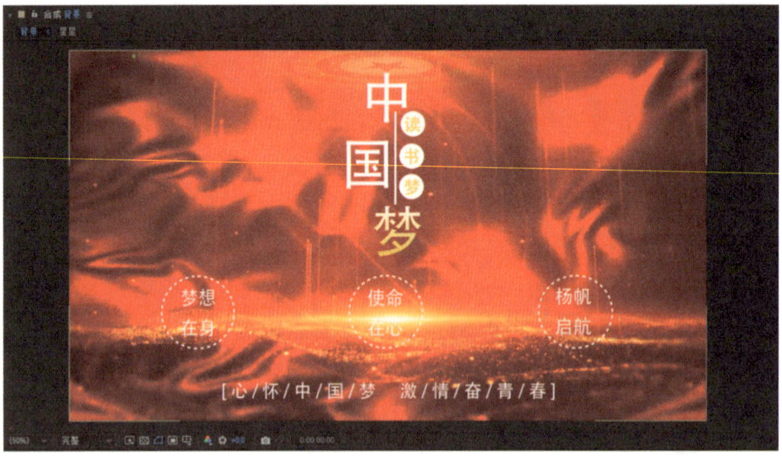

图 0-2-7　"合成"窗口

（6）"时间轴"面板

"时间轴"面板包含两大部分，左侧为图层控制区，右侧为时间控制区。左侧区域用于管理和设置图层对应素材的各种属性；右侧区域用于为对应的图层添加关键帧，以实现动态效果。"时间轴"面板如图 0-2-8 所示。

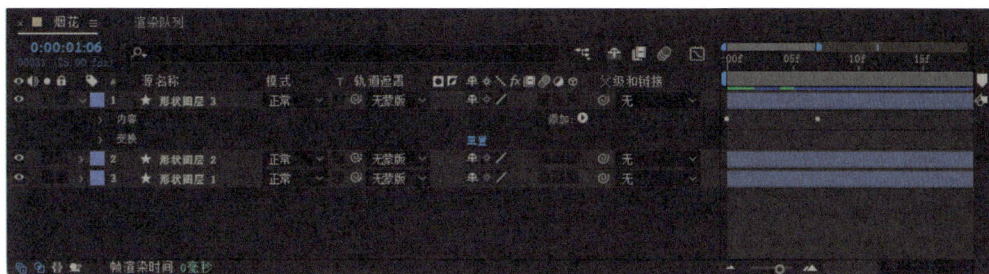

图 0-2-8   "时间轴"面板

（7）其他面板

在"默认"工作模式中，部分其他工具面板位于"合成"窗口右侧，如"字符"面板、"音频"面板、"预览"面板、"效果和预设"面板、"对齐"面板等，如图 0-2-9 所示，还有些面板由于工作界面布局有限而被隐藏。在操作过程中，可结合菜单栏中的"窗口"命令来调整需要在工作界面中显示的面板，以方便使用。

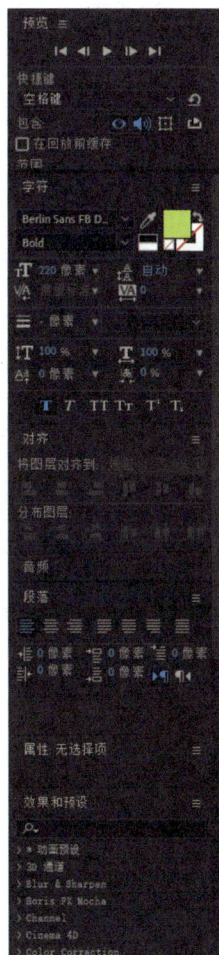

图 0-2-9   其他面板

0.2.2 After Effects 2024 制作动画的基本流程

After Effects 2024 制作动画的基本流程包括新建项目与合成、导入素材、创建图层并修改属性、添加关键帧制作动画、预览效果及最终渲染输出。通过这些步骤，用户可以制作出丰富的视频动画效果。

1. 新建合成

执行"合成"→"新建合成"命令，在打开的"合成设置"对话框中设置"合成名称"为"01"，"预设"选择"自定义"选项，设置"宽度"为"1280px"，"高度"为"720px"，"像素长宽比"为"D1/DV PAL（1.09）"，"帧速率"为"25 帧/秒"，设置时间长度为 5 秒，如图 0-2-10 所示，单击"确定"按钮。

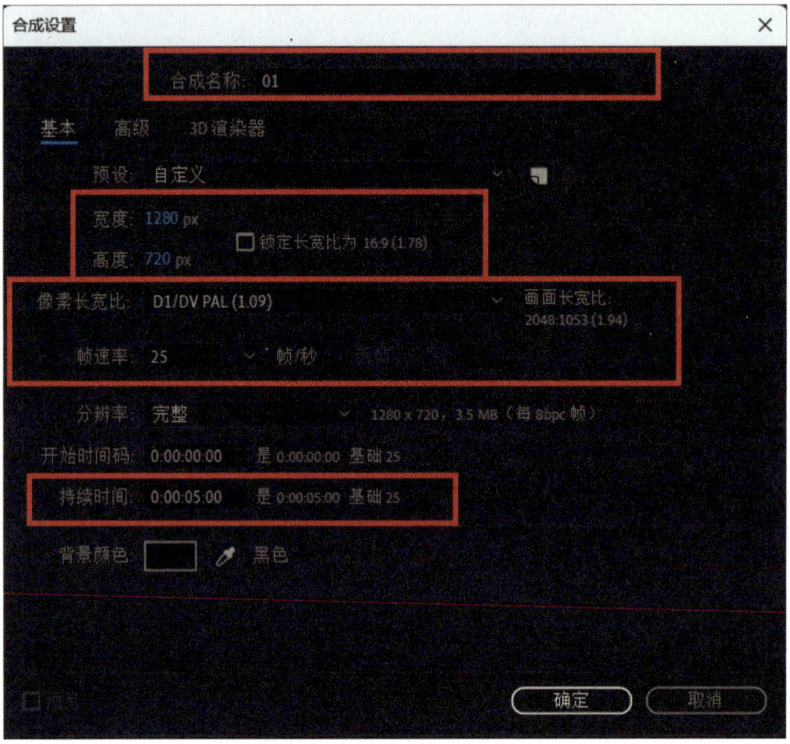

图 0-2-10 "合成设置"对话框

2. 导入素材

1）导入素材到"项目"面板。可以采用以下方法：

方法 1 执行"文件"→"导入"→"文件"命令，或按 Ctrl+I 组合键，在打开的"导入文件"对话框中选择要导入的文件。

方法 2 在"项目"面板空白处右击，在弹出的快捷菜单中执行"导入"→"文件"命令。

方法 3 在"项目"面板中双击，在打开的"导入文件"对话框中选择要导入的文件。

方法 4 在 Windows 资源管理器中选择需要导入的文件，直接拖到"项目"面板中即可。

同时导入多个素材的方法

方法1 导入多个不连续的素材。在按住 Ctrl 键的同时逐个选择所需的素材。

方法2 导入多个连续的素材。在按住 Shift 键的同时，选择开始的一个素材，再单击最后一个素材，即可选择多个连续的素材。

方法3 执行"文件"→"导入"→"多个文件"命令，多次导入需要的素材。

2）将"项目"面板中的素材文件拖到"时间轴"面板中，如图 0-2-11 所示。

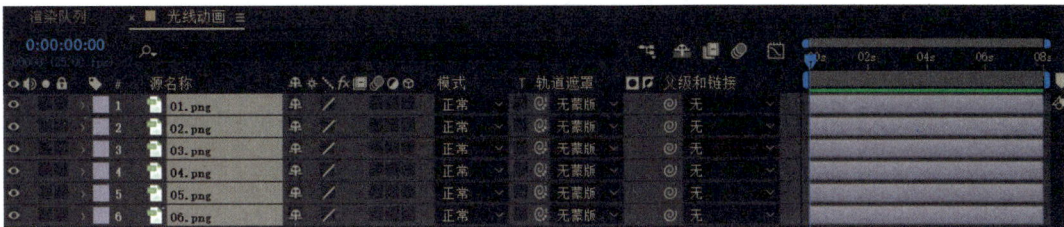

图 0-2-11　将素材文件拖到"时间轴"面板中

3. 修改图层属性、添加效果

（1）修改图层属性

按 S 键展开"缩放"属性，单击属性名称左侧的"时间变化秒表"按钮，开启关键帧，然后设置"缩放"为"（0.0,0.0%）"；将当前时间指示器移动至 3 秒 15 帧处，设置"缩放"为"（16.0,16.0%）"。按 P 键展开"位置"属性，设置"位置"为"（960.0,380.0）"，完成缩放动画制作，如图 0-2-12 所示。

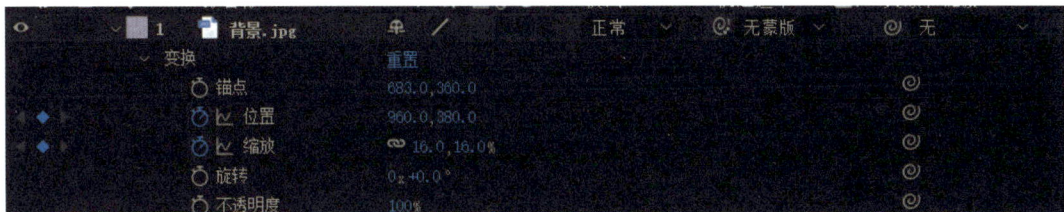

图 0-2-12　修改图层属性

（2）添加效果

在"效果和预设"面板中搜索"高斯模糊"特效，并将该特效拖到"时间轴"面板中的素材图层上，如图 0-2-13 所示。

4. 渲染输出

（1）添加到渲染队列

完成影片的制作后，执行"图像合成"→"添加到渲染队列"命令，或按 Ctrl+M 组合键，打开"渲染队列"面板。在"渲染队列"面板中，主要设置输出影片的格式，这也决定了影片的播放模式，如图 0-2-14 所示。

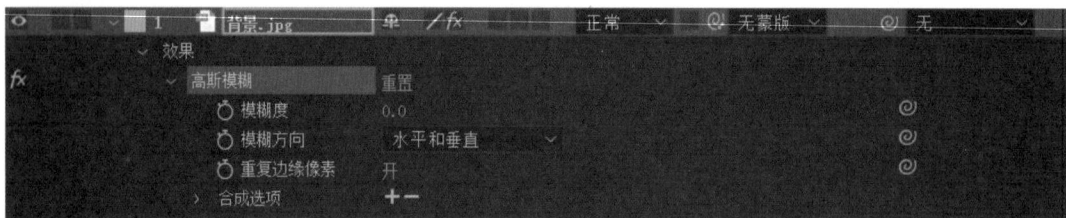

图 0-2-13　添加效果

图 0-2-14　添加到渲染队列

（2）设置渲染参数

单击"渲染设置"左侧的按钮，展开"渲染设置"参数项，可查看详细的数据，如图 0-2-15 所示。

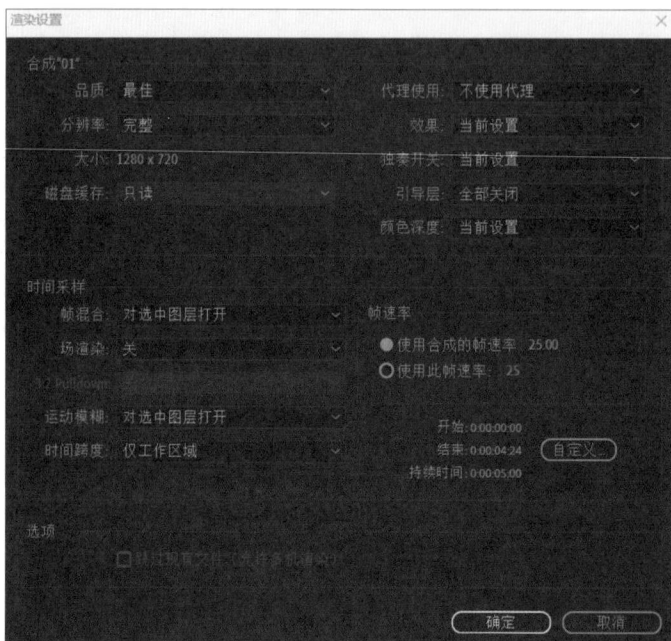

图 0-2-15　渲染设置

（3）设置影片的输出参数

设置影片的输出参数，如图 0-2-16 所示。

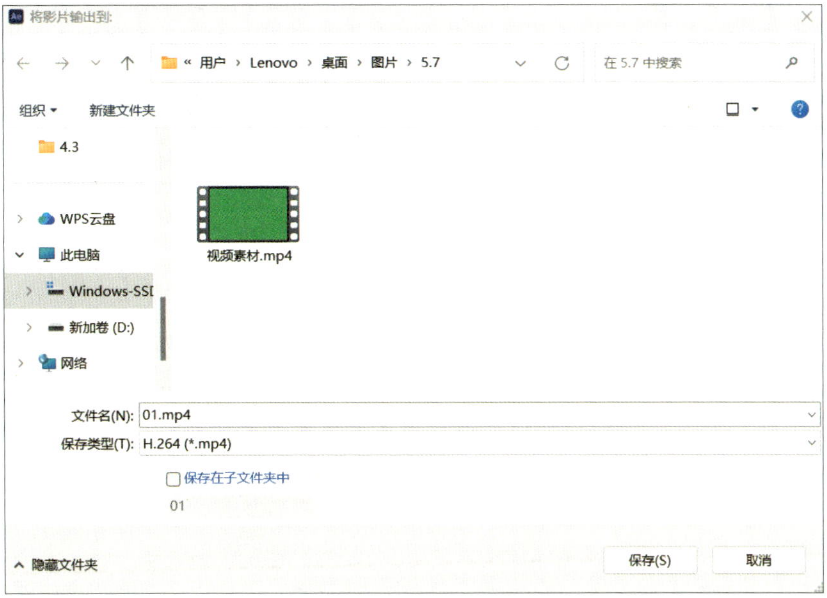

图 0-2-16　设置影片的输出参数

基础动画制作

▍内容导读

在影视后期合成领域，图层和关键帧是构建动态视觉效果的基础。图层是承载各类元素的基础单位，关键帧则是将各种静态元素转化为动态的关键所在。图层与关键帧作为构成基础动画的核心要素，为视频制作提供了极大的灵活性和创造性，使得用户能够轻松地将多个元素组合在一起，创造出令人惊叹的视觉效果。

▍学习目标

知识目标

1. 了解图层的概念，理解不同类型图层的功能和应用场景。
2. 掌握图层的创建方法。
3. 掌握图层属性和混合模式的设置方法。
4. 了解关键帧的概念及其在动画制作中的作用。
5. 掌握关键帧的设置技巧。

能力目标

1. 熟练进行图层的创建、管理和编辑等基础操作。
2. 熟练进行关键帧的创建、编辑与修改等操作。
3. 能够利用图层和关键帧制作基础动画。
4. 能够进行关键帧辅助操作。

素养目标

1. 培养科学严谨、规范标准的职业素养。
2. 培养认真细致、一丝不苟的工作态度。
3. 增强团队意识，提升沟通能力与团队协作能力。

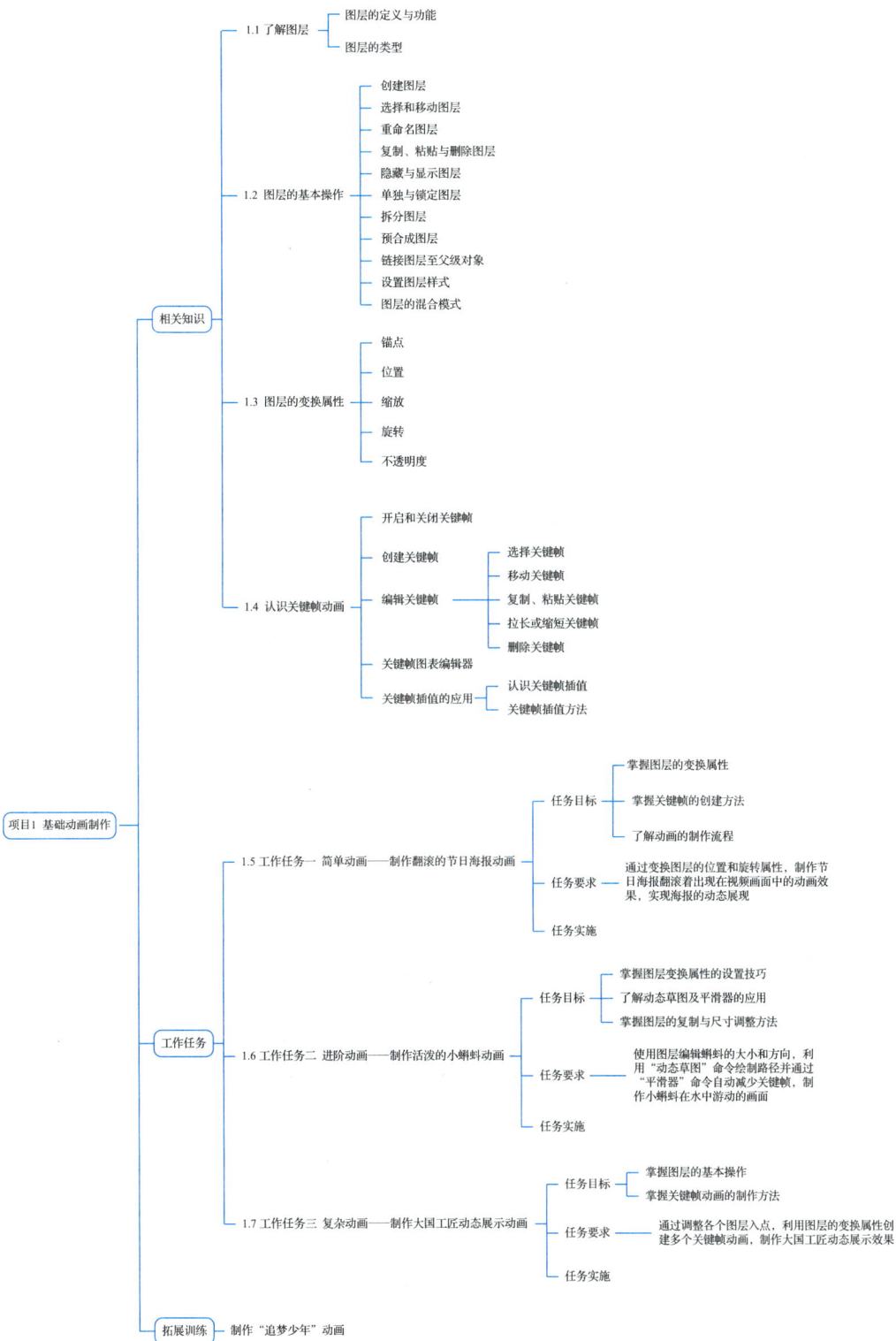

▌思维导图

项目1 基础动画制作
- 相关知识
  - 1.1 了解图层
    - 图层的定义与功能
    - 图层的类型
  - 1.2 图层的基本操作
    - 创建图层
    - 选择和移动图层
    - 重命名图层
    - 复制、粘贴与删除图层
    - 隐藏与显示图层
    - 单独与锁定图层
    - 拆分图层
    - 预合成图层
    - 链接图层至父级对象
    - 设置图层样式
    - 图层的混合模式
  - 1.3 图层的变换属性
    - 锚点
    - 位置
    - 缩放
    - 旋转
    - 不透明度
  - 1.4 认识关键帧动画
    - 开启和关闭关键帧
    - 创建关键帧
    - 编辑关键帧
      - 选择关键帧
      - 移动关键帧
      - 复制、粘贴关键帧
      - 拉长或缩短关键帧
      - 删除关键帧
    - 关键帧图表编辑器
    - 关键帧插值的应用
      - 认识关键帧插值
      - 关键帧插值方法
- 工作任务
  - 1.5 工作任务一　简单动画——制作翻滚的节日海报动画
    - 任务目标
      - 掌握图层的变换属性
      - 掌握关键帧的创建方法
      - 了解动画的制作流程
    - 任务要求
      - 通过变换图层的位置和旋转属性，制作节日海报翻滚着出现在视频画面中的动画效果，实现海报的动态展现
    - 任务实施
  - 1.6 工作任务二　进阶动画——制作活泼的小蝌蚪动画
    - 任务目标
      - 掌握图层变换属性的设置技巧
      - 了解动态草图及平滑器的应用
      - 掌握图层的复制与尺寸调整方法
    - 任务要求
      - 使用图层编辑蝌蚪的大小和方向，利用"动态草图"命令绘制路径并通过"平滑器"命令自动减少关键帧，制作小蝌蚪在水中游动的画面
    - 任务实施
  - 1.7 工作任务三　复杂动画——制作大国工匠动态展示动画
    - 任务目标
      - 掌握图层的基本操作
      - 掌握关键帧动画的制作方法
    - 任务要求
      - 通过调整各个图层入点，利用图层的变换属性创建多个关键帧动画，制作大国工匠动态展示效果
    - 任务实施
- 拓展训练
  - 制作"追梦少年"动画

1.1 了解图层

图层是构建动画和视觉效果的基础，承载着各种元素，如文字、图像、视频、音频等。在每个图层中，都可以独立地进行修改、添加动画、效果处理等操作。

1. 图层的定义与功能

图层，是指在一个时间轴上，可以独立编辑、调整属性的视觉元素集合。每个图层都可以被看作一个透明的画布，上面绘制着不同的元素，如图 1-1-1 所示。通过调整图层的顺序、混合模式等属性，可以实现复杂的视觉效果叠加和过渡。

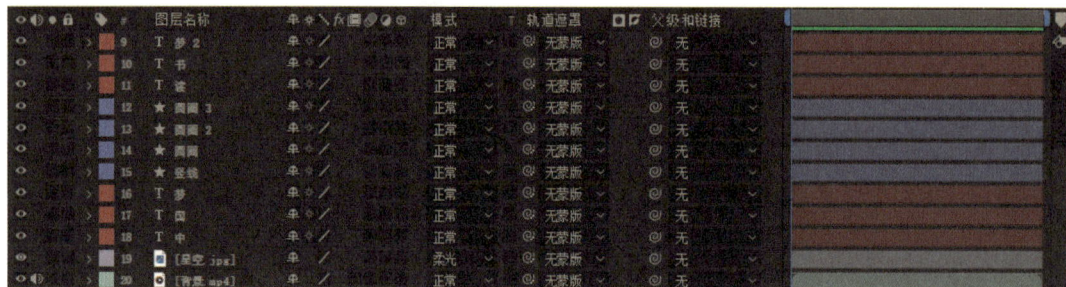

图 1-1-1　图层

2. 图层的类型

After Effects 中的图层类型丰富多样，主要包括以下几种。

1）素材图层：将"项目"面板中的视频、音频、图片等素材直接拖到"时间轴"面板中创建的图层，如图 1-1-2 所示。

图 1-1-2　素材图层

2）文本图层：用于在"合成"窗口中创建文字及动画效果，如图 1-1-3 所示。可以加载 After Effects 自带的文字动画预设，也可以将文本设置为 3D 文本。

3）纯色图层：用于创建纯色的背景或作为其他效果的载体，如图 1-1-4 所示。

4）灯光图层：为场景设置真实的灯光和投影效果，仅作用于三维合成中，如图 1-1-5 所示。

图 1-1-3　文本图层

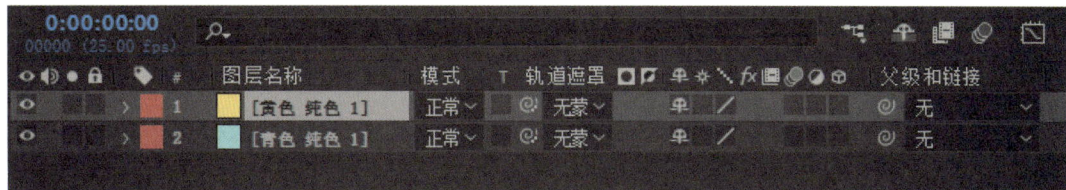

图 1-1-4　纯色图层

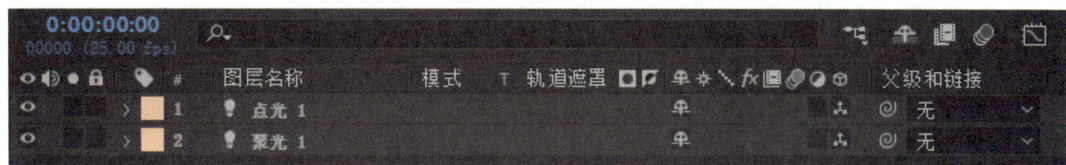

图 1-1-5　灯光图层

5）摄像机图层：用于制作三维场景和三维动画，可以调整摄像机的各项属性，如图 1-1-6 所示。

图 1-1-6　摄像机图层

6）空对象图层：作为特效制作过程中的辅助工具，可以将其他图层关联在空对象上，通过调节空对象的参数来控制其他图层的运动，如图 1-1-7 所示。

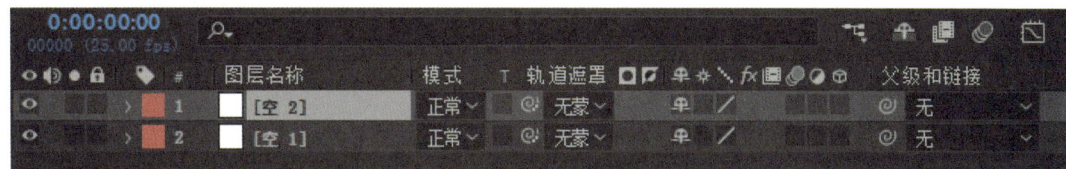

图 1-1-7　空对象图层

7）形状图层：属于矢量图层，用于在"合成"窗口中创建、绘制各种形状和路径，如图 1-1-8 所示。

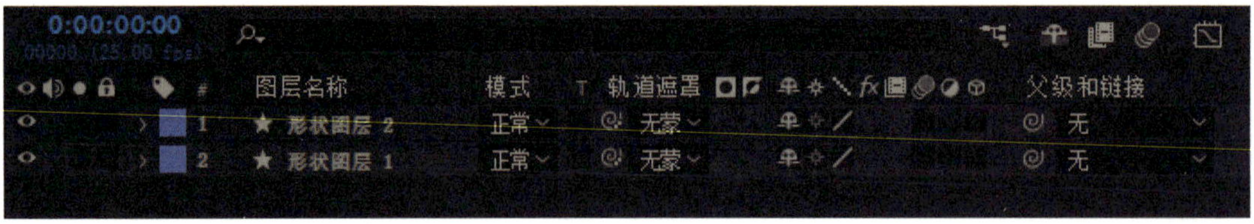

图 1-1-8 形状图层

8）调整图层：一般用于统一调整画面色彩、特效等，如图 1-1-9 所示。在调整图层上添加某效果时，该效果将作用于调整图层下方的所有图层。

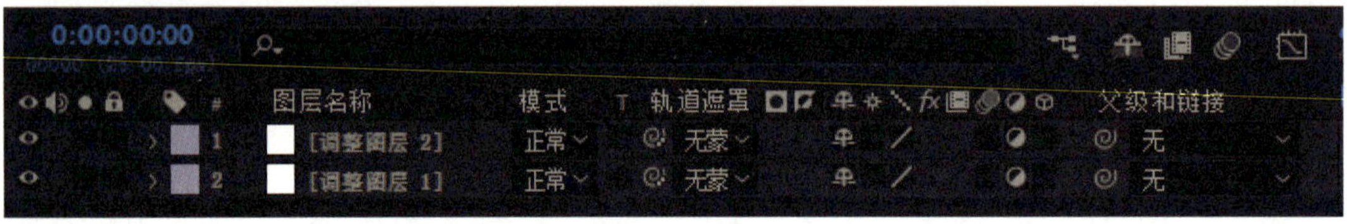

图 1-1-9 调整图层

1.2 图层的基本操作

图层是 After Effects 软件的重要组成部分，无论是简单的视频叠加，还是复杂的特效制作，都是在图层中完成的。图层的基本操作，包括创建图层、选择和移动图层、重命名图层、复制与粘贴图层、删除图层、隐藏与显示图层等。

1. 创建图层

在 After Effects 中创建图层的方法如下：

方法 1　直接将素材拖至"时间轴"面板中，创建以素材名称命名的图层。

方法 2　执行"图层"→"新建"命令，在级联菜单中选择需要创建的图层类型。

方法 3　在"时间轴"面板空白处右击，在弹出的快捷菜单中执行"新建"命令，在级联菜单中选择需要创建的图层类型。

2. 选择和移动图层

（1）选择图层

在 After Effects 中选择图层的方法如下：

方法 1　选择单个图层：在"时间轴"面板中单击需要的图层即可。

方法 2　选择不连续图层：在按住 Ctrl 键的同时，依次单击需要的图层。

方法 3　选择连续图层：先选择一个图层，在按住 Shift 键的同时单击另一个图层，即可选择这两个图层之间的所有图层。

（2）移动图层

在 After Effects 中移动图层的方法如下：

方法 1　拖动法：在"时间轴"面板中利用鼠标左键选择并拖动图层。

方法 2　使用组合键：按 Ctrl+"]"、Ctrl+"["组合键可以分别将图层上移、下移一层；按 Ctrl+Shift+"]"、Ctrl+Shift+"["组合键可以分别将图层移至顶层、底层。

方法 3　执行菜单命令：执行"图层"→"排列"命令，在弹出的快捷菜单中执行对应的命令，如图 1-2-1 所示。

将图层置于顶层	Ctrl+Shift]
使图层前移一层	Ctrl+]
使图层后移一层	Ctrl+[
将图层置于底层	Ctrl+Shift+[

图 1-2-1　"排列"快捷菜单命令

3. 重命名图层

在"时间轴"面板中右击要重命名的图层，在弹出的快捷菜单中执行"重命名"命令或按 Enter 键，进入编辑状态。

4. 复制、粘贴与删除图层

（1）复制与粘贴图层

选择需要复制的图层，按 Ctrl+C 组合键复制；然后选择目标图层，按 Ctrl+V 组合键粘贴。

（2）快速创建图层副本

选择要复制的图层，按 Ctrl+D 组合键快速创建图层副本。

知识窗

快速创建图层副本与图层复制的区别

快速创建图层副本：只能在一个合成中完成复制，不能跨合成复制。

图层复制：可以在不同的合成中完成复制。

（3）删除图层

选择要删除的图层，按 Backspace 键或 Delete 键。

5. 隐藏与显示图层

单击图层左侧的"隐藏/显示"按钮◉即可隐藏与显示图层。

6. 单独与锁定图层

单击图层左侧的"单独"按钮◉，可只显示当前图层，其他图层不显示。

单击图层左侧的"锁定"按钮🔒，可以对图层进行锁定，锁定后的图层将无法被选择或编辑。

7. 拆分图层

在 After Effects 中，可对图层进行拆分，以便为各段素材添加不同的后期特效。

操作方法：选择需要拆分的图层，将当前时间指示器移至拆分位置，执行"编辑"→"拆分图层"命令，或按 Ctrl+Shift+D 组合键，将所选图层拆分为上、下两层，拆分效果如图 1-2-2 所示。

图 1-2-2　拆分图层效果

8. 预合成图层

在 After Effects 中，可对图层进行预合成，方便管理图层、添加效果。

操作方法：选择需要预合成的图层，右击，在弹出的快捷菜单中执行"预合成"命令，或使用 Ctrl+Shift+C 组合键，在打开的"预合成"对话框（图 1-2-3）中单击"确定"按钮。

图 1-2-3　"预合成"对话框

9. 链接图层至父级对象

链接图层至父级对象指把两个图层关联起来，这样就可以实现多个图层一起变化的效果。

在子级图层"父级和链接"栏对应的下拉列表中直接选择父级图层即可，如图 1-2-4 所示。

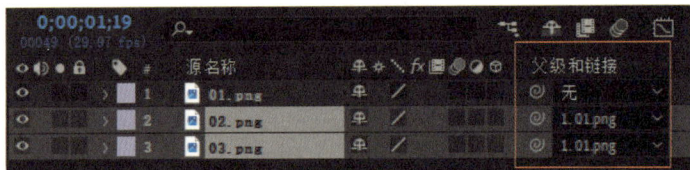

图 1-2-4　链接图层至父级对象

10. 设置图层样式

在 After Effects 中，图层样式可为图层添加丰富的效果，如投影、内阴影、外发光、内发光、斜面和浮雕、光泽、颜色叠加、渐变叠加、描边等。

设置图层样式的方法：选择图层，右击，在弹出的快捷菜单中执行"图层样式"命令，或在菜单栏中执行"图层"→"图层样式"命令，在级联菜单中选择对图层应用的样式。

11. 图层的混合模式

图层的混合模式是指混合某一图层与下一图层的像素，从而得到一种新的视觉效果。After Effects 提供了多种图层混合模式，可根据需求合理选择，如图 1-2-5 所示。

图 1-2-5　图层的混合模式

1.3 图层的变换属性

在"时间轴"面板中，每种类型的图层都具有变换属性，包括锚点、位置、缩放、旋转和不透明度 5 种基本属性。这些图层属性是进行动画设置的基础，大多数动态效果是基于这些属性进行设计和制作的。

在"时间轴"面板左侧的图层区域展开图层的"变换"栏，可以看到图层的变换属性。通过更改属性参数来调整图层效果，单击"重置"可以恢复到原始状态，如图 1-3-1 所示。

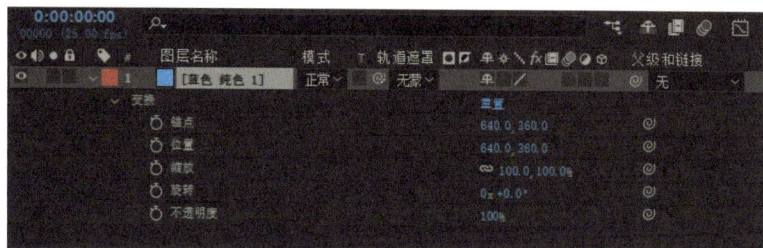

图 1-3-1　图层的变换属性

1. 锚点

锚点是图层的轴心点坐标，图层的移动、旋转和缩放都是依据锚点来操作的。选择需要操作的图层，按 A 键，可展开锚点属性。

在默认情况下，锚点位于画面中心位置。在"时间轴"面板中调整锚点属性的参数，可以调整锚点位置；或者使用工具栏中的"向后平移（锚点）工具" 在"合成"窗口中，直接拖动更改锚点位置。

2. 位置

位置属性决定了图层在合成中的具体位置。选择需要操作的图层，按 P 键，可展开位置属性。

通过调整位置属性值或使用"选取工具"在"合成"窗口中拖动，可以改变图层的位置。

3. 缩放

缩放属性可以使图层产生放大或者缩小的效果，设置的缩放是以锚点为中心进行的。选择需要操作的图层，按 S 键，即可展开缩放属性。

在默认情况下，为等比例缩放。取消"约束比例"锁链标志 ，可进行单方向缩放。双击"选取工具"按钮可重置缩放属性，使其恢复到默认值。

4. 旋转

旋转属性可以使图层产生以锚点位置为中心旋转的效果。选择需要操作的图层，按 R 键，即可展开旋转属性。

5. 不透明度

不透明度属性用来控制图层的透明度程度，可以使图层产生淡入或淡出的效果。选择需要操作的图层，按 T 键，即可展开不透明度属性。

1.4 认识关键帧动画

在 After Effects 中，关键帧是构成动画的基本元素，基本上所有的动画效果都有关键帧的参与，关键帧动画至少要由两个关键帧来完成。掌握了关键帧的应用，就掌握了动画制作的基础和关键。

1. 开启和关闭关键帧

在 After Effects 中，基本上每个属性和特效都有"时间变化秒表"。单击属性左侧的"时间变化秒表"按钮 ，该按钮变为蓝色 ，呈激活状态，表示开启相应属性的关键帧。自动在当前时间指示器所在时间点生成一个关键帧，记录当前属性值，如图 1-4-1 所示。

当"时间变化秒表"按钮处于激活状态时，再次单击该按钮即可关闭关键帧。需要注意的是，关闭关键帧后，将直接移除该属性的所有关键帧，且该属性的值变为当前时间指示器所在时间点的属性值。

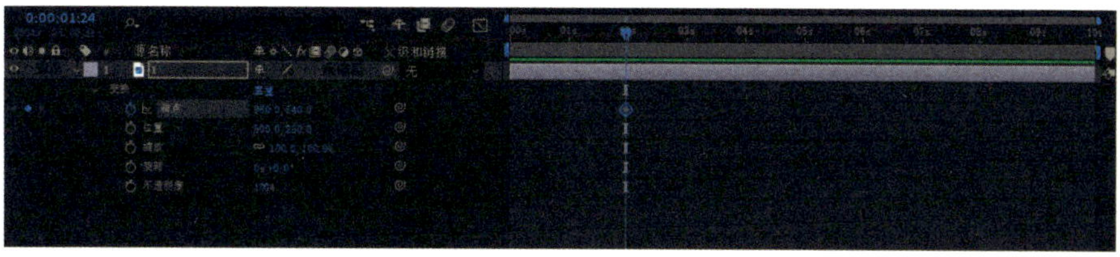

图 1-4-1　开启关键帧

2. 创建关键帧

在 After Effects 中开启关键帧后,可以通过以下几种方式创建新的关键帧。

1)通过按钮创建关键帧。将当前时间指示器移动至需要添加关键帧的时间处,单击该属性左侧的"在当前时间添加或移除关键帧"按钮 ◆ 。

2)通过改变属性值创建关键帧。将当前时间指示器移动至需要添加关键帧的时间处,直接修改该属性的参数,可以自动创建该属性的关键帧。

3)通过菜单命令创建关键帧。选择相应属性,将当前时间指示器移动至需要创建关键帧的时间处,然后执行"动画"→"添加关键帧"命令,可创建该属性的关键帧。

3. 编辑关键帧

(1)选择关键帧

1)选择单个关键帧:先单击"选取工具"按钮,然后直接在关键帧上单击,被选择的关键帧呈蓝色。

2)选择多个关键帧:先单击"选取工具"按钮,然后按住鼠标左键拖动,可以框选需要选择的关键帧;也可以先单击"选取工具"按钮,然后在按住 Shift 键的同时,依次单击需要选择的多个关键帧。

3)选择相同属性的关键帧:在"时间轴"面板中双击属性名称,将该属性对应的关键帧全部选中。

(2)移动关键帧

要改变某个关键帧的位置,可先单击"选取工具"按钮,然后按住鼠标左键将关键帧拖到目标位置。

(3)复制、粘贴关键帧

选择需要复制的关键帧,执行"编辑"→"复制"命令或按 Ctrl+C 组合键,将当前时间指示器移至需要粘贴关键帧的时间点,执行"编辑"→"粘贴"命令或按 Ctrl+V 组合键粘贴关键帧。

(4)拉长或缩短关键帧

选择多个关键帧后,同时按住鼠标左键和 Alt 键,向外拖动拉长关键帧距离,向里拖动缩短关键帧距离。

(5)删除关键帧

删除关键帧可采用以下方法:

方法 1　单击选择一个或多个关键帧,按 Delete 键。

方法 2　若要删除某属性的所有关键帧,可选择属性后按 Delete 键,也可直接单击属性左侧的"时间变化秒表"按钮,删除该属性的所有关键帧。

方法3 执行"编辑"→"移除"命令，也可删除关键帧。

4. 关键帧图表编辑器

在图表编辑器中调整关键帧，可以让对象的属性变化更加自然、流畅，模拟出真实的物理运动效果。

单击"时间轴"面板中的"图表编辑器"按钮，可将图层模式切换为图表编辑器模式，如图 1-4-2 所示。

图 1-4-2　图表编辑器模式

图表编辑器使用二维图表示对象的属性变化，其中水平方向的数值表示时间，垂直方向的数值表示属性值。在"时间轴"面板中选择对象的某个属性，将会在"时间轴"面板右侧的时间控制区显示该属性的关键帧图表。其中，实心方框代表选中的关键帧，空心方框代表未选中的关键帧，将鼠标指针移动至线条上方可显示在该时间点上的具体属性参数，如图 1-4-3 所示。

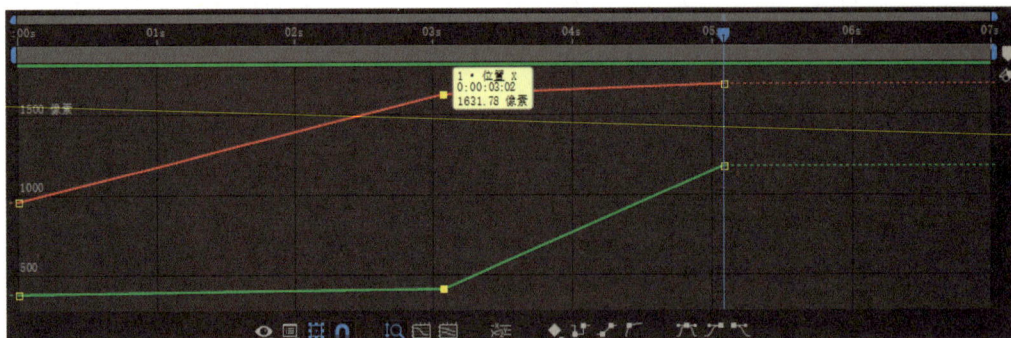

图 1-4-3　位置属性的关键帧图表

5. 关键帧插值的应用

（1）认识关键帧插值

插值是指在两个已知的属性值之间填充未知数据的过程。在创建的两个关键帧之间，After Effects 会自动插入中间过渡值，这个值即插值，用来形成连续的动画效果。关键帧插值可分为临时插值和空间插值两种，分别对应速率的变化和路径的变化，最终目的都是让动态效果更加真实和自然。

　　临时插值：指时间值的插值，影响属性随着时间变化的方式（在"时间轴"面板中）。

　　空间插值：指空间值的插值，影响运动路径的形状（在"合成"窗口或"时间轴"面板中）。

　　（2）关键帧插值方法

　　创建关键帧动画后，若需要对动画效果进行更精确的调整，则可以使用 After Effects 提供的关键帧插值方法。临时插值提供线性插值、贝塞尔曲线插值、自动贝塞尔曲线插值、连续贝塞尔曲线插值和定格插值 5 种计算方法；空间插值只有前 4 种计算方法。所有插值方法都以贝塞尔曲线插值方法为基础，该方法提供方向手柄，便于控制关键帧之间的过渡。

　　设置临时插值能通过改变关键帧的时间数值来控制速率的变化，使物体具有先慢后快、先快后慢，或由慢至快再变慢等各种速率变化效果。设置临时插值的方法：选择关键帧，在关键帧上右击，在弹出的快捷菜单中执行"关键帧插值"命令，打开"关键帧插值"对话框，在"临时插值"下拉列表中可选择插值类型，如图 1-4-4 所示。

图 1-4-4　"关键帧插值"对话框

1.5 工作任务一　简单动画——制作翻滚的节日海报动画

☞ 任务目标

1. 掌握图层的变换属性。
2. 掌握关键帧的创建方法。
3. 了解动画的制作流程。

微课：简单动画——制作翻滚的节日海报动画

☞ 任务要求

　　通过变换图层的位置和旋转属性，制作节日海报翻滚着出现在视频画面中的动画效果，实现海报的动态展现。其中，影片部分镜头截图如图 1-5-1 所示。

图 1-5-1　影片部分镜头截图

📠 **任务实施**

1. 导入素材，新建合成

双击"项目"面板，导入素材"欢度国庆.png"文件。执行"合成"→"新建合成"命令，在打开的"合成设置"对话框中设置合成参数，如图 1-5-2 所示。

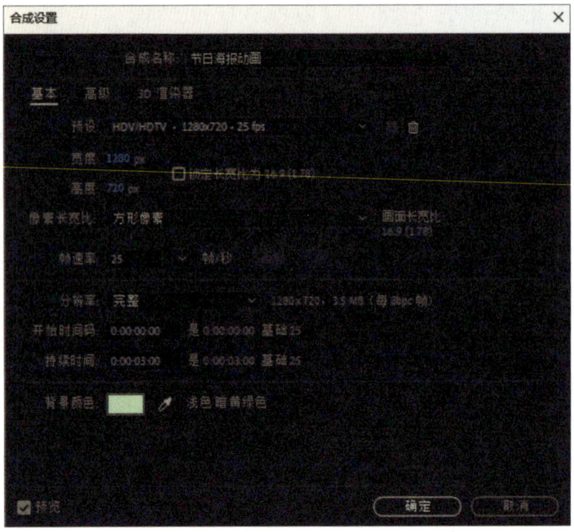

图 1-5-2　设置合成参数

2. 重命名图层

把"项目"面板中的素材"欢度国庆.png"拖到"合成"面板的"图层 1"轨道上。选中"图层 1"，右击，在弹出的快捷菜单中执行"重命名"命令，将图层 1 重命名为"海报"。

3. 创建位置动画

步骤 1　展开变换属性。选择"海报"图层，展开图层，展开变换属性，如图 1-5-3 所示。

图 1-5-3　展开图层变换属性

步骤 2　创建第 1 个位置关键帧。把素材拖动到"合成"窗口右上角适当位置，将当前时间指示器定位在 0 帧（00f）位置，激活位置属性前的"时间变化秒表"按钮，生成位置属性的第 1 个关键帧，如图 1-5-4 所示。

图 1-5-4　位置属性的第 1 个关键帧

步骤 3　创建第 2 个位置关键帧。将当前时间指示器定位到 2 秒（02s）位置，在"合成"窗口中拖动素材到中央的适当位置，自动生成位置属性的第 2 个关键帧，如图 1-5-5 所示。

图 1-5-5　位置属性的第 2 个关键帧

4. 创建旋转动画

选中图层，按 R 键展开旋转属性。将当前时间指示器定位到 2 秒位置，激活旋转属性前的"时间变化秒表"按钮，设置旋转属性值为"2x+0.0°"，生成第一个旋转关键帧。将当前时间指示器定位到 0 帧位置，设置旋转属性的值为"0x+0.0°"，自动生成第二个旋转关键帧，完成旋转动画效果，如图 1-5-6 所示。

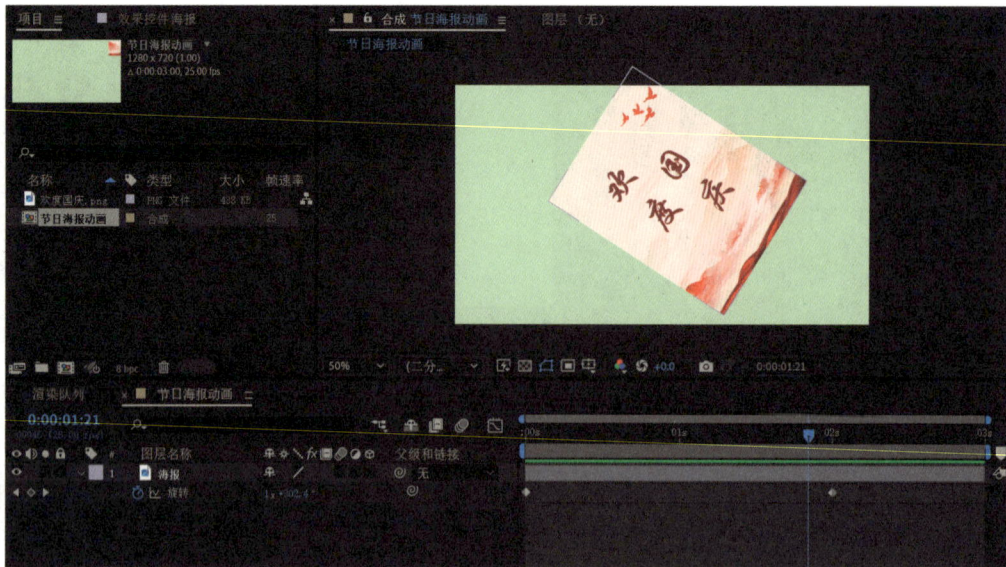

图 1-5-6　旋转动画效果

"0x" 中的 "0" 代表旋转的圈数，后面的参数为旋转的度数。

5. 预览效果，渲染输出

按空格键预览效果。执行 "合成" → "添加到渲染队列" 命令，或按 Ctrl+M 组合键，打开 "渲染队列" 面板，设置渲染参数，单击 "渲染" 按钮，输出视频。

1.6 工作任务二　进阶动画——制作活泼的小蝌蚪动画

微课：进阶动画——制作
活泼的小蝌蚪动画

☞ 任务目标

1. 掌握图层变换属性的设置技巧。
2. 了解动态草图及平滑器的应用。
3. 掌握图层的复制与尺寸调整方法。

☞ 任务要求

使用图层编辑蝌蚪的大小和方向，利用 "动态草图" 命令绘制路径并通过 "平滑器" 命令自动减少关键帧，制作小蝌蚪在水中游动的画面，如图 1-6-1 所示。

图 1-6-1　活泼的小蝌蚪动画效果

任务实施

1. 导入素材，新建合成

步骤 1　导入素材。双击"项目"面板空白处，以合成的方式导入素材"活泼的小蝌蚪.psd"文件，如图 1-6-2 所示。

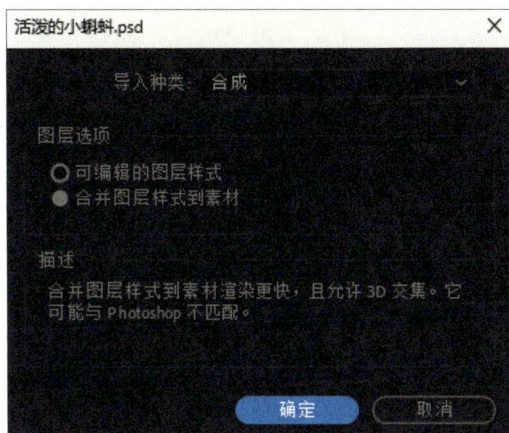

图 1-6-2　以合成方式导入素材

知识窗

PSD 格式

　　PSD 是 Adobe 公司的图形设计软件 Photoshop 的专用格式。PSD 文件可以存储成 RGB 或 CMYK 模式，还能够自定义颜色数并加以存储，还可以保存 Photoshop 的层、通道、路径等信息，是目前唯一能够支持全部图像色彩模式的格式。

步骤2 在"项目"面板中选择"活泼的小蝌蚪"合成，按 Ctrl+K 组合键更改合成参数，在打开的"合成设置"对话框中设置合成参数，如图 1-6-3 所示。

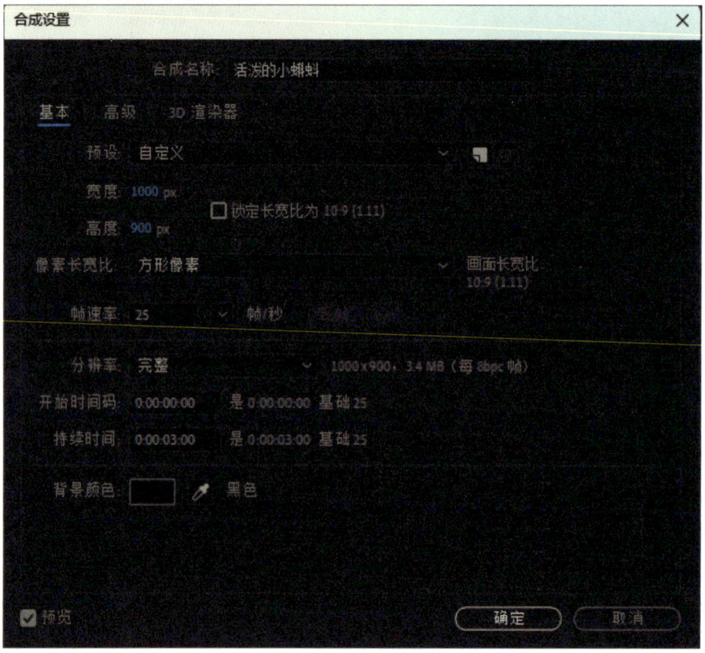

图 1-6-3　设置合成参数

步骤3 调整素材大小。双击"活泼的小蝌蚪"合成，选择背景和荷花图层，按 Ctrl+Alt+F 组合键，调整素材为"合成"窗口大小，如图 1-6-4 所示。

图 1-6-4　调整素材适合"合成"窗口

2．设置小蝌蚪的变换属性

步骤 1 设置小蝌蚪的缩放与锚点属性。选择"小蝌蚪"图层，按 S 键，展开缩放属性，设置缩放为(50.0,50.0%)。单击"锚点工具"，在"合成"窗口中按住鼠标左键，调整小蝌蚪的锚点位置，如图 1-6-5 所示。

图 1-6-5 调整小蝌蚪的锚点位置

小贴士

锚点(0.0,0.0)第一个参数代表水平方向中心点，第二个参数代表垂直方向中心点。

位置(0.0,0.0)第一个参数代表水平方向位置，第二个参数代表垂直方向位置。

缩放(0.0,0.0%)第一个参数代表水平方向缩放，第二个参数代表垂直方向缩放，默认为等比例缩放，取消约束比例，可实现单方向缩放。

步骤 2 设置小蝌蚪的旋转与位置属性。选中"小蝌蚪"图层，按 R 键，打开旋转属性，旋转合适角度；单击"选取工具"按钮，在"合成"窗口中按住鼠标左键，调整小蝌蚪位置为画面左下角，图层效果如图 1-6-6 所示。

图 1-6-6 旋转与位置效果

小贴士

1）在应用变换属性快捷键时，需将输入法切换为英文半角状态。

2）图层变换属性对应的快捷键：锚点——A 键；位置——P 键；缩放——S 键；旋转——R 键；不透明度——T 键。

3）配合 Shift 键，可以显示两个及以上属性。例如，按 P 键可以显示位置属性，再按 Shift+R 组合键可以在查看位置属性的同时显示旋转属性。

3. 设置小蝌蚪的游动效果

步骤 1 绘制动态草图。选择"小蝌蚪"图层，执行"窗口"→"动态草图"命令，打开"动态草图"面板，设置参数如图 1-6-7 所示。

步骤 2 绘制运动路径。单击"开始捕捉"按钮，当"合成"窗口中的鼠标指针变成十字形状时，在窗口中绘制运动路径，如图 1-6-8 所示。

图 1-6-7 设置动态草图参数

图 1-6-8 绘制运动路径

步骤 3 应用"自动方向"。选择"小蝌蚪"图层，执行"图层"→"变换"→"自动方向"命令，打开"自动方向"对话框，选中"沿路径定向"单选按钮，单击"确定"按钮，如图 1-6-9 所示。

步骤 4 应用"平滑器"。选择"小蝌蚪"图层，按 P 键，打开位置属性，框选所有关键帧，执行"窗口"→"平滑器"命令，打开"平滑器"面板，设置参数如图 1-6-10 所示，单击"应用"按钮。

4. 添加投影效果

选择"小蝌蚪"图层，执行"效果"→"透视"→"投影"命令，设置参数，如图 1-6-11 所示。

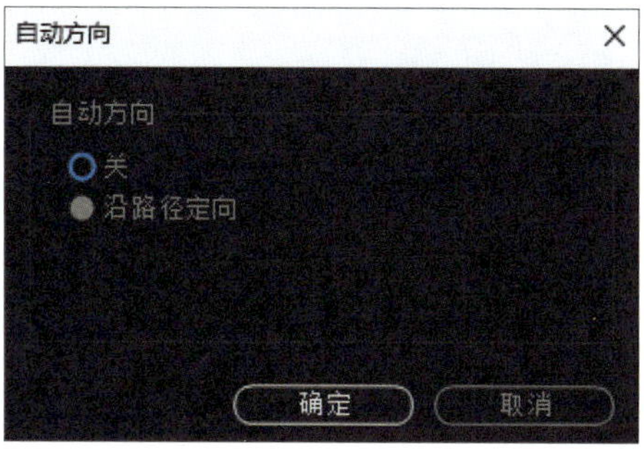

图 1-6-9　设置自动方向

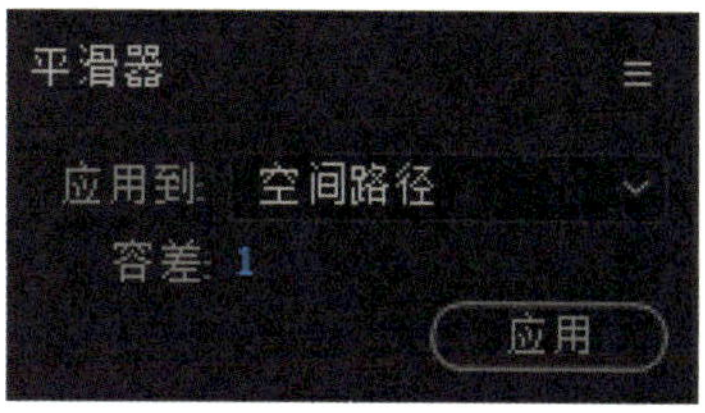

图 1-6-10　设置平滑器参数

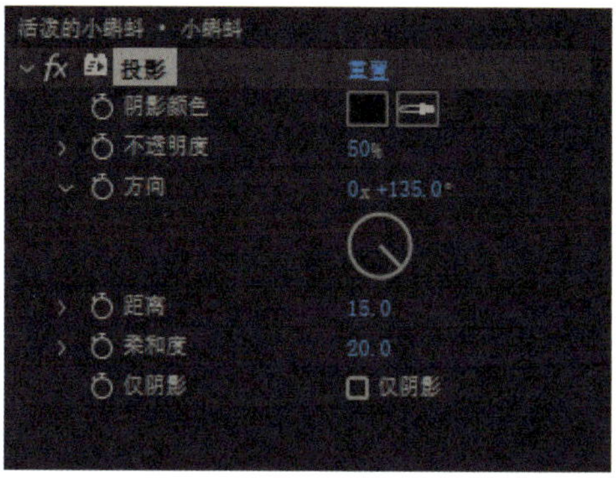

图 1-6-11　设置投影参数

5. 设置另一只小蝌蚪的游动效果

步骤 1　复制"小蝌蚪"图层。选择"小蝌蚪"图层，按 Ctrl+D 组合键快速复制，生成"小蝌蚪 2"图层。

步骤 2　设置游动效果。按 P 键，打开位置属性，单击其属性前面的"时间变化秒表"按钮，取消所有关键帧。更改位置与旋转属性参数，按同样的方法设置另一只小蝌蚪的路径动画，如图 1-6-12 所示。

图 1-6-12　小蝌蚪 2 的游动路径

6. 预览效果，渲染输出

按空格键预览效果。执行"合成"→"添加到渲染队列"命令，或按 Ctrl+M 组合键，打开"渲染队列"面板，设置渲染参数，单击"渲染"按钮，输出视频。

1.7 工作任务三 复杂动画——制作大国工匠动态展示动画

微课：复杂动画——制作
大国工匠动态展示动画

☞ 任务目标

1. 掌握图层的基本操作。
2. 掌握关键帧动画的制作方法。

☞ 任务要求

通过调整各个图层入点，利用图层的变换属性创建多个关键帧动画，制作大国工匠动态展示效果，如图 1-7-1 所示。

图 1-7-1 大国工匠动画效果

💻 任务实施

1. 导入素材，新建合成

步骤 1 导入素材。按 Ctrl+I 组合键，打开"导入文件"对话框，以合成的方式导入素材"大国工匠.psd"文件，如图 1-7-2 所示。

图 1-7-2　以合成方式导入素材

步骤2　在"项目"面板中选择"大国工匠"合成，按 Ctrl+K 组合键更改合成参数，在打开的"合成设置"对话框中，设置持续时间为 5 秒，如图 1-7-3 所示。

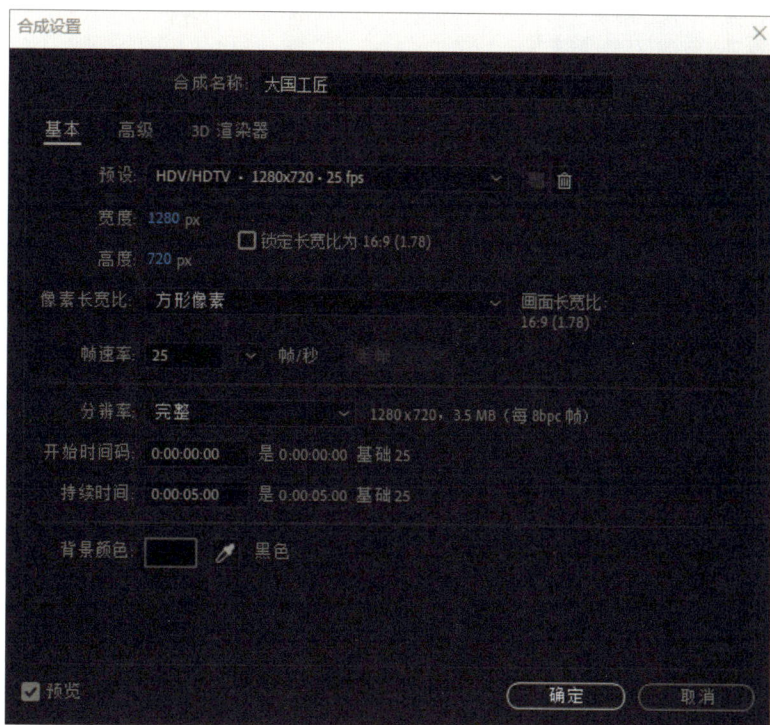

图 1-7-3　设置合成参数

2. 调整图层

步骤1　调整图层入点。双击"大国工匠"合成，图层出现在"时间轴"面板中。将当前时间指示器移动到 3 秒位置，选中"文字"图层，将其拖至"时间轴"面板 3 秒处；用同样的方法设置线条 1～3 图层的起始位置为 2 秒处，如图 1-7-4 所示。

图 1-7-4　设置图层起始位置

步骤 2　显示图层。单击"成就"图层前的"显示"按钮，照片显示在"合成"窗口中。

3. 设置旋转动画

步骤 1　设置锚点。选中"圆环"图层，单击"锚点工具"按钮，在"合成"窗口中拖动鼠标指针将锚点移至圆环中心。单击"选取工具"按钮，将圆环移到"合成"窗口的右上角，如图 1-7-5 所示。

图 1-7-5　设置锚点后的效果

步骤 2　设置关键帧动画。选中"圆环"图层，按 R 键，打开旋转属性。将当前时间指示器定位到 0 帧位置，激活其属性前面的"时间变化秒表"按钮，生成第一个关键帧；拖动当前时间指示器到 5 秒位置，设置旋转角度为"1x+0.0°"，生成第二个关键帧，完成旋转动画的设置。

4. 设置位置动画

选中"成就"图层，按 P 键，打开位置属性，设置位置坐标为(650.0,1100.0)。将当前时间指示器定位到 0 帧位置，激活其属性前面的"时间变化秒表"按钮；将当前时间指示器定位到 3 秒位置，按住 Shift 键向上移动素材，效果如图 1-7-6 所示。

图 1-7-6 图片展示

5. 设置线条不透明度与位置动画

步骤 1 设置线条渐现动画。将当前时间指示器定位到 2 秒位置，在按住 Ctrl 键的同时选中线条 1～3 图层，按 T 键展开"不透明度"属性。激活其属性前面的"时间变化秒表"按钮，设置不透明度为 0。将当前时间指示器定位到 3 秒位置，设置"不透明度"为 100%。

步骤 2 设置线条渐隐动画。选中线条 1～3 图层，将当前时间指示器定位到 4 秒位置，单击"在当前时间添加/移除关键帧"按钮，线条 1～3 图层各生成一个关键帧，"不透明度"为 100%。确保线条 1～3 图层处于选中状态，将当前时间指示器定位到 5 秒位置，设置"不透明度"为 0，如图 1-7-7 所示。

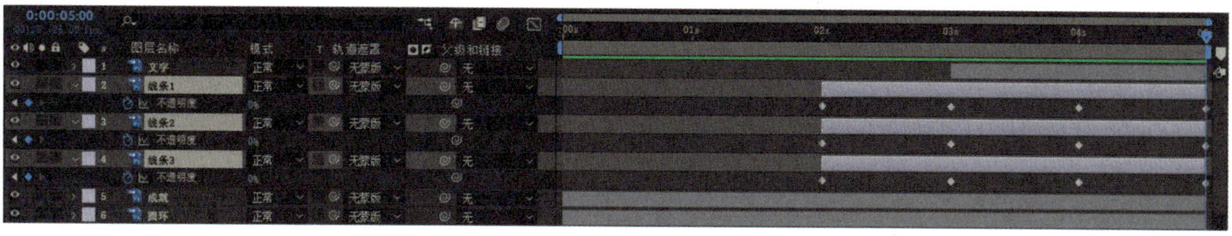

图 1-7-7 "不透明度"关键帧

步骤 3 设置线条位置动画。将当前时间指示器定位到 2 秒位置，在按住 Ctrl 键的同时选中线条 1～3 图层，按 P 键展开"位置"属性，激活其属性前面的"时间变化秒表"按钮，在线条 1～3 图层各生成一个关键帧，设置位置参数如图 1-7-8 所示。将当前时间指示器定位到 5 秒位置，设置位置参数如图 1-7-9 所示。

图 1-7-8 2 秒处的位置参数

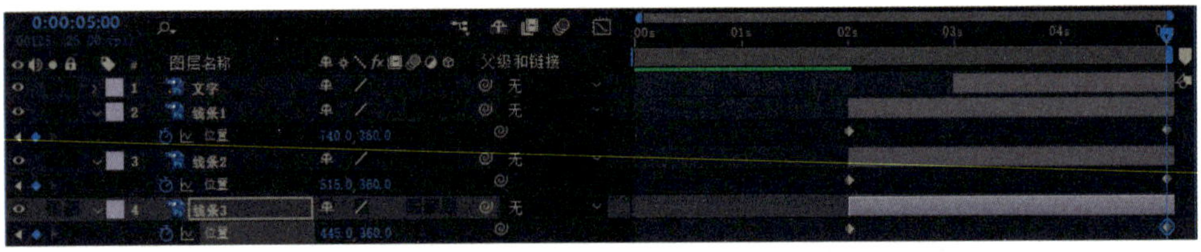

图1-7-9　5秒处的位置参数

6. 设置文字动画

选中"文字"图层，在"合成"窗口中移动图层至合适位置。将当前时间指示器定位到3秒位置，按T键展开"不透明度"属性。激活其属性前面的"时间变化秒表"按钮，设置"不透明度"为0；将当前时间指示器定位到4秒位置，设置"不透明度"为100%，完成文字渐现效果，如图1-7-10所示。

图1-7-10　文字渐现效果

7. 预览效果，渲染输出

按空格键预览效果。执行"合成"→"添加到渲染队列"命令，或按Ctrl+M组合键，打开"渲染队列"面板，设置渲染参数，单击"渲染"按钮，输出视频。

拓展训练

根据给定素材，设置图层变换属性及关键帧，制作"追梦少年"动画。

轨道与蒙版应用

▌内容导读

　　蒙版是影视后期制作中一项至关重要的技术，可以精确地控制画面的显示与隐藏，实现画面的无缝衔接与创意转换。无论是简单的图像裁剪、复杂的前景与背景分离，还是创意无限的动态图形设计，蒙版都发挥着不可替代的作用。通过蒙版，用户可以精确地控制合成中的每一帧画面，使作品更加细腻、生动。

▌学习目标

知识目标

1. 理解蒙版的工作原理及类型。
2. 掌握蒙版的创建方法。
3. 掌握蒙版属性的设置技巧。

能力目标

1. 能够熟练制作蒙版动画。
2. 能够进行蒙版形状的修改和节点的转换调整。
3. 能够熟练应用轨道遮罩。

素养目标

1. 培养敏锐的视觉观察力，在观摩优秀影视作品时，能够洞察蒙版技术的运用细节。
2. 提升问题解决与创新思维能力，自主探索运用蒙版技术构思独特的解决方案。

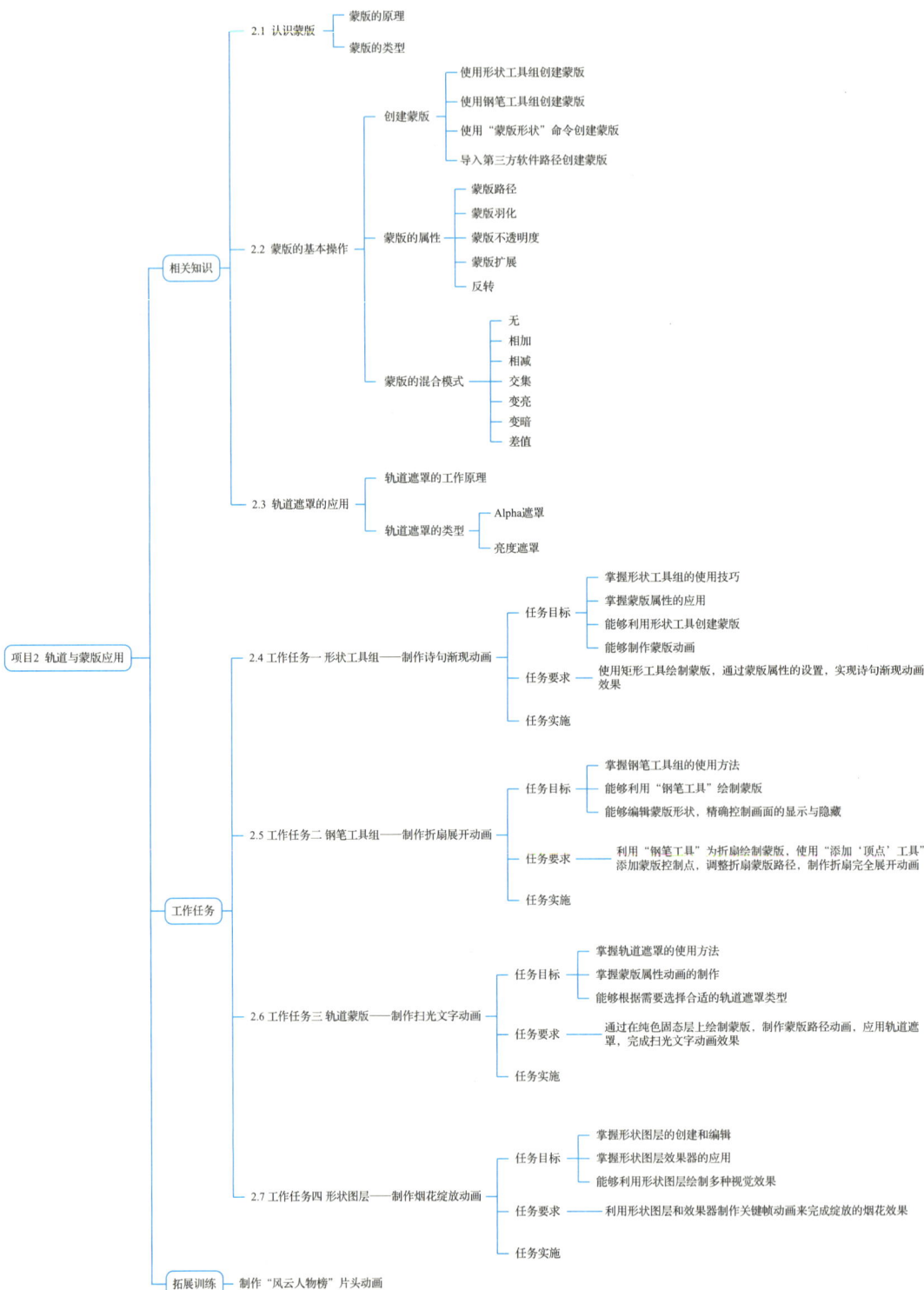

思维导图

```
项目2 轨道与蒙版应用
├── 相关知识
│   ├── 2.1 认识蒙版
│   │   ├── 蒙版的原理
│   │   └── 蒙版的类型
│   ├── 2.2 蒙版的基本操作
│   │   ├── 创建蒙版
│   │   │   ├── 使用形状工具组创建蒙版
│   │   │   ├── 使用钢笔工具组创建蒙版
│   │   │   ├── 使用"蒙版形状"命令创建蒙版
│   │   │   └── 导入第三方软件路径创建蒙版
│   │   ├── 蒙版的属性
│   │   │   ├── 蒙版路径
│   │   │   ├── 蒙版羽化
│   │   │   ├── 蒙版不透明度
│   │   │   ├── 蒙版扩展
│   │   │   └── 反转
│   │   └── 蒙版的混合模式
│   │       ├── 无
│   │       ├── 相加
│   │       ├── 相减
│   │       ├── 交集
│   │       ├── 变亮
│   │       ├── 变暗
│   │       └── 差值
│   └── 2.3 轨道遮罩的应用
│       ├── 轨道遮罩的工作原理
│       └── 轨道遮罩的类型
│           ├── Alpha遮罩
│           └── 亮度遮罩
├── 工作任务
│   ├── 2.4 工作任务一 形状工具组——制作诗句渐现动画
│   │   ├── 任务目标
│   │   │   ├── 掌握形状工具组的使用技巧
│   │   │   ├── 掌握蒙版属性的应用
│   │   │   ├── 能够利用形状工具创建蒙版
│   │   │   └── 能够制作蒙版动画
│   │   ├── 任务要求——使用矩形工具绘制蒙版，通过蒙版属性的设置，实现诗句渐现动画效果
│   │   └── 任务实施
│   ├── 2.5 工作任务二 钢笔工具组——制作折扇展开动画
│   │   ├── 任务目标
│   │   │   ├── 掌握钢笔工具组的使用方法
│   │   │   ├── 能够利用"钢笔工具"绘制蒙版
│   │   │   └── 能够编辑蒙版形状，精确控制画面的显示与隐藏
│   │   ├── 任务要求——利用"钢笔工具"为折扇绘制蒙版，使用"添加'顶点'工具"添加蒙版控制点，调整折扇蒙版路径，制作折扇完全展开动画
│   │   └── 任务实施
│   ├── 2.6 工作任务三 轨道蒙版——制作扫光文字动画
│   │   ├── 任务目标
│   │   │   ├── 掌握轨道遮罩的使用方法
│   │   │   ├── 掌握蒙版属性动画的制作
│   │   │   └── 能够根据需要选择合适的轨道遮罩类型
│   │   ├── 任务要求——通过在纯色固态层上绘制蒙版，制作蒙版路径动画，应用轨道遮罩，完成扫光文字动画效果
│   │   └── 任务实施
│   └── 2.7 工作任务四 形状图层——制作烟花绽放动画
│       ├── 任务目标
│       │   ├── 掌握形状图层的创建和编辑
│       │   ├── 掌握形状图层效果器的应用
│       │   └── 能够利用形状图层绘制多种视觉效果
│       ├── 任务要求——利用形状图层和效果器制作关键帧动画来完成绽放的烟花效果
│       └── 任务实施
└── 拓展训练——制作"风云人物榜"片头动画
```

1. 蒙版的原理

蒙版，可以被简单地理解为一个特殊的区域，依附于图层，作为图层的属性存在。通过调整蒙版的相关属性，可以隐藏或显示图层的部分内容，从而实现不同图层上对象之间的混合，达到合成的效果。

2. 蒙版的类型

在 After Effects 中，蒙版有以下两种主要类型。

一种蒙版是作为图层的一部分，直接在图层上绘制，并作为图层的一个固有属性。它通过定义图层内容的可见区域来控制哪些部分显示，哪些部分隐藏，如图 2-1-1 所示。

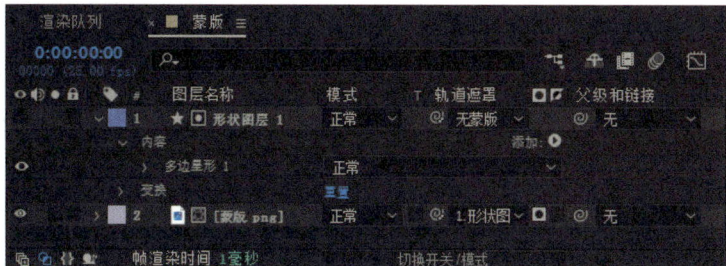

图 2-1-1　蒙版类型 1

另一种蒙版则是作为一个独立的图层存在，通常被称为轨道遮罩层或遮罩图层。这个遮罩图层用于控制另一个图层（被遮罩图层）的显示区域。遮罩图层中的图形、轮廓或 Alpha 通道（可以是任何形状、图像或基于视频的透明度信息）决定了被遮罩图层中哪些区域是可见的，哪些区域是被隐藏的，如图 2-1-2 所示。

图 2-1-2　蒙版类型 2

2.2 蒙版的基本操作

蒙版的基本操作主要包括蒙版的创建与编辑。例如，利用形状工具组快速勾勒简单形状，利用钢笔工具组绘制、编辑复杂轮廓。通过调整蒙版属性参数及蒙版混合模式，实现不同的显示效果。掌握这些基本操作，将极大地丰富蒙版制作能力，创造出更加专业和有吸引力的视觉效果。

1. 创建蒙版

After Effects 中提供了多种创建蒙版的方法。

（1）使用形状工具组创建蒙版

形状工具组可以创建规则蒙版，是创建蒙版较基础也是较直接的方法之一。选择工具栏中的"矩形工具"，长按鼠标左键不放，打开形状工具组，如图 2-2-1 所示，利用该组工具可以绘制不同类型的规则蒙版。

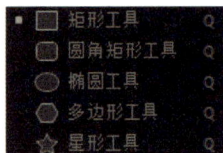

图 2-2-1　形状工具组

小贴士

1）按住 Shift 键拖动，产生的蒙版高和宽是同比例的。可以创建正方形、正圆角矩形、正圆形蒙版。

2）按住 Ctrl 键拖动，将以落点为中心开始绘制蒙版。

3）按住 Shift 键可固定多边形蒙版和星形蒙版的创建角度。

（2）使用钢笔工具组创建蒙版

钢笔工具组用于创建任意形状的不规则蒙版。

选择工具栏中的"钢笔工具"，长按鼠标左键不放，打开钢笔工具组，如图 2-2-2 所示，运用这组工具可以绘制任意蒙版形状。

1）添加"顶点"工具：为蒙版路径添加控制点，以便更加精细地调整蒙版形状。

2）删除"顶点"工具：为蒙版路径减少控制点。

图 2-2-2　钢笔工具组

3）转换"顶点"工具：使蒙版路径的控制点变平滑或变硬转角。在控制点上单击可以切换角点和曲线点。单击并按住鼠标左键拖动，可添加曲线连接点。

4）蒙版羽化工具：调整蒙版边缘的柔和程度。在蒙版的任意位置单击并按住鼠标左键向外拖动，可为蒙版添加羽化效果。

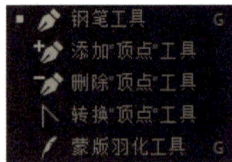

1）"钢笔工具"可以绘制闭合的路径，也可以绘制开放的路径。只有闭合的路径才能起到蒙版的作用；开放的路径可用于引导其他元素，辅助完成动画与特效效果。

2）按 Shift 键绘制，可绘制固定方向的路径。

3）除"钢笔工具"外，其他工具不能直接调出，需要先建蒙版再使用。

（3）使用"蒙版形状"命令创建蒙版

如果对蒙版的大小、形状有精确要求，也可以使用"蒙版形状"命令进行设置。

具体操作步骤如下：

步骤1　选中图层。选中需要添加蒙版的图层。

步骤2　创建蒙版。执行"图层"→"蒙版"→"新建蒙版"命令，系统会沿当前层的边缘创建一个蒙版。

步骤3　设置蒙版形状。选中创建的蒙版，执行"图层"→"蒙版"→"蒙版形状"命令，打开"蒙版形状"对话框，可对蒙版进行具体参数设置，如图 2-2-3 所示。

图 2-2-3　"蒙版形状"对话框

（4）导入第三方软件路径创建蒙版

除了以上方法，还可以通过在 After Effects 软件中导入第三方软件中的路径来创建蒙版。在 Photoshop 或 Illustrator 等软件中复制绘制好的路径，在 After Effects 软件中选中需要添加蒙版的图层，执行"编辑"→"粘贴"命令，即可完成蒙版的创建。

2．蒙版的属性

图层添加蒙版后，会自动出现蒙版的属性。蒙版的属性主要包括"蒙版路径""蒙版羽化""蒙版不透明度""蒙版扩展"等。按 M 键可展开蒙版的属性，如图 2-2-4 所示。

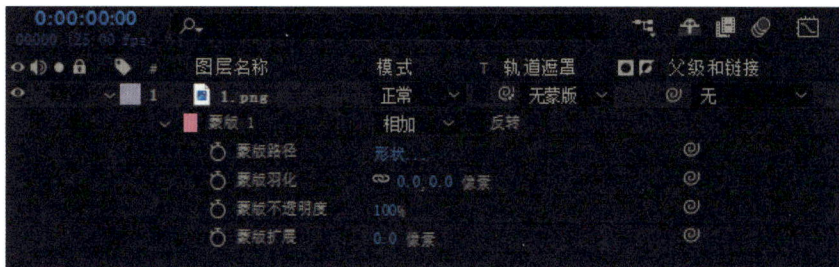

图 2-2-4　蒙版的属性

1）蒙版路径：是蒙版的核心，由蒙版控制点确定蒙版形状，可以通过钢笔工具、形状工具等绘制和调整。

2）蒙版羽化：控制蒙版边缘的软硬程度，以像素（px）为单位，对边缘进行柔和处理。默认为等比例进行羽化。如果将比例约束关闭，可以进行单个轴向的羽化。

3）蒙版不透明度：控制蒙版的透明度，允许部分显示下方图层。

4）蒙版扩展：以像素为单位扩展或缩小蒙版的影响区域，而不需要改变蒙版路径本身。

5）反转：决定蒙版路径以内或以外为透明区域。

3. 蒙版的混合模式

蒙版的混合模式决定了同一图层上多个蒙版之间的交互方式。不同的混合模式可以产生不同的效果。在蒙版右侧的下拉列表中，显示了蒙版的混合模式，如图 2-2-5 所示。

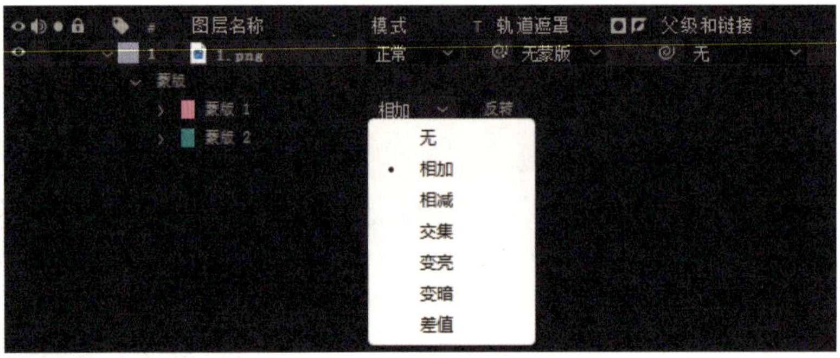

图 2-2-5　蒙版的混合模式

默认情况下，所有蒙版的混合模式都为"相加"，这意味着它们会合并透明度值。After Effects 软件提供了多种混合模式，允许精确控制蒙版的显示和隐藏方式，结合多个蒙版来创建更复杂的显示效果，如图 2-2-6 所示。

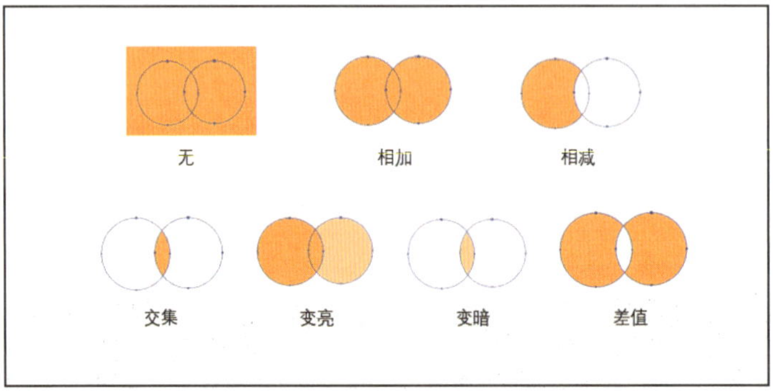

图 2-2-6　不同混合模式的显示效果

1）无：蒙版不起作用，只作为路径存在。

2）相加：蒙版的默认模式，对蒙版区域内的图层起作用。

3）相减：对蒙版区域外的图层起作用，或减去上层的蒙版区域。

4）交集：只会显示所选蒙版与其他蒙版相交部分的内容，所有相交部分的不透明度相减。

5）变亮：与"相加"模式相同，但相交部分的不透明度采用不透明度较高的值。

6）变暗：与"交集"模式相同，但相交部分的不透明度采用不透明度较低的值。

7）差值：该模式蒙版采用并集减交集的方式，在合成图像上只显示相交部分以外的所有蒙版区域。

2.3 轨道遮罩的应用

1．轨道遮罩的工作原理

轨道遮罩是将一个图层的信息通过另一个图层的透明度来显示，如图 2-3-1 所示。在应用时，作为轨道遮罩的图层称为"轨道遮罩层"，一般位于使用轨道遮罩图层的正上方。如果多个图层使用同样的轨道遮罩，则应先将这些图层进行预合成，然后在预合成上启用轨道遮罩。

图 2-3-1　应用轨道遮罩前后对比

轨道遮罩在"时间轴"面板中设置，位于图层右侧，可通过快捷键 F4 或单击"控制窗格"按钮 显示或隐藏。单击遮罩按钮选择 Alpha 遮罩或亮度遮罩，如图 2-3-2 所示。在需要时，还可以设置反转遮罩，如图 2-3-3 所示。

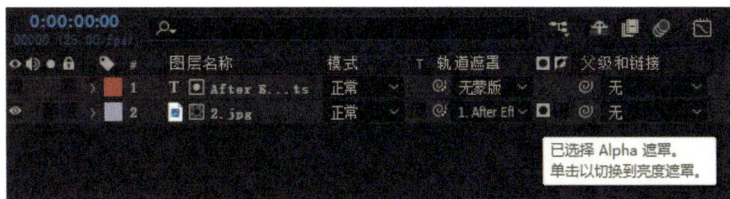

图 2-3-2　设置遮罩

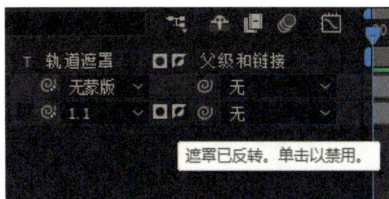

图 2-3-3　反转遮罩

2. 轨道遮罩的类型

1）Alpha 遮罩：通过遮罩图层的透明区域（也就是 Alpha 通道）来控制被遮罩图层的可见性。其常用于需要精确控制图层显示区域的情况。

2）亮度遮罩：通过遮罩图层的亮度值来控制被遮罩图层的可见性。遮罩层亮度值越大，显示出的图片越亮、越清晰，反之则越暗。亮度遮罩常用于需要根据亮度信息动态控制图层显示的情况。

2.4 工作任务一 形状工具组——制作诗句渐现动画

☞ **任务目标**

1. 掌握形状工具组的使用技巧。
2. 掌握蒙版属性的应用。
3. 能够利用形状工具创建蒙版。
4. 能够制作蒙版动画。

微课：形状工具组——
制作诗句渐现动画

☞ **任务要求**

使用矩形工具绘制蒙版，通过蒙版属性的设置，实现诗句渐现动画效果，如图 2-4-1 所示。

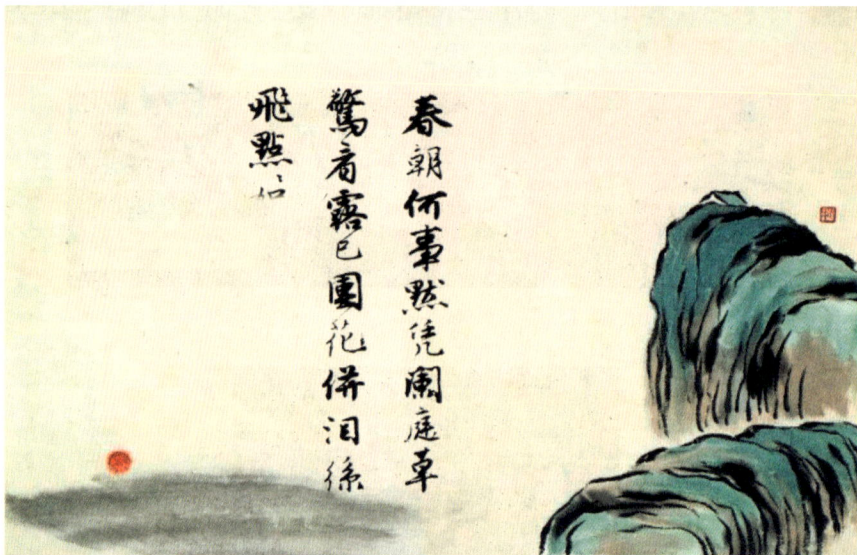

图 2-4-1 诗句渐现动画

1. 导入素材，新建合成

步骤1　导入素材。双击"项目"面板空白处，以合成的方式导入素材"诗句.psd"文件。

步骤2　在"项目"面板中选择"诗句"合成，按 Ctrl+K 组合键打开"合成设置"对话框，设置持续时间为 10 秒，如图 2-4-2 所示。

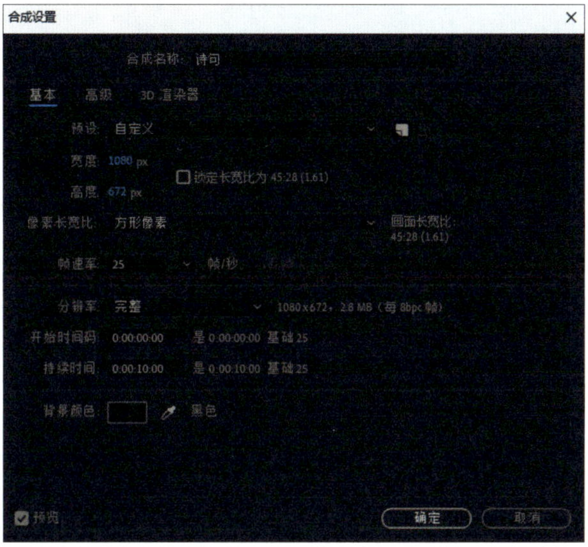

图 2-4-2　设置合成参数

2. 绘制矩形蒙版

双击"诗句"合成，素材显示在"合成"窗口中。在"时间轴"面板中选中"诗句"图层，将当前时间指示器定位到 9 秒 24 帧位置，单击工具栏中的"矩形工具"按钮，在"合成"窗口中从右向左绘制 5 个矩形蒙版区域，如图 2-4-3 所示。

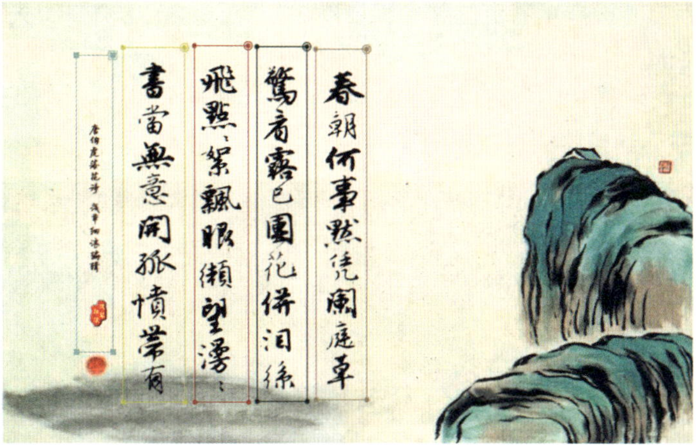

图 2-4-3　绘制矩形蒙版

3．创建蒙版动画

步骤1 设置蒙版路径的第一个关键帧。展开"时间轴"面板中"诗句"图层的"蒙版1"～"蒙版5"属性，将当前时间指示器定位到9秒24帧位置，选中"蒙版1"～"蒙版5"，激活蒙版路径前的"时间变化秒表"按钮，生成第一个关键帧。

步骤2 设置蒙版路径的第二个关键帧。将当前时间指示器定位到0帧位置，在"合成"窗口中修改5个矩形蒙版的大小，系统自动生成第二个关键帧，如图2-4-4所示。

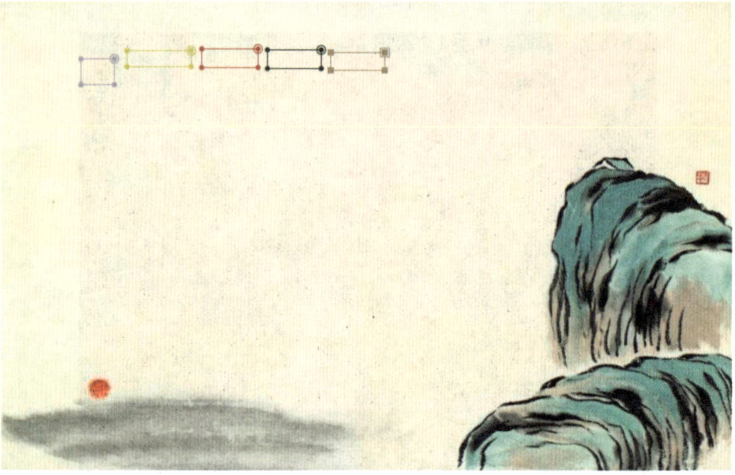

图2-4-4 修改矩形蒙版大小

4．移动蒙版路径关键帧位置

步骤1 选中"诗句"图层，按U键，展开"蒙版路径"关键帧。

步骤2 将当前时间指示器定位到2秒位置，将"蒙版1"的第二个关键帧和"蒙版2"的第一个关键帧拖动到当前位置。

步骤3 将当前时间指示器定位到4秒位置，将"蒙版2"的第二个关键帧和"蒙版3"的第一个关键帧拖动到当前位置。

步骤4 将当前时间指示器定位到6秒位置，将"蒙版3"的第二个关键帧和"蒙版4"的第一个关键帧拖动到当前位置。

步骤5 将当前时间指示器定位到8秒位置，将"蒙版4"的第二个关键帧和"蒙版5"的第一个关键帧拖动到当前位置，如图2-4-5所示。

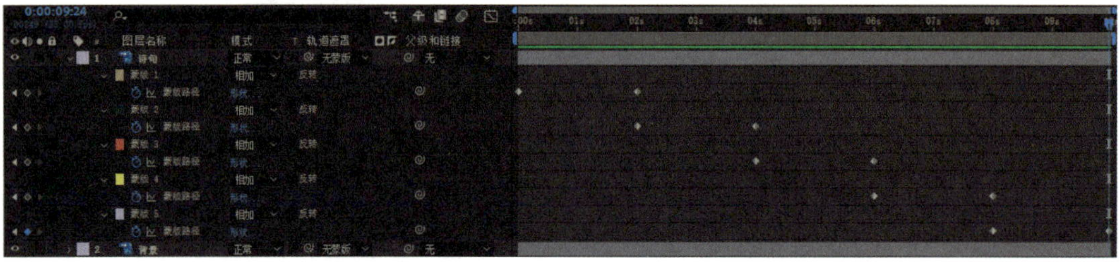

图2-4-5 移动关键帧位置

5. 设置蒙版羽化

同时选中"蒙版 1"～"蒙版 5"，按 F 键展开蒙版羽化，取消约束比例，设置"蒙版 1"～"蒙版 5"的蒙版羽化值为(0.0,8.0)，实现诗句渐现效果。

6. 预览效果，渲染输出

按空格键预览效果。执行"合成"→"添加到渲染队列"命令，或按 Ctrl+M 组合键，打开"渲染队列"面板，设置渲染参数，单击"渲染"按钮，输出视频。

2.5 工作任务二　钢笔工具组——制作折扇展开动画

☞ **任务目标**

1. 掌握钢笔工具组的使用方法。
2. 能够利用"钢笔工具"绘制蒙版。
3. 能够编辑蒙版形状，精确控制画面的显示与隐藏。

微课：钢笔工具组——
制作折扇展开动画

☞ **任务要求**

利用"钢笔工具"为折扇绘制蒙版，使用"添加'顶点'工具"添加蒙版控制点，调整折扇蒙版路径，制作折扇完全展开动画，如图 2-5-1 所示。

图 2-5-1　折扇展开动画

💻 **任务实施**

1. 新建合成，导入素材

步骤1 导入素材。按 Ctrl+I 组合键，打开"导入文件"对话框，以合成的方式导入素材"折扇.psd"文件，如图 2-5-2 所示。

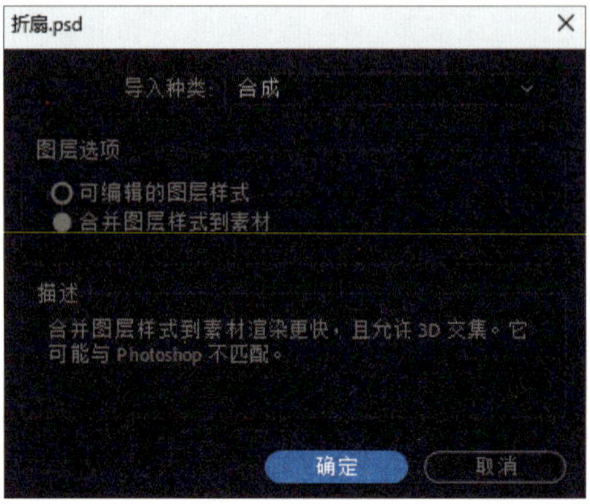

图 2-5-2　以合成的方式导入素材

步骤2 合成设置。在"项目"面板中，选中"折扇"合成，按 Ctrl+K 组合键，打开"合成设置"对话框，设置持续时间为 5 秒，单击"确定"按钮。双击打开"折扇"合成。

2. 设置扇柄动画

步骤1 调整扇柄锚点。选择"扇柄"图层，单击工具栏中的"锚点工具"，在"合成"窗口中拖动锚点，将其移动到扇柄的旋转中心位置，如图 2-5-3 所示。

图 2-5-3　调整扇柄锚点

步骤2 设置关键帧动画。选中"扇柄"图层，按 R 键，展开图层旋转属性，将当前时间指示器移动到 4 秒位置，激活旋转属性前的"时间变化秒表"按钮，生成第一个关键帧；移动当前时间指示器到 0 帧处，调整旋转属性值为"0x-147.0°"，将扇柄移动至左侧，完成扇柄动画，如图 2-5-4 所示。

图 2-5-4　扇柄动画效果

3．设置折扇动画

步骤 1　为折扇绘制蒙版。选中"折扇"图层，单击工具栏中的"钢笔工具"为折扇绘制蒙版，如图 2-5-5 所示。

图 2-5-5　为折扇绘制蒙版

步骤 2　设置折扇展开效果。按 M 键，展开蒙版路径属性，将当前时间指示器定位到 0 帧位置，激活其属性前面的"时间变化秒表"按钮；将当前时间指示器定位到 1 秒位置，使用工具栏中的"选取工具"调整蒙版路径，并在蒙版适当位置使用"添加'顶点'工具"添加控制点，进一步调整蒙版路径，如图 2-5-6 所示。

图 2-5-6　调整折扇蒙版路径

小贴士

使用"钢笔工具"绘制蒙版时，需注意：

1）控制点的数量和位置对蒙版的形状和精度有很大影响，应尽可能少用控制点，以保持蒙版的简洁性。

2）按住 Alt 键，然后单击控制点，可以将控制点转换为角点或光滑的点。这有助于在需要的地方创建锐利的边缘或平滑的曲线。

3）当控制点绘制错误时，可按 Delete 键删除。

步骤 3　重复调整蒙版路径。用同样的方法，在 2～4 秒处制作蒙版路径动画，实现折扇扇面完全展开效果，如图 2-5-7 所示。

图 2-5-7　折扇完全展开效果

4. 设置扇柄动画

步骤 1　为扇柄绘制蒙版。选中"折扇"图层，单击工具栏中的"钢笔工具"按钮，为折扇扇柄绘制蒙版，如图 2-5-8 所示。

图 2-5-8　为折扇扇柄绘制蒙版

步骤 2　制作扇柄展开动画。按 M 键，展开"折扇"图层的"蒙版 2"的蒙版路径属性，将当前时间指示器定位到 0 帧位置，激活其属性前面的"时间变化秒表"按钮。用与制作折扇展开动画同样的方法制作扇柄展开动画，如图 2-5-9 所示。

图 2-5-9　扇柄完全展开效果

5. 预览效果，渲染输出

按空格键预览效果。执行"合成"→"添加到渲染队列"命令，或按 Ctrl+M 组合键，打开"渲染队列"面板，设置渲染参数，单击"渲染"按钮，输出视频。

2.6 工作任务三 轨道蒙版——制作扫光文字动画

微课：轨道蒙版——制作扫光文字动画

任务目标

1. 掌握轨道遮罩的使用方法。
2. 掌握蒙版属性动画的制作。
3. 能够根据需要选择合适的轨道遮罩类型。

任务要求

通过在纯色固态层上绘制蒙版，制作蒙版路径动画，应用轨道遮罩，完成扫光文字动画效果，如图 2-6-1 所示。

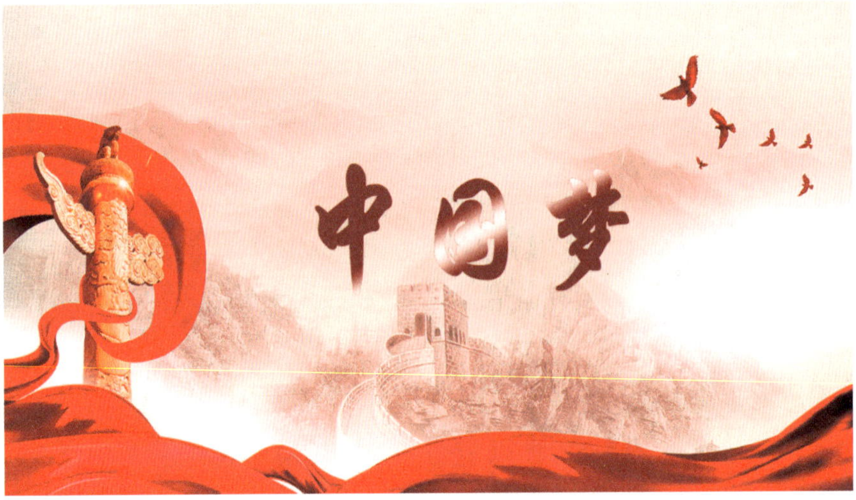

图 2-6-1 扫光文字动画

任务实施

1. 导入素材，新建合成

步骤 1 导入素材。双击“项目”面板空白处，打开“导入文件”对话框，选中“背景.jpg”素材，将素材导入。

步骤 2 基于素材新建合成。将“背景.jpg”素材拖到“项目”面板底部的“新建合成”图标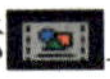上，完成“背景”合成的创建。按 Ctrl+K 组合键，打开“合成设置”对话框，设置持续时间为 5 秒，如图 2-6-2 所示。

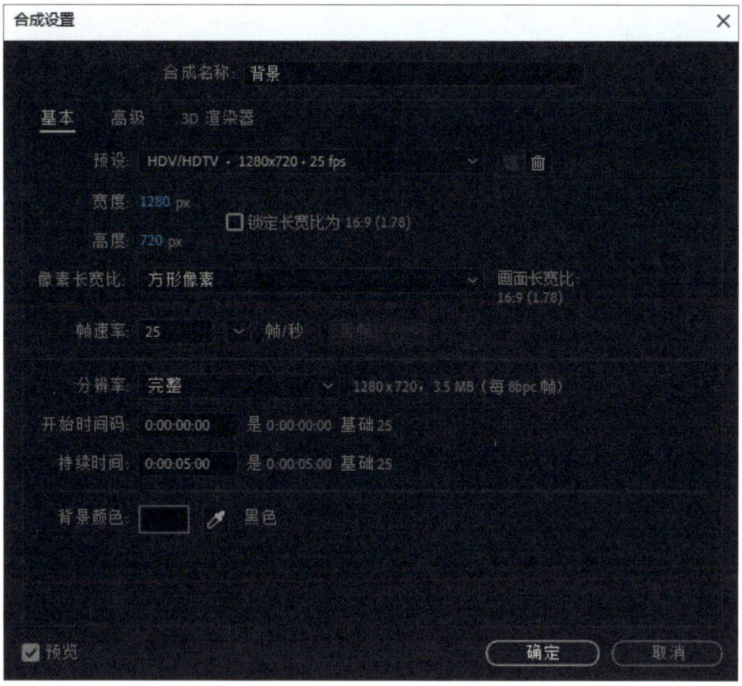

图 2-6-2　设置合成参数

2. 输入文字

单击工具栏中的"横排文字工具"按钮,在"合成"窗口中输入"中国梦",选中文字,调整文字样式与位置,如图 2-6-3 所示。

图 2-6-3　文字效果

3. 设置蒙版动画

步骤1　创建纯色层。右击"时间轴"面板空白处,在弹出的快捷菜单中执行"新建"→"纯色"命令,打开"纯色设置"对话框,设置颜色为白色,如图 2-6-4 所示。

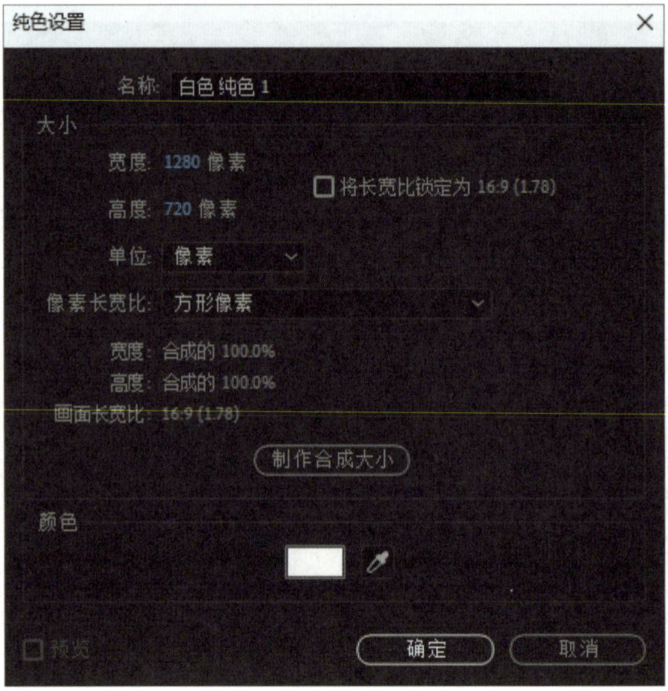

图 2-6-4　纯色设置

步骤 2　绘制蒙版。选中"白色 纯色 1"图层，单击工具栏中的"矩形工具"按钮，在"合成"窗口中绘制一个矩形，如图 2-6-5 所示。

图 2-6-5　绘制矩形蒙版

步骤 3　设置蒙版参数。在"时间轴"面板中展开"白色 纯色 1"蒙版属性，设置蒙版羽化的值为(25.0,25.0)，旋转并调整蒙版位置，如图 2-6-6 所示。

图 2-6-6 设置蒙版参数

步骤 4 设置蒙版路径动画。将当前时间指示器定位到 0 帧位置，激活蒙版路径属性前的"时间变化秒表"按钮，设置第一个关键帧。移动当前时间指示器定位到 4 秒 20 帧位置，单击工具栏中的"选取工具"按钮，在"合成"窗口中移动蒙版到文字右下方，系统自动生成第二个关键帧，完成蒙版路径动画，如图 2-6-7 所示。

图 2-6-7 设置蒙版动画

4. 设置轨道遮罩

步骤 1 复制文字图层。在"时间轴"面板中选中文字图层，按 Ctrl+D 组合键复制图层，拖动复制的文字图层到顶层。

步骤 2 应用轨道遮罩。选中"白色 纯色 1"图层，设置轨道遮罩为 "中国梦 2"图层，如图 2-6-8 所示。

图 2-6-8　设置轨道遮罩

5. 预览效果，渲染输出

按空格键预览效果。执行"合成"→"添加到渲染队列"命令，或按 Ctrl+M 组合键，打开"渲染队列"面板，设置渲染参数，单击"渲染"按钮，输出视频。

2.7 工作任务四　形状图层——制作烟花绽放动画

微课：形状图层——制作
烟花绽放动画

☞ 任务目标

1. 掌握形状图层的创建和编辑。
2. 掌握形状图层效果器的应用。
3. 能够利用形状图层绘制多种视觉效果。

☞ 任务要求

利用形状图层和效果器制作关键帧动画来完成绽放的烟花效果，如图 2-7-1 所示。

图 2-7-1　烟花动画

1. 新建合成

执行"合成"→"新建合成"命令，在打开的"合成设置"对话框中，设置"合成名称"为"烟花动画"，"宽度"为"1280px"，"高度"为"720px"，持续时间为 3 秒，背景颜色为黑色，如图 2-7-2 所示。

图 2-7-2　设置合成参数

2. 添加安全框

在"合成"窗口中，单击"参考线"图标，选择"标题/动作安全"选项，为合成添加安全框，如图 2-7-3 所示。

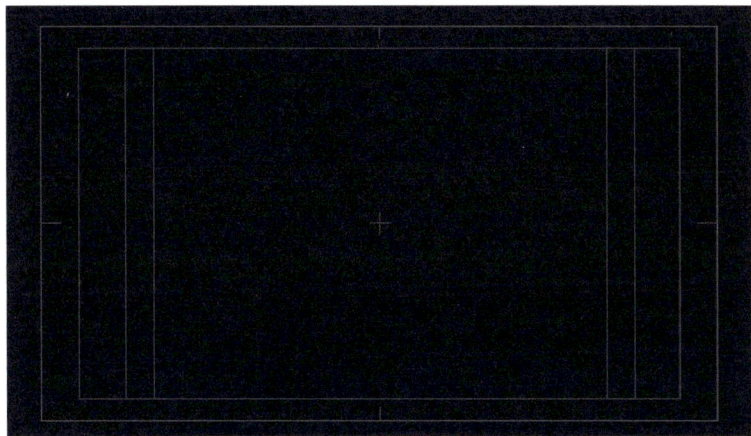

图 2-7-3　"标题/动作安全"框线

3. 创建直线段

步骤 1 设置填充样式。单击工具栏中的"钢笔工具"按钮，然后单击"填充"按钮，打开"填充选项"对话框，设置填充为"无"，如图 2-7-4 所示。

图 2-7-4 "填充选项"对话框

步骤 2 设置描边样式。单击"描边"按钮，打开"描边选项"对话框，设置填充为"纯色"，如图 2-7-5 所示。设置描边颜色为蓝绿色，描边宽度为"10 像素"，如图 2-7-6 所示。

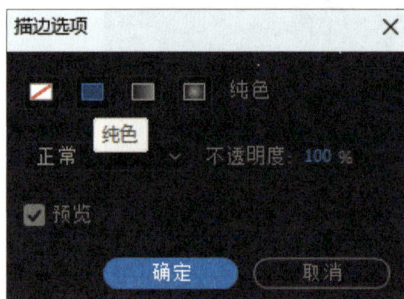

图 2-7-5 "描边选项"对话框 　　　图 2-7-6 填充及描边样式

步骤 3 在"合成"窗口中心绘制竖线。单击安全框中的十字图标，确定"钢笔工具"的第一个锚点，在"时间轴"面板中自动创建"形状图层 1"。按住 Shift 键向上绘制第二个锚点，完成线段的创建，如图 2-7-7 所示。

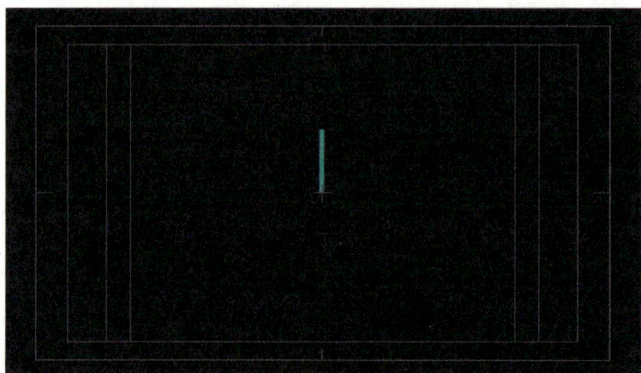

图 2-7-7 绘制竖线

"钢笔工具"的第一个锚点一定要与合成的正中心重合，防止后期添加"中继器"效果器时出现偏移。

步骤 4　设置线段的属性。选中"形状图层 1"，依次打开"内容"→"形状 1"→"描边 1"，设置"线段端点"为"圆头端点"。展开"锥度"栏，设置"起始长度"数值为"100%"，如图 2-7-8 所示。此时线段效果如图 2-7-9 所示。

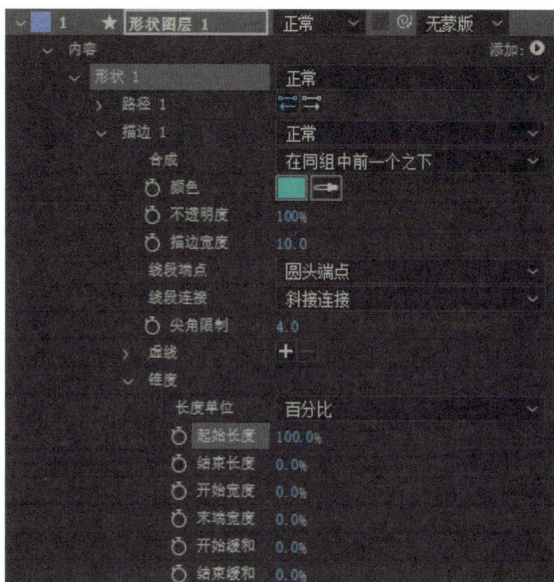

图 2-7-8　描边 1 属性设置

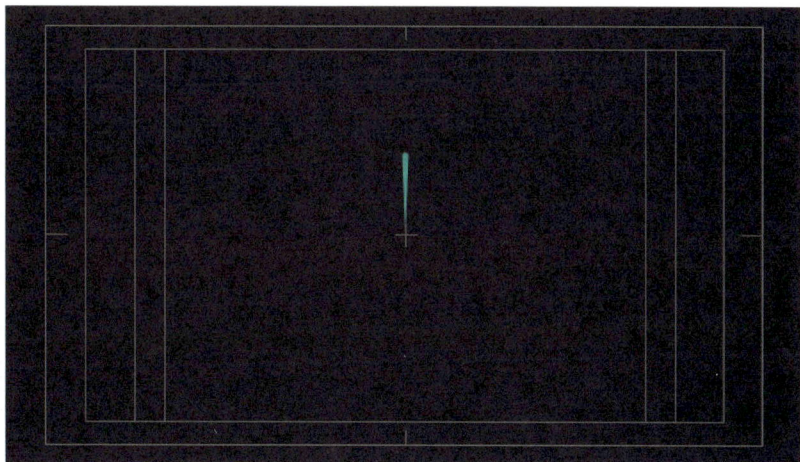

图 2-7-9　线段效果

形状图层属性

1）形状路径：决定了形状的轮廓，可以通过各种工具来绘制和编辑。
2）填充属性：可以为形状添加颜色或渐变效果。
3）描边属性：可以为形状的轮廓添加线条。
4）变换属性：可以对形状进行移动、旋转、缩放等操作，以实现各种动态效果。

4. 制作线段动画

步骤 1 添加"修剪路径"效果器。展开"形状图层 1"，单击"内容"属性右侧的"添加"按钮，为形状图层添加"修剪路径"效果器。

步骤 2 创建关键帧动画。展开"修剪路径 1"，将当前时间指示器定位到 0 帧位置，激活"开始"与"结束"前的"时间变化秒表"按钮，数值都设置为"0.0%"，分别生成第一个关键帧。将当前时间指示器定位到 1 秒位置，"开始"与"结束"数值都设置为"100.0%"，自动生成第二个关键帧，完成线段动画。

5. 制作烟花绽放效果

步骤 1 制作烟花拖尾效果。框选"开始"的两个关键帧，向后拖动 7 帧。

步骤 2 添加"中继器"效果器。单击"内容"属性右侧的"添加"按钮，选择"中继器"，为形状图层 1 添加"中继器"效果器。展开"中继器 1"，设置"副本"为 12，展开"变换：中继器 1"，设置位置为(0.0,0.0)，旋转为"0x+30.0°"，烟花效果如图 2-7-10 所示。

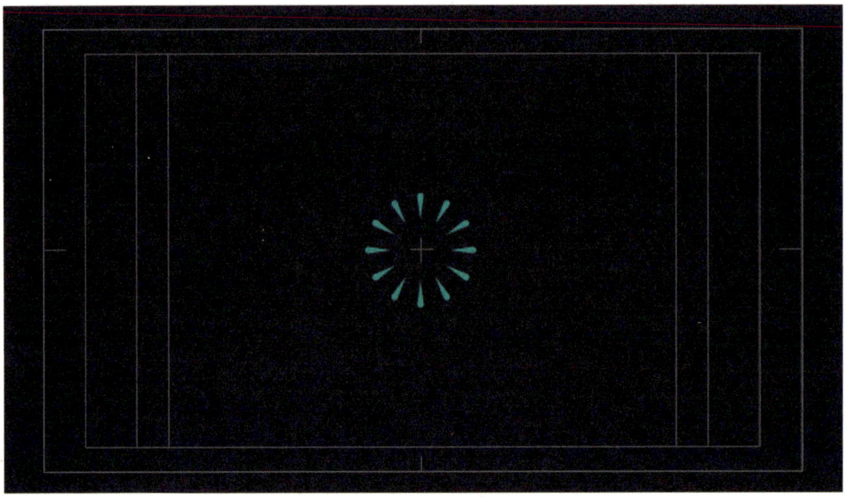

图 2-7-10　形状图层 1 烟花效果

6. 制作单个烟花效果

步骤 1　复制形状图层 1。选中形状图层 1，按两次 Ctrl+D 组合键，生成形状图层 2 和形状图层 3。

步骤 2　设置形状图层 2。选中"形状图层 2"，依次展开"内容"→"形状 1"→"描边 1"，修改颜色为粉紫色。展开"变换"属性，修改缩放为(80.0,80.0%)，旋转为"0x+15.0°"，烟花效果如图 2-7-11 所示。

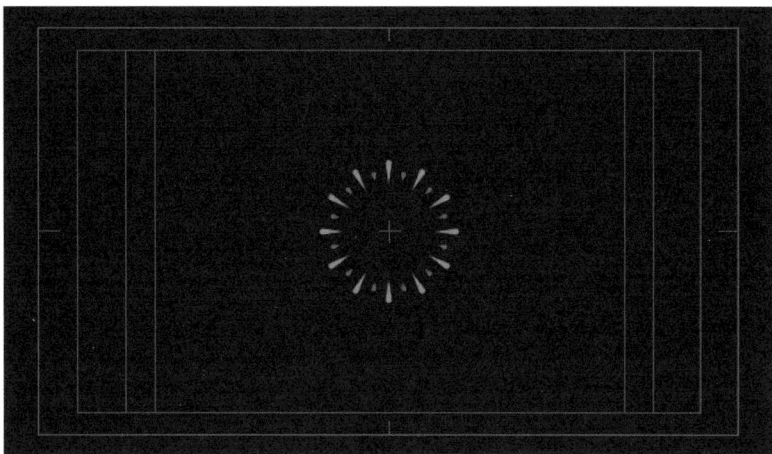

图 2-7-11　形状图层 2 烟花效果

步骤 3　设置形状图层 3。选中"形状图层 3"，依次展开"内容"→"形状 1"→"描边 1"，修改颜色为黄色。展开"变换"属性，修改缩放为(70.0,70.0%)，烟花效果如图 2-7-12 所示。

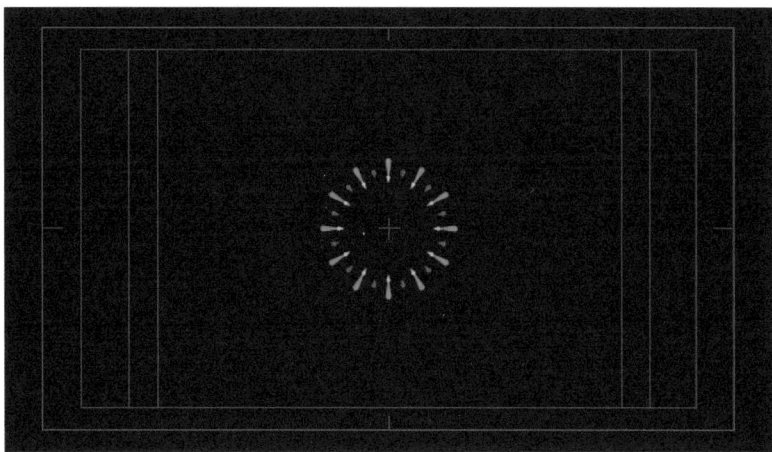

图 2-7-12　形状图层 3 烟花效果

7. 制作多个烟花效果

步骤 1　图层预合成。选中形状图层 1～3，按 Ctrl+Shift+C 组合键进行预合成，在打开的"预合成"对话框中，设置新合成名称为"烟花 1"，如图 2-7-13 所示。

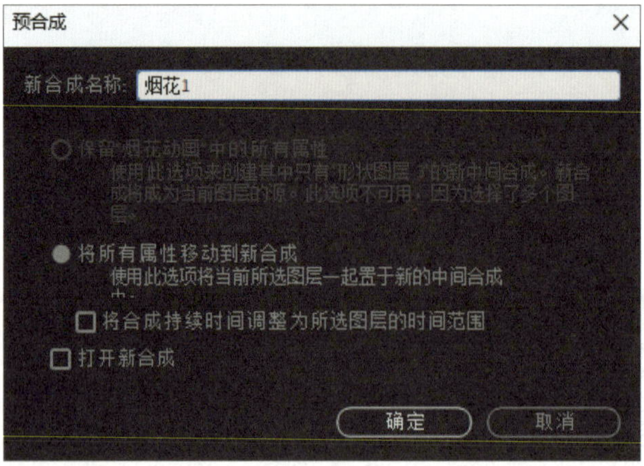

图 2-7-13　"预合成"对话框

步骤 2　复制多个烟花。按 3 次 Ctrl+D 组合键，生成多个烟花图层。调整烟花位置，更改烟花图层入点，使烟花交错出现，如图 2-7-14 所示。

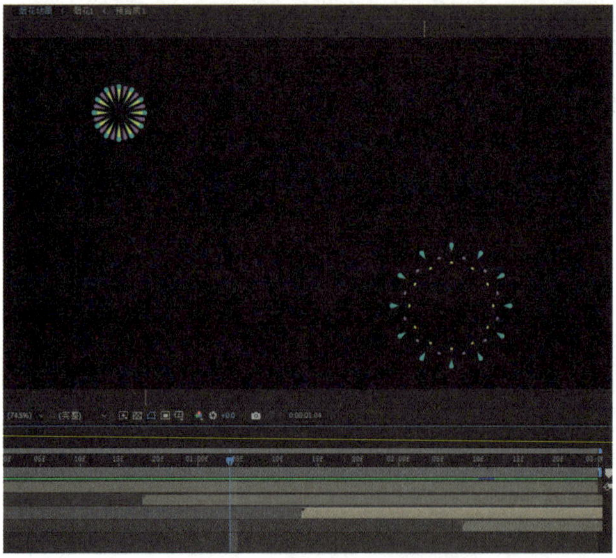

图 2-7-14　多个烟花绽放效果

8．预览效果，渲染输出

按空格键预览效果。执行"合成"→"添加到渲染队列"命令，或按 Ctrl+M 组合键，打开"渲染队列"面板，设置渲染参数，单击"渲染"按钮，输出视频。

拓展训练

通过创建纯色层，设置蒙版属性及关键帧动画，制作"风云人物榜"片头动画。

3
项目

文字动画制作

▌内容导读

在影视后期领域，文字作为信息传递与情感表达的重要手段，扮演着不可或缺的角色。文字应用不再局限于简单的字幕展示，而是融入了丰富的动态效果和交互体验。通过巧妙的设计和动画效果，文字能够赋予画面更强的表现力和感染力，吸引观众的注意力，传达出作品更深层次的情感和意义。

▌学习目标

知识目标

1. 掌握文字工具组的使用。
2. 掌握"字符"面板和"段落"面板的使用。
3. 掌握文字动画的制作技巧。

能力目标

1. 熟练创建与修饰文字。
2. 熟练应用路径文字。
3. 能够应用文字特效及预置动画丰富文字效果。

素养目标

1. 培养创新思维，能够从不同角度思考文字动画的表现形式，增强作品的视觉吸引力。
2. 培养对文字动画设计的审美能力，提升作品的艺术表现力。
3. 培养在实际项目中根据内容需求进行文字动画创意策划与实现的能力。

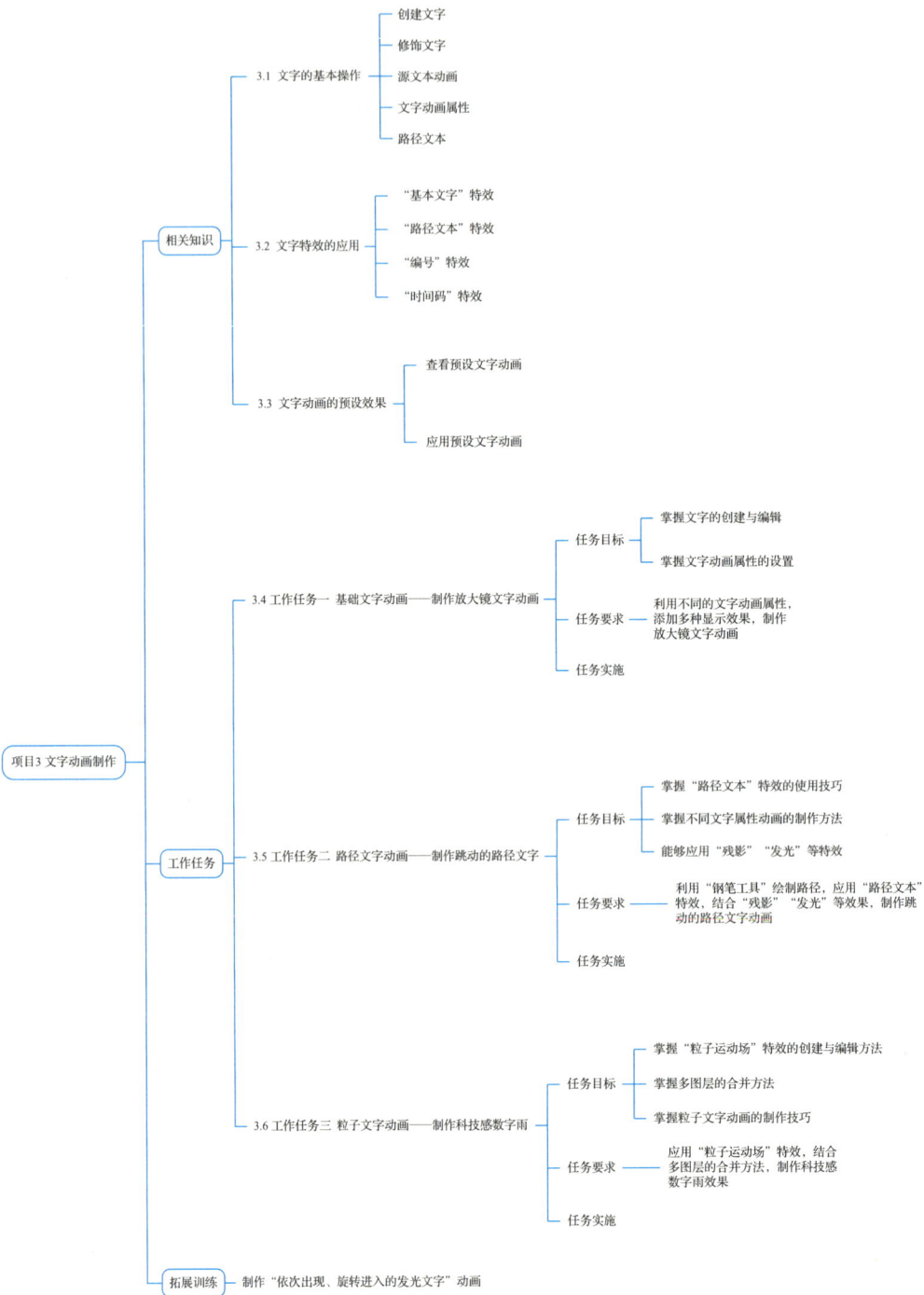

▌思维导图

项目3 文字动画制作

- 相关知识
  - 3.1 文字的基本操作
    - 创建文字
    - 修饰文字
    - 源文本动画
    - 文字动画属性
    - 路径文本
  - 3.2 文字特效的应用
    - "基本文字"特效
    - "路径文本"特效
    - "编号"特效
    - "时间码"特效
  - 3.3 文字动画的预设效果
    - 查看预设文字动画
    - 应用预设文字动画

- 工作任务
  - 3.4 工作任务一 基础文字动画——制作放大镜文字动画
    - 任务目标
      - 掌握文字的创建与编辑
      - 掌握文字动画属性的设置
    - 任务要求
      - 利用不同的文字动画属性，添加多种显示效果，制作放大镜文字动画
    - 任务实施
  - 3.5 工作任务二 路径文字动画——制作跳动的路径文字
    - 任务目标
      - 掌握"路径文本"特效的使用技巧
      - 掌握不同文字属性动画的制作方法
      - 能够应用"残影""发光"等特效
    - 任务要求
      - 利用"钢笔工具"绘制路径，应用"路径文本"特效，结合"残影""发光"等效果，制作跳动的路径文字动画
    - 任务实施
  - 3.6 工作任务三 粒子文字动画——制作科技感数字雨
    - 任务目标
      - 掌握"粒子运动场"特效的创建与编辑方法
      - 掌握多图层的合并方法
      - 掌握粒子文字动画的制作技巧
    - 任务要求
      - 应用"粒子运动场"特效，结合多图层的合并方法，制作科技感数字雨效果
    - 任务实施

- 拓展训练 — 制作"依次出现、旋转进入的发光文字"动画

3.1 文字的基本操作

在数字媒体领域，文字被广泛用于制作影视片头字幕、广告宣传语、短视频特效等各方面。掌握文字的基本操作，是影视制作至关重要的环节。

1. 创建文字

在 After Effects 软件中创建文字，可以采用以下几种方法。

方法 1　执行"图层"→"新建"→"文本"命令，会在"合成"窗口中出现光标，直接输入文字即可。

方法 2　在"时间轴"面板空白处右击，在弹出的快捷菜单中执行"新建"→"文本"命令，输入文字。

方法 3　单击工具栏中的"横排文字工具"按钮，直接在"合成"窗口中单击并输入文字。

方法 4　按 Ctrl+Shift+Alt+T 组合键，可以快速创建文本图层。

> **小贴士**
>
> 　1）默认情况下，工具栏中的"横排文字工具"按钮用于创建横排文字。单击该按钮，长按鼠标左键，会打开文字工具组，可根据需要选择相应工具创建横排文字或直排文字。
>
> 　2）反复按 Ctrl+T 组合键，可以在横排和直排文字间切换。

2. 修饰文字

输入文字后，可以对文字进行编辑修饰。利用"字符"面板和"段落"面板可以进行文字格式设置。在"字符"面板中，可以设置文字的字体、字号、颜色等属性；在"段落"面板中，可以调整文字对齐方式、缩进格式等。

执行"窗口"→"字符"或"段落"命令，即可打开"字符"面板或"段落"面板，如图 3-1-1 所示。

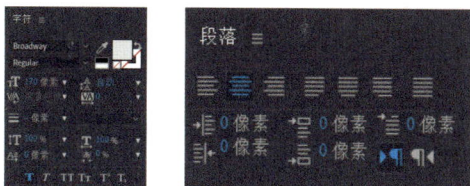

（a）"字符"面板　　　（b）"段落"面板

图 3-1-1　"字符"面板与"段落"面板

小贴士

在创建文字前，可先在"字符"面板中进行设置，输入的文字将自动应用该设置；若文字已存在，则需先选中文字，然后在"字符"面板中进行设置，设置将会影响所选的全部文字。

3. 源文本动画

After Effects 软件具有强大的文字动画功能，可以制作出丰富的文字动画效果，其中较为基础的是源文本动画。

源文本动画是指在同一个文本图层中改变文本内容的动画，常用于制作打字效果、倒计时效果、对白形式的字幕效果等。

输入文字后，在"时间轴"面板中会出现文本图层，展开该图层，将显示文本属性选项。对"源文本"属性设置关键帧，即可产生不同时间段的文字内容变换的动画，如图 3-1-2 所示。

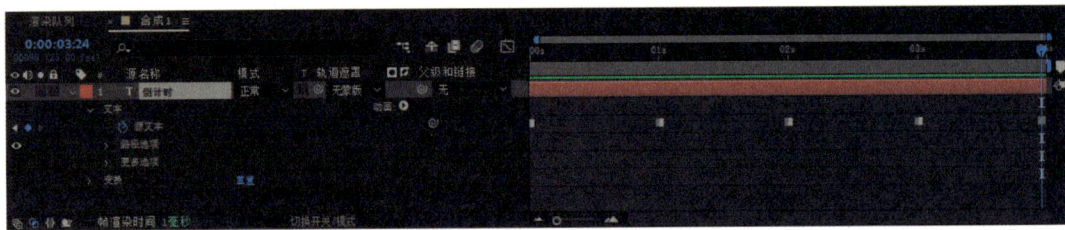

图 3-1-2 "源文本"属性

4. 文字动画属性

添加文本图层后，在"时间轴"面板中展开该文本图层，单击文本图层右侧的"动画"按钮 动画 ，在弹出的列表中可设置不同的动画属性，如图 3-1-3 所示。通过属性设置，可以制作丰富的文字动画效果。

图 3-1-3 动画属性

在列表中选择需要的动画属性，After Effects 软件会自动在"文本"列表选项中增加一个"动画制作工具 1"属性。展开"动画制作工具 1"属性，可以看到"范围选择器 1"和属性选项，如图 3-1-4 所示。

图 3-1-4　"动画制作工具 1"属性

在"动画制作工具 1"属性右侧有"添加"按钮，单击该按钮，在打开的列表中可为当前动画添加属性或应用选择器，如图 3-1-5 所示。

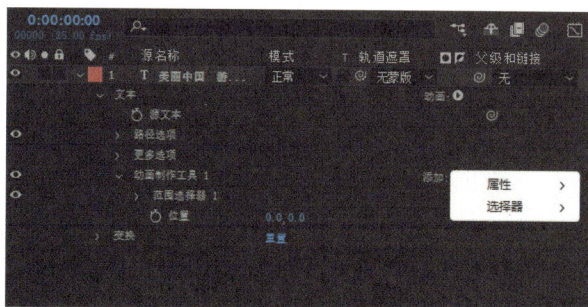

图 3-1-5　"添加"列表

5. 路径文本

路径文本是指文字沿着设定好的路径进行排列或运动。

添加文本图层后，可使用"钢笔工具"或"形状工具"在"合成"窗口中绘制文字的路径。在"时间轴"面板中依次展开文本图层下方的"文本"→"路径选项"列表，在"路径"右侧的下拉列表中选择路径，可以在"合成"窗口中看到文字沿着绘制的路径排列，如图 3-1-6 所示。

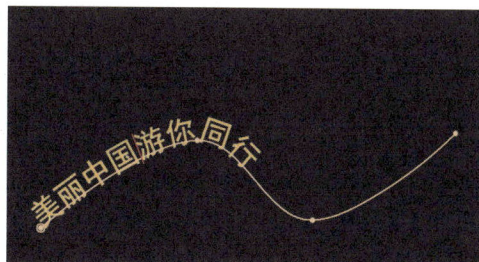

（a）路径设置　　　　　　　　　　　　　　（b）文字显示效果

图 3-1-6　路径设置及文字显示效果

应用路径后，在"路径选项"列表中将多出 5 个选项，用来控制文字与路径的排列关系，如图 3-1-7 所示。

图 3-1-7　文字排列选项

反转路径：可以使文字在路径上的方向进行翻转。

垂直于路径：可以使文字垂直于路径。

强制对齐：强制在路径的两端进行文字对齐。

首字边距：在"强制对齐"效果开启时控制路径起点的文字距离。

末字边距：在"强制对齐"效果开启时控制路径终点的文字距离。

3.2　文字特效的应用

After Effects 软件提供了多种文字特效，使用这些特效也可以创建各种文字。

1．"基本文字"特效

"基本文字"特效的功能与使用文字工具组创建文本相似。选中文本图层，执行"效果"→"过时"→"基本文字"命令，打开"基本文字"对话框，可以创建基本文字特效，如图 3-2-1 所示。

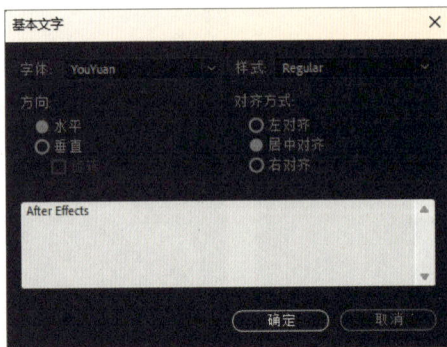

图 3-2-1　"基本文字"对话框

2. "路径文本" 特效

"路径文本" 特效与文本属性中的 "路径选项" 功能类似, 是一个功能强大的文字特效, 利用它可以制作出丰富的文字动画效果。

选中文本图层, 执行 "效果" → "过时" → "路径文本" 命令, 打开 "路径文字" 对话框, 可以创建 "路径文本" 特效, 如图 3-2-2 所示。添加特效后, 在 "效果控件" 面板, 可以设置 "路径文本" 特效参数, 如图 3-2-3 所示。

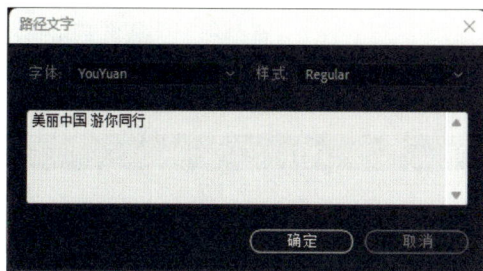

图 3-2-2　"路径文字" 对话框

图 3-2-3　设置 "路径文本" 特效参数

小贴士

"路径选项" 可以设置现有形状类型, 如贝塞尔曲线、圆形、循环等; 也可使用 "钢笔工具" 或 "形状工具" 规划自定义路径, 还可设置反转路径。

3. "编号" 特效

"编号" 特效可以产生随机的和连续的数字效果。用 "编号" 特效创建文本的方法与 "基本文字" 特效相似。执行 "效果" → "文本" → "编号" 命令, 打开 "编号" 对话框, 可以创建 "编号" 特效, 如图 3-2-4 所示。

（a）"编号"对话框　　　　　　　　　　　　　（b）创建的文字

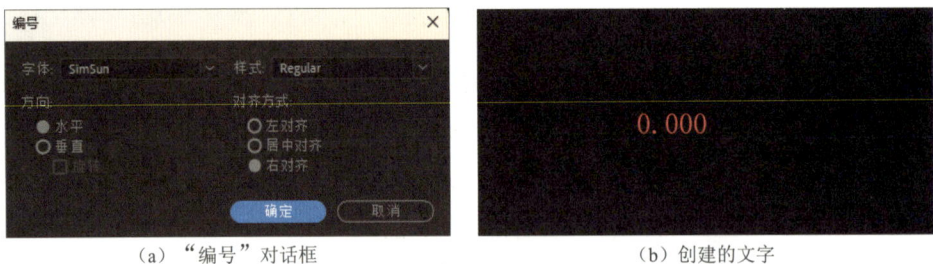

图 3-2-4　"编号"对话框及创建的文字

4. "时间码"特效

"时间码"特效用于为视频添加时间码作为视频时间依据，方便后期制作。执行"效果"→"文本"→"时间码"命令，打开"时间码"面板，可以创建"时间码"特效，如图 3-2-5 所示。

图 3-2-5　"时间码"特效参数及效果

3.3 文字动画的预设效果

After Effects 软件提供了丰富多样的预设文字动画选项。这些预设效果涵盖了各种风格和类型，从简洁大气的商务风格到奇幻绚丽的艺术风格，满足了不同场景和需求的创作。通过学习和运用这些预设文字动画，可以快速提升作品的质量和专业度。

1. 查看预设文字动画

展开"效果和预设"面板，单击展开"动画预设"选项，可以在 Text 文件夹下看到所有的预设文字动画。不同效果的预设文字，分别列在不同的文件夹中，如图 3-3-1 所示。

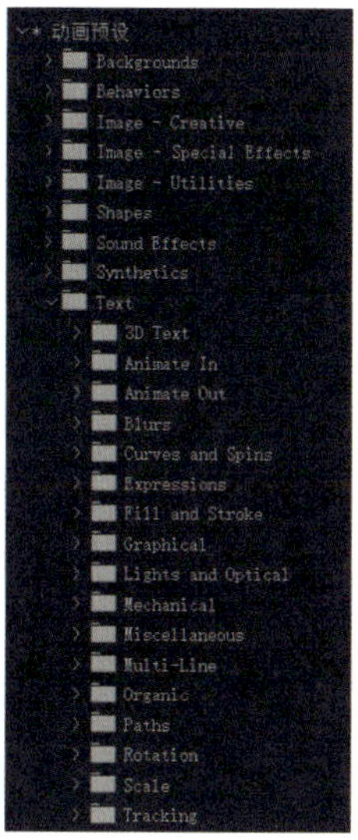

图 3-3-1　文字动画预设

2. 应用预设文字动画

选中文本图层，在"效果和预设"面板中，双击文本效果，或者使用鼠标直接将文本效果拖到文本图层上，即可应用该预设效果。

> **小贴士**
>
> 应用文本预设效果的方法与应用其他效果的方法相同，需要注意的是，应用文本预设效果后的关键帧，将以当前时间作为起始位置，因此应用文本预设效果前需要明确当前时间指示器的位置。

3.4 工作任务— 基础文字动画——制作放大镜文字动画

微课：基础文字动画——
制作放大镜文字动画

☞ 任务目标

1. 掌握文字的创建与编辑。
2. 掌握文字动画属性的设置。

☞ 任务要求

利用不同的文字动画属性，添加多种显示效果，制作放大镜文字动画，如图 3-4-1 所示。

图 3-4-1　放大镜文字动画效果

任务实施

1. 新建合成，导入素材

步骤 1　新建合成。按 Ctrl+N 组合键，在打开的"合成设置"对话框中，设置"合成名称"为"放大镜文字动画"，"宽度"为"1200px"，"高度"为"571px"，持续时间为 5 秒，其他参数如图 3-4-2 所示。

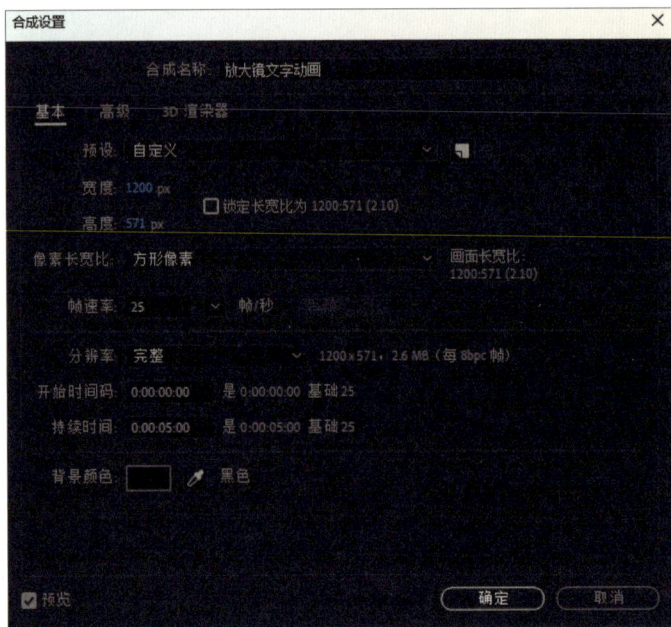

图 3-4-2　设置合成参数

步骤 2　导入素材。双击"项目"面板空白处，将素材"美丽中国行.jpg"文件导入，拖动图片至"时间轴"面板。

2．添加文本

步骤 1　设置文本样式。在"字符"面板中，设置文本填充颜色为橘色，描边为白色，字体样式为"华文行楷"，字体大小为"80 像素"，描边宽度为"1 像素"，并选择"在填充上描边"选项，如图 3-4-3 所示。

步骤 2　输入文本。在工具栏中单击"横排文字工具"按钮，在"合成"窗口中输入文字"美丽中国 '游'你同行"。单击"选取工具"按钮，调整文字到合适位置，如图 3-4-4 所示。

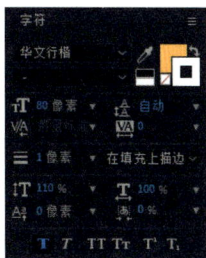

图 3-4-3　"字符"面板设置

图 3-4-4　输入文字

3．设置缩放效果

步骤 1　添加缩放属性。在"时间轴"面板中，展开文本图层。单击文本图层右侧的"动画"按钮，在打开的列表中选择"缩放"属性。

步骤 2　设置"范围选择器"。添加完缩放属性后，文本属性中多了"动画制作工具 1"属性，展开其下方的"范围选择器 1"，将"起始"设置为"0%"，"结束"设置为"15%"。这样，整行文字设定了前 15% 的范围被选中，如图 3-4-5 所示。

图 3-4-5　范围选择

步骤 3　设置缩放比例。将缩放设置为"300%"，处于选择范围的文字被放大，而选择范围之外的文字没有变化，如图 3-4-6 所示。

图 3-4-6　文字放大效果

4. 设置偏移效果

激活"范围选择器 1"下拉列表中"偏移"参数前的"时间变化秒表"。在 0 帧处，记录第一个关键帧，将"偏移"设置为"-20%"；移动当前时间指示器到 4 秒 24 帧位置，将"偏移"设置为"100%"。随着选择范围的移动，文字实现了局部放大的效果，如图 3-4-7 所示。

图 3-4-7　文字偏移效果

5. 设置字符间距

文字由于放大而挤在了一起。在文本属性的"添加"列表中，执行"属性"选项中的"字符间距"命令，设置"字符间距大小"为"85"，实现文字在放大的同时，保持队列的原状。字符间距效果如图 3-4-8 所示。

图 3-4-8　字符间距效果

6. 添加颜色动画

在"添加"列表的"属性"选项中，选择"填充颜色"中的"RGB"。激活"填充颜色"属性前的"时间变化秒表"。移动当前时间指示器，每隔 1 秒更改填充颜色。文字颜色效果如图 3-4-9 所示。

图 3-4-9　文字颜色效果

7. 预览效果，渲染输出

按空格键预览效果。执行"合成"→"添加到渲染队列"命令，或按 Ctrl+M 组合键，打开"渲染队列"面板，设置渲染参数，单击"渲染"按钮，输出视频。

3.5 工作任务二 路径文字动画——制作跳动的路径文字

☞ **任务目标**

1. 掌握"路径文本"特效的使用技巧。
2. 掌握不同文字属性动画的制作方法。
3. 能够应用"残影""发光"等特效。

微课：路径文字动画——
制作跳动的路径文字

☞ **任务要求**

利用"钢笔工具"绘制路径，应用"路径文本"特效，结合"残影""发光"等效果，制作跳动的路径文字动画，如图 3-5-1 所示。

图 3-5-1 跳动的路径文字

💻 **任务实施**

1. 导入素材，新建合成

步骤1 新建合成。按 Ctrl+N 组合键，打开"合成设置"对话框，设置"合成名称"为"跳动的路径文字"，预设为"HDV/HDTV·1280×720·25fps"，"持续时间"为 4 秒 10 帧，背景颜色为黑色，其余参数不变，单击"确定"按钮。

步骤 2　导入素材。双击"项目"面板空白处，将素材"背景.png"文件导入，拖动图片至"时间轴"面板。

2. 添加"路径文本"特效

步骤 1　绘制文字路径。执行"图层"→"新建"→"文本"命令，生成文本图层。选中文本图层，单击工具栏中的"钢笔工具"按钮，沿背景图层上的红色飘带绘制路径，如图 3-5-2 所示。

图 3-5-2　绘制路径

步骤 2　添加"路径文本"特效。选中文本图层，执行"效果"→"过时"→"路径文本"命令。在打开的"路径文字"对话框中，输入文字"少年当有鸿鹄志 展翅高飞冲九霄"，设置字体为"KaiTi"，如图 3-5-3 所示。

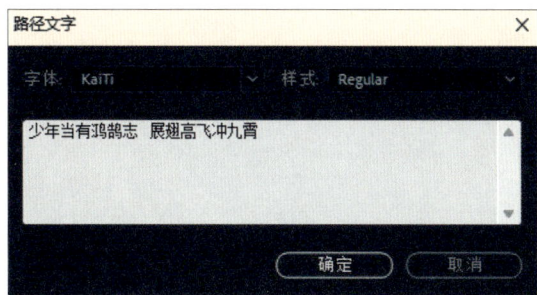

图 3-5-3　设置路径文字

3. 制作文字沿路径运动效果

步骤 1　应用路径。在"效果控件"面板的"路径文本"特效中，单击"自定义路径"下拉按钮，在打开的下拉列表中选择"蒙版 1"选项。设置文字填充颜色为白色，字符大小为"55.0"，其他参数如图 3-5-4 所示。

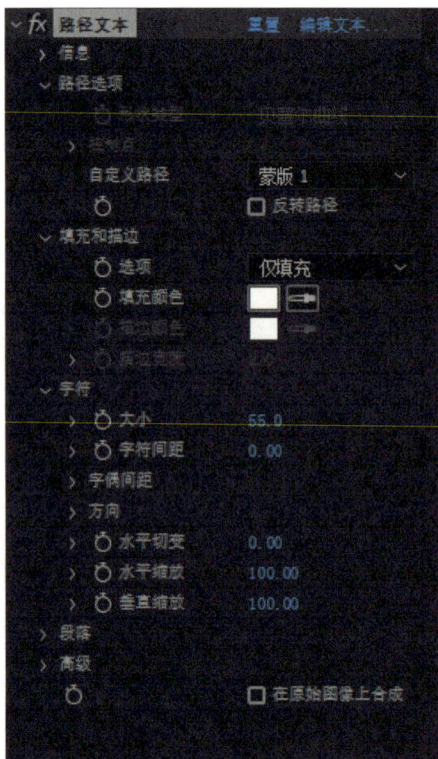

图 3-5-4　设置路径文本特效参数

步骤 2　添加关键帧。确保当前时间指示器处于 0 帧位置，在"段落"选项组中激活"左边距"前的"时间变化秒表"，添加第一个关键帧，设置其数值为"0.00"，效果如图 3-5-5 所示。

图 3-5-5　0 帧处的文字效果

步骤 3　创建文字运动效果。将当前时间指示器定位到 4 秒位置，向右拖动"左边距"数值，直至文字消失在画面中，效果如图 3-5-6 所示。

图 3-5-6　4 秒处的文字效果

4. 设置抖动效果

步骤 1　展开 "高级" 选项组中的 "抖动设置" 选项组，确保当前时间指示器处于 0 帧位置，激活 "时间变化秒表"，参数都设置为 "0.00"，如图 3-5-7 所示。

步骤 2　移动当前时间指示器到 2 秒位置，参数设置如图 3-5-8 所示。

图 3-5-7　0 帧处的参数设置

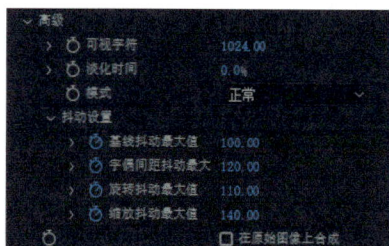

图 3-5-8　2 秒处的参数设置

步骤 3　移动当前时间指示器到 4 秒位置，参数都设置为 "0.00"。文字抖动效果如图 3-5-9 所示。

图 3-5-9　文字抖动效果

5. 为文字添加特效

步骤1 制作文字残影效果。选中文本图层，执行"效果"→"时间"→"残影"命令，在打开的"效果控件"面板中，设置"残影"特效的"残影数量"为"3"，"衰减"为"0.50"，如图 3-5-10 所示。

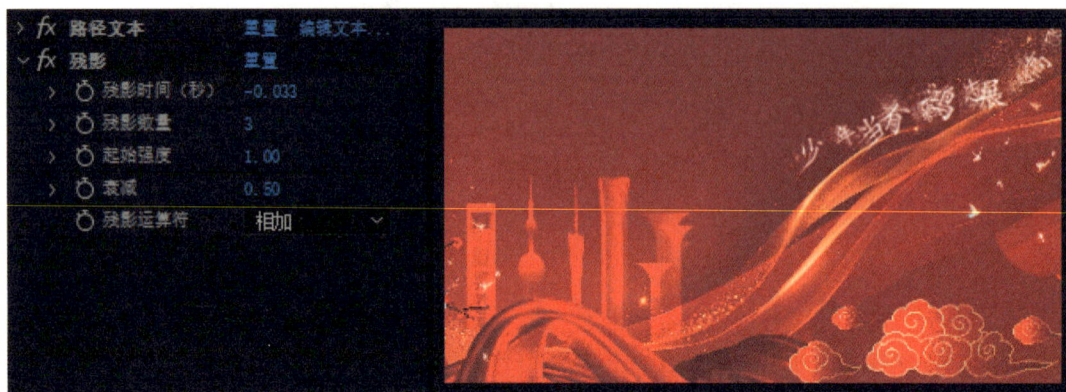

图 3-5-10 残影参数设置及文字效果

步骤2 制作文字发光效果。选中文本图层，执行"效果"→"风格化"→"发光"命令，在打开的面板中设置发光参数，文字效果如图 3-5-11 所示。

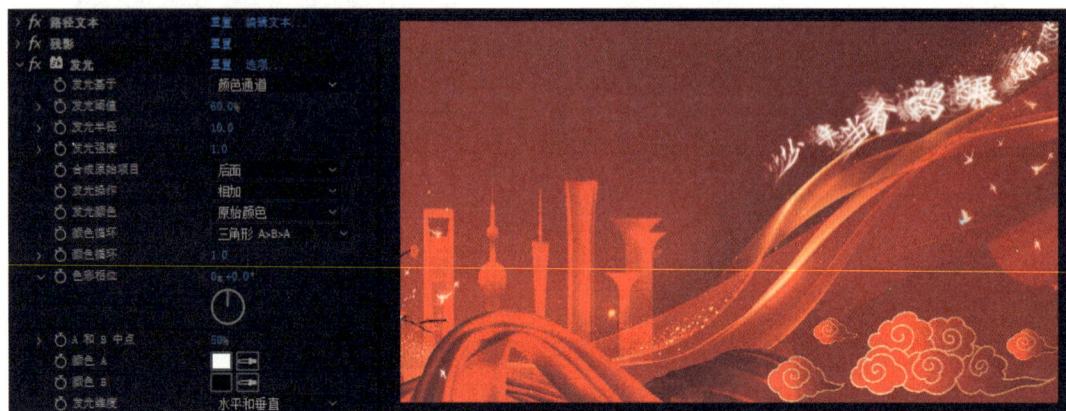

图 3-5-11 发光参数设置及文字效果

6. 预览效果，渲染输出

按空格键预览效果。执行"合成"→"添加到渲染队列"命令，或按 Ctrl+M 组合键，打开"渲染队列"面板，设置渲染参数，单击"渲染"按钮，输出视频。

3.6 工作任务三　粒子文字动画——制作科技感数字雨

☞ 任务目标

1. 掌握"粒子运动场"特效的创建与编辑方法。
2. 掌握多图层的合并方法。
3. 掌握粒子文字动画的制作技巧。

微课：粒子文字动画——
制作科技感数字雨

☞ 任务要求

应用"粒子运动场"特效，结合多图层的合并方法，制作科技感数字雨效果，如图 3-6-1 所示。

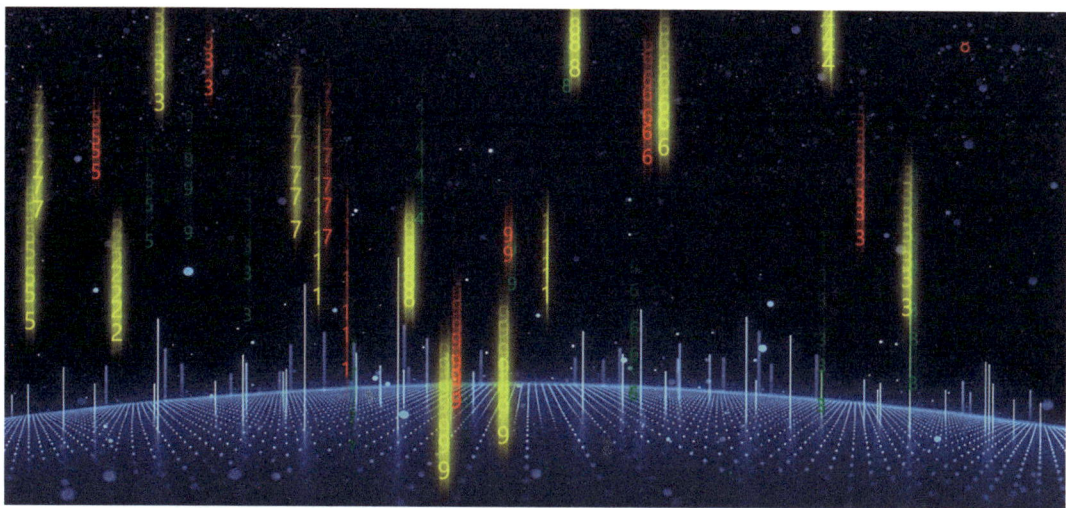

图 3-6-1　粒子文字动画效果

🖳 任务实施

1. 新建合成

执行"合成"→"新建合成"命令，打开"合成设置"对话框，设置合成参数，如图 3-6-2 所示。

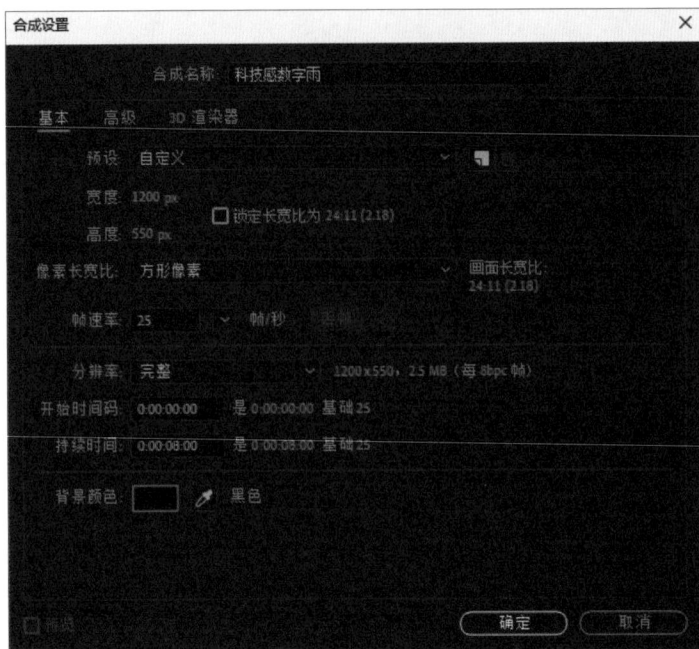

图 3-6-2　设置合成参数

2. 添加"粒子运动场"特效

按 Ctrl+Y 组合键，建立纯色层，设置名称为"粒子"，其大小与合成大小一致，颜色为黑色。执行"效果"→"模拟"→"粒子运动场"命令，添加"粒子运动场"特效。

3. 编辑发射文字

在"效果控件"面板中，单击"选项"按钮，打开"粒子运动场"对话框。单击"编辑发射文字"按钮，在打开的"编辑发射文字"对话框中输入数字"123456789"，设置字体样式，设置顺序为"随机"，如图 3-6-3 所示。

图 3-6-3　编辑发射文字

4. 设置粒子的发射和重力参数

步骤 1 设置发射参数。设置"位置"为(600.0,-360.0)，将粒子的发射点移到画面以外、"合成"窗口的正上方；设置"圆筒半径"为"600.00"，使粒子的分布充满整个屏幕；设置

"每秒粒子数"为"20.00",表示每秒发射的粒子数量为20;设置"方向"为"0x+180.0°",使粒子发射的方向朝下;设置"随机扩散方向"为"0.00",使粒子垂直下落,不发生偏移;设置"速率"为"110.00",代表粒子的初始速度为110.00;设置"随机扩散速率"为"60.00",使粒子下落时快慢结合;设置"颜色"为黄色;设置"字体大小"为"25.00",如图3-6-4所示。

步骤 2 设置重力参数。设置"力"为"85.00",减小粒子下落的重力,使粒子下落得更慢些;设置"方向"为"0x+180.0°",表示重力的方向默认为向下,如图3-6-5所示。

图 3-6-4 设置发射参数

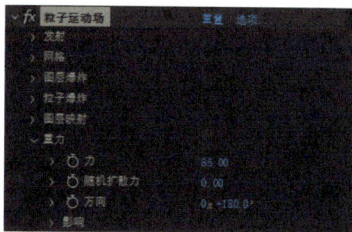

图 3-6-5 设置重力参数

知识窗

"粒子运动场"特效

"粒子运动场"特效主要用于模拟现实世界中物体间的相互作用,如喷泉、雪花等效果。其参数功能介绍如下:

1. 发射选项

"位置":设定粒子发射点的位置。
"圆筒半径":设定发射柱体的半径尺寸。
"每秒粒子数":设定每秒产生粒子的数量。
"方向":控制粒子发射的角度。
"随机扩散方向":控制粒子随机偏离发射方向的偏离量。
"速率":设定粒子发射的初始速度。
"随机扩散速率":控制粒子速度的随机量。
"颜色":设定粒子或者文字的颜色。
"字体大小":设定粒子文字的尺寸大小。

2. 重力选项

"力":设置重力的大小。
"随机扩散力":指定重力影响力的随机范围值。当值为 0 时,所有粒子都以相同的速率下落;当值较大时,粒子以不同的速率下落。
"方向":设置重力的方向。默认为"0x+180.0°",重力向下。
"影响":指定哪些粒子受选项的影响。

5．设置多个粒子图层

步骤 1　复制粒子图层。打开粒子图层的三维开关。按 Ctrl+D 组合键复制粒子图层，调整新复制图层的空间位置，设置其数值为(600.0,275.0,−250.0)。适当调整"粒子运动场"特效参数，设置"每秒粒子数"为"10.00"，"速率"为"160.00"，"颜色"为红色。

步骤 2　再次复制粒子图层。选中粒子图层，按 Ctrl+D 组合键进行复制，调整新复制图层的空间位置，设置其数值为(600.0,275.0,−510.0)。适当调整"粒子运动场"特效参数，设置"速率"为"370.00"，"颜色"为绿色。

步骤 3　合并图层。框选 3 个粒子图层，按 Ctrl+Shift+C 组合键，打开"预合成"对话框，选中"将所有属性移动到新合成"单选按钮，取消选中"打开新合成"复选框，如图 3-6-6 所示，单击"确定"按钮，在"时间轴"面板中生成一个新的"预合成 1"图层。

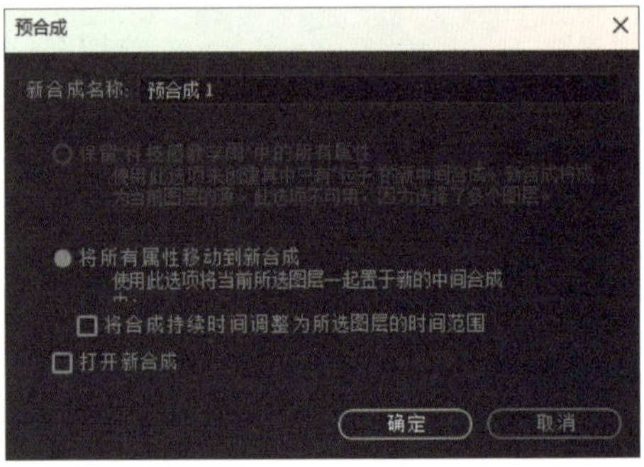

图 3-6-6　"预合成"对话框

6．为文字添加特效

步骤 1　制作粒子文字拖尾效果。选中"预合成 1"图层，执行"效果"→"时间"→"残影"命令，在打开的面板中设置"残影时间（秒）"为"−0.100"，"残影数量"为"6"，"衰减"为"0.80"，如图 3-6-7 所示。

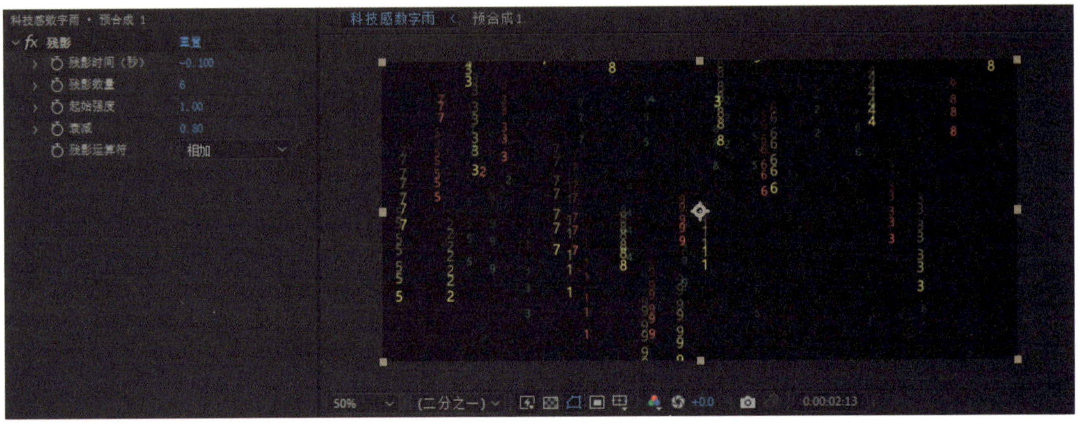

图 3-6-7　拖尾参数设置及效果

步骤 2　创建"模糊"图层。选中"预合成 1"图层，按 Ctrl+D 组合键复制新图层，并重命名为"模糊"。为了不影响图层的观测效果，单击"预合成 1"图层最前面的"显示/隐藏"图标，隐藏该图层。

步骤 3　添加"定向模糊"特效增强数字的拖尾效果。选中"模糊"图层，执行"效果"→"模糊和锐化"→"定向模糊"命令，设置"模糊长度"为"60.0"，如图 3-6-8 所示。

图 3-6-8　定向模糊参数设置及效果

步骤 4　添加发光特效。选中"模糊"图层，执行"效果"→"风格化"→"发光"命令，在打开的面板中设置"发光阈值"为"10.0%"，"发光半径"为"20.0"，"发光强度"为"1.5"，"发光颜色"为"A 和 B 颜色"，"颜色 A"为黄绿色，"颜色 B"为橘黄色，打开"预合成 1"图层的显示开关，恢复其显示，如图 3-6-9 所示。

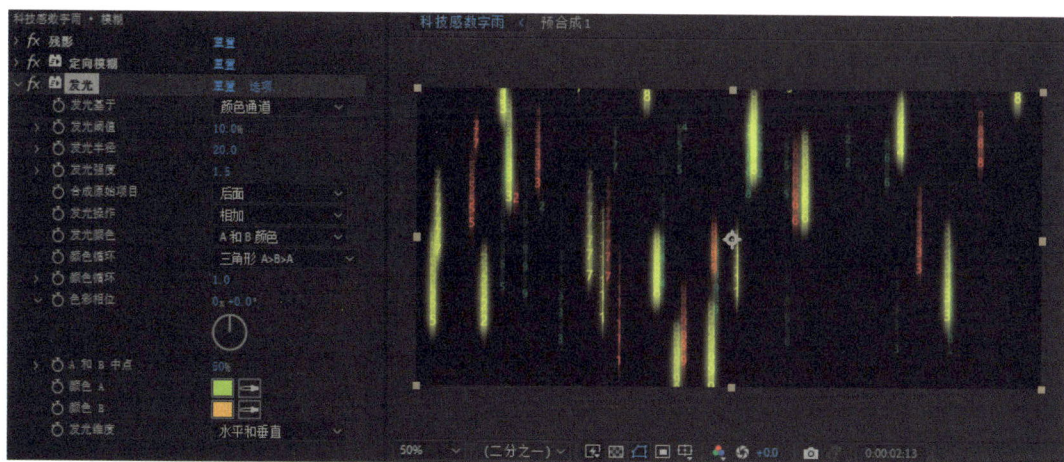

图 3-6-9　发光参数设置与效果

知识窗

发 光 效 果

"发光"特效经常用于图像中的文字和带有 Alpha 通道的图像，可以产生发光或光晕的效果，其参数功能介绍如下：

"发光基于"：选择发光作用通道，可以选择 Alpha 通道或颜色通道。

"发光阈值"：控制发光产生的百分比。值越低，产生的发光越多；值越高，产生的发光越少。

"发光半径"：控制发光从图像的明亮区域向外延伸的半径大小。

"发光强度"：设置发光的发光强度，影响发光的亮度。

"合成原始项目"：设置原始素材图像的合成方式。

"发光操作"：设置辉光的发光模式，类似图层模式的选择。

"发光颜色"：可设置发光的颜色包括"原始颜色""A 和 B 颜色""任意贴图"。

"颜色循环"下拉列表：设置辉光颜色的循环方式。

"颜色循环"数值框：设置辉光颜色循环的数值。

"色彩相位"：设置辉光的颜色相位。

"A 和 B 中点"：设置辉光颜色 A 和 B 的中点百分比。

"颜色 A"：设置颜色 A。

"颜色 B"：设置颜色 B。

"发光维度"：设置辉光方向，有"水平和垂直""水平""垂直"3 种方式。

步骤 5 增强拖尾效果。把"模糊"图层往后移动 1 帧，这样就产生了真正的拖尾效果。

7. 添加背景图片

双击"项目"面板空白处，导入素材图片"背景.jpg"，并将其拖入"时间轴"面板最底层，最终效果如图 3-6-10 所示。

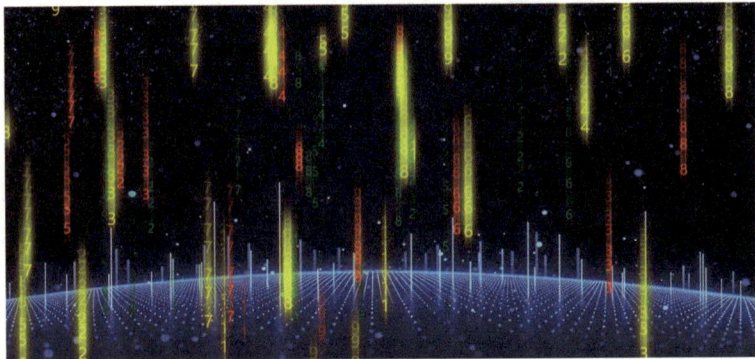

图 3-6-10　添加背景后的效果

8. 预览效果，渲染输出

按空格键预览效果。执行"合成"→"添加到渲染队列"命令，或按 Ctrl+M 组合键，打开"渲染队列"面板，设置渲染参数，单击"渲染"按钮，输出视频。

拓展训练 ———————————————————————————————————

通过文字动画属性的设置，应用发光特效，制作"依次出现、旋转进入的发光文字"动画。

4 项目

影视色彩校正

▌内容导读

色彩，影视表达之魂，深刻触动人心。色彩校正，后期制作之重，通过精细调控图像属性，平衡色彩，升华视觉美感，精准传递情感。本项目聚焦 After Effects 色彩校正精髓，涵盖通道与颜色校正工具应用，系统讲解明暗调整、饱和度变换及色彩匹配，打造引人入胜影视作品的核心技能。学习本项目后，学生能对视频进行合理的色彩校正与调整。

▌学习目标

知识目标

1. 了解调色的概念。
2. 掌握通道类效果调整色彩方法。
3. 掌握颜色校正类效果调整色彩方法。

能力目标

1. 熟练应用通道类效果调整画面的色彩。
2. 熟练应用颜色校正类效果调整画面的色彩。
3. 能够综合应用多种颜色效果调整视频色彩。

素养目标

1. 激发探索新知、技术创新热情，树立科技报国志向。
2. 厚植爱国情怀，坚定文化自信。
3. 强化质量意识，追求精益求精的工匠精神。

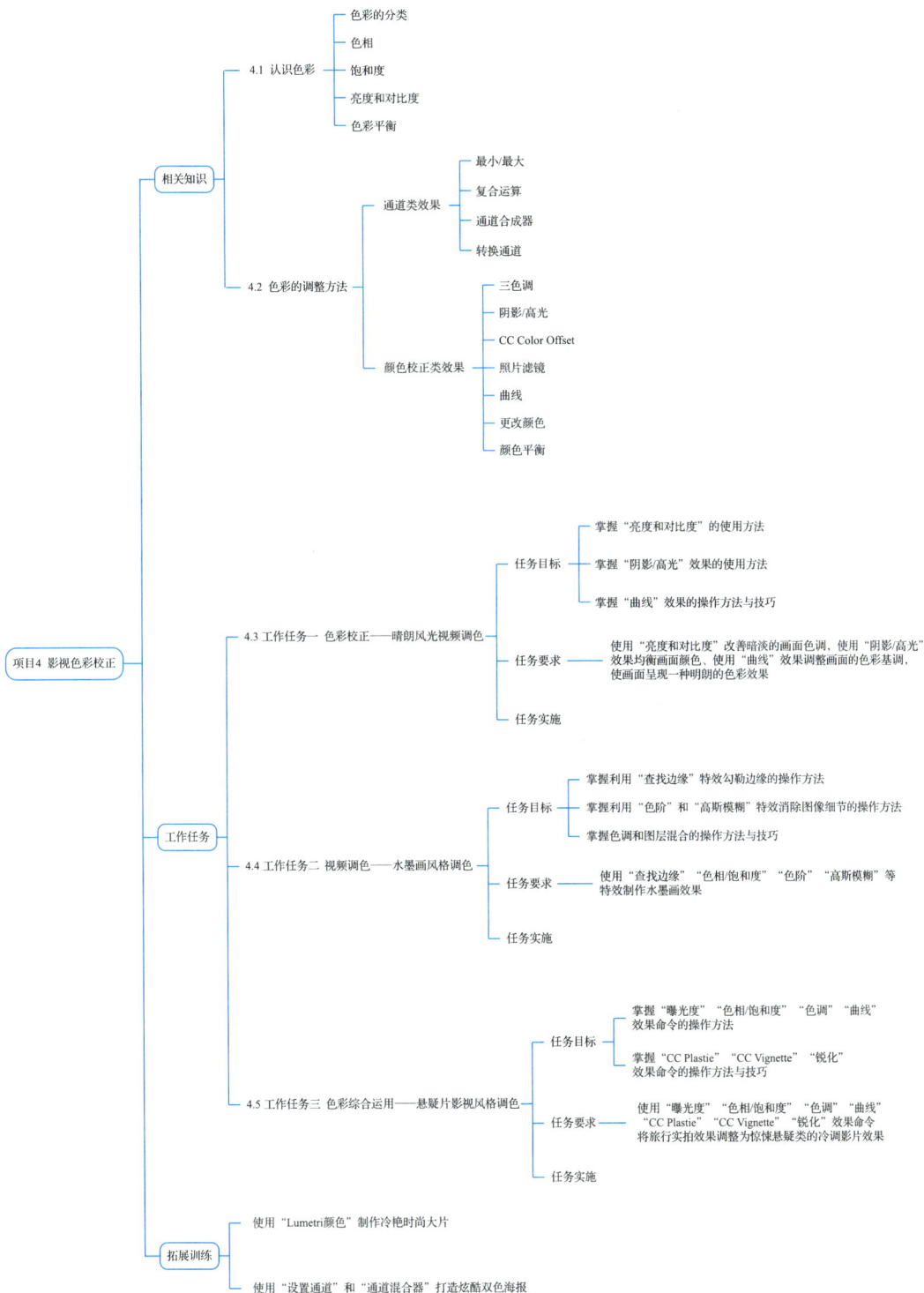

▌思维导图

```
项目4 影视色彩校正
├─ 相关知识
│   ├─ 4.1 认识色彩
│   │   ├─ 色彩的分类
│   │   ├─ 色相
│   │   ├─ 饱和度
│   │   ├─ 亮度和对比度
│   │   └─ 色彩平衡
│   └─ 4.2 色彩的调整方法
│       ├─ 通道类效果
│       │   ├─ 最小/最大
│       │   ├─ 复合运算
│       │   ├─ 通道合成器
│       │   └─ 转换通道
│       └─ 颜色校正类效果
│           ├─ 三色调
│           ├─ 阴影/高光
│           ├─ CC Color Offset
│           ├─ 照片滤镜
│           ├─ 曲线
│           ├─ 更改颜色
│           └─ 颜色平衡
├─ 工作任务
│   ├─ 4.3 工作任务一 色彩校正——晴朗风光视频调色
│   │   ├─ 任务目标
│   │   │   ├─ 掌握"亮度和对比度"的使用方法
│   │   │   ├─ 掌握"阴影/高光"效果的使用方法
│   │   │   └─ 掌握"曲线"效果的操作方法与技巧
│   │   ├─ 任务要求：使用"亮度和对比度"改善暗淡的画面色调，使用"阴影/高光"效果均衡画面颜色、使用"曲线"效果调整画面的色彩基调，使画面呈现一种明朗的色彩效果
│   │   └─ 任务实施
│   ├─ 4.4 工作任务二 视频调色——水墨画风格调色
│   │   ├─ 任务目标
│   │   │   ├─ 掌握利用"查找边缘"特效勾勒边缘的操作方法
│   │   │   ├─ 掌握利用"色阶"和"高斯模糊"特效消除图像细节的操作方法
│   │   │   └─ 掌握色调和图层混合的操作方法与技巧
│   │   ├─ 任务要求：使用"查找边缘""色相/饱和度""色阶""高斯模糊"等特效制作水墨画效果
│   │   └─ 任务实施
│   └─ 4.5 工作任务三 色彩综合运用——悬疑片影视风格调色
│       ├─ 任务目标
│       │   ├─ 掌握"曝光度""色相/饱和度""色调""曲线"效果命令的操作方法
│       │   └─ 掌握"CC Plastie""CC Vignette""锐化"效果命令的操作方法与技巧
│       ├─ 任务要求：使用"曝光度""色相/饱和度""色调""曲线""CC Plastie""CC Vignette""锐化"效果命令将旅行实拍效果调整为惊悚悬疑类的冷调影片效果
│       └─ 任务实施
└─ 拓展训练
    ├─ 使用"Lumetri颜色"制作冷艳时尚大片
    └─ 使用"设置通道"和"通道混合器"打造炫酷双色海报
```

4.1 认识色彩

调色技艺在影视后期制作中扮演着至关重要的角色，它不仅仅局限于对"视觉元素"的美化，更核心的是通过精湛的色彩调整手法，让各个元素无缝融合于整体画面之中，共同编织出一幅氛围高度统一的视觉盛宴。色彩，这一无形却强大的媒介，其蕴含的影响力不容小觑。After Effects 软件的调色功能非常强大，不仅可以对错误的颜色进行校正，还可以增强画面的视觉效果，极大提升作品的视觉冲击力。

1. 色彩的分类

在视觉的世界里，色彩被分为两类：无彩色和有彩色，如图 4-1-1 所示。无彩色为黑、白、灰。有彩色则是除黑、白、灰以外的其他颜色。每种有彩色都有三大属性：色相、明度、纯度（即饱和度），无彩色只具有明度这一个属性。

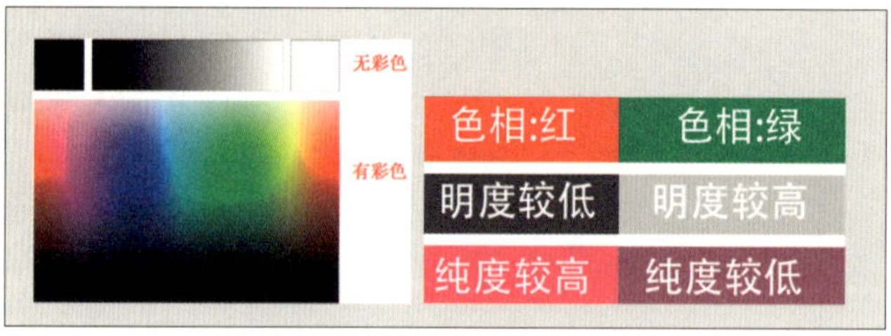

图 4-1-1　色彩的分类

2. 色相

色相，作为色彩的基本属性，指的是画面整体颜色的倾向，又称为色调。它决定了颜色的种类，如红、黄、蓝等。在调色中，调整色相可以改变视频的整体色调，营造出截然不同的氛围。想象一下，一部爱情片，通过温暖的色调传递温馨浪漫的情感；而一部科幻片，则可能采用冷色调来营造未来感和神秘感。

3. 饱和度

饱和度，即色彩的鲜艳程度，是指色彩中所含有色成分的比例，它决定了颜色是否饱满、生动。在调色中，通过调整饱和度，可以强化或减弱影片的色彩强度，从而影响观众的情感体验。例如，在一部惊悚片中，降低饱和度可以使画面看起来更加灰暗、压抑，增强紧张感；而增加饱和度可以让画面更加明亮、鲜艳，传递欢乐的氛围。

4. 亮度和对比度

亮度，指图像的明暗程度；对比度，则指图像中明暗部分的差异程度。在调色中，调整亮度和对比度可以显著改变影片的视觉层次和清晰度。增加亮度可以使画面更加明亮，减少亮度则会使画面更加暗淡；增加对比度可以使明暗部分更加分明，减少对比度则会使画面看起来更加柔和、均匀。

5. 色彩平衡

色彩平衡，指调整图像中不同颜色通道的值，以改变整体色调。通过色彩平衡调整，可以纠正色彩偏差，使影片色彩更加自然、和谐。

4.2　色彩的调整方法

After Effects 软件提供了 30 多个色彩调整命令，可以大致分为两大类：通道类效果和颜色校正类效果。

4.2.1　通道类效果

通道类效果可以控制、混合、移除和转换图像的通道，其中包括最小/最大、复合运算、通道合成器、CC Composite、转换通道、反转、固态层合成、混合、移除颜色遮罩、算术、计算、设置通道、设置遮罩，如图 4-2-1 所示。

以下介绍几种常用的通道类效果。

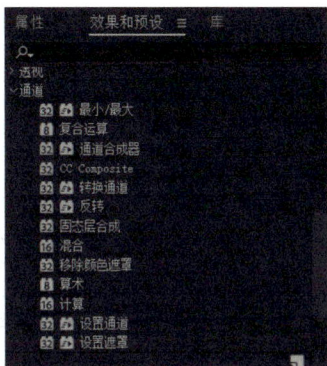

图 4-2-1　通道类效果

1. 最小/最大

该效果可为像素的每个通道指定半径内该通道的最小或最大像素。为素材添加该效果的前后对比如图 4-2-2 所示。

（a）原图　　　　　　　　　　　　（b）效果图

图 4-2-2　最小/最大效果前后对比

2. 复合运算

复合运算可以在图层之间执行数学运算。为素材添加该效果的前后对比如图 4-2-3 所示。

（a）原图　　　　　（b）效果图

图 4-2-3　复合运算效果前后对比

3. 通道合成器

该效果可以提取、显示和调整图层的通道值。为素材添加该效果的前后对比如图 4-2-4 所示。

（a）原图　　　　　（b）效果图

图 4-2-4　通道合成器效果前后对比

4. 转换通道

该效果可以将 Alpha、红色、绿色、蓝色通道进行替换，替换为其他通道的数值。为素材添加该效果的前后对比如图 4-2-5 所示。

（a）原图　　　　　（b）效果图

图 4-2-5　转换通道效果前后对比

4.2.2　颜色校正类效果

颜色校正类效果可以更改画面颜色，营造不同的视觉效果，其中包括三色调、通道混合器、阴影/高光、CC Color Neutralizer、CC Color Offset（CC 色彩偏移）、CC Kernel、CC Toner、照片滤镜、Lumetri 颜色、PS 任意映射、灰度系数/基值/增益、色调、色调均化、色阶、色阶（单独控件）、色光、色相/饱和度、广播颜色、亮度和对比度、保留颜色、可选颜色、曝光度、曲线、更改为颜色、更改颜色、自然饱和度、自动色阶、自动对比度、自动颜色、视频限幅器、颜色稳定器、颜色平衡、颜色平衡（HLS）、颜色链接、黑色和白色等，如图 4-2-6 所示。

```
三色调
通道混合器
阴影/高光
CC Color Neutralizer
CC Color Offset
CC Kernel
CC Toner
照片滤镜
Lumetri 颜色
OCIO 外观变换
OCIO 显示变换
OCIO CDL 变换
OCIO 文件转换
OCIO 颜色空间变换
PS 任意映射
灰度系数/基值/增益
色调
色调均化
色阶
色阶（单独控件）
色光
色相/饱和度
广播颜色
亮度和对比度
保留颜色
可选颜色
曝光度
曲线
更改为颜色
更改颜色
自然饱和度
自动色阶
自动对比度
自动颜色
视频限幅器
颜色稳定器
颜色平衡
颜色平衡 (HLS)
颜色链接
黑色和白色
```

图 4-2-6　颜色校正类效果

下面介绍常用的几种颜色校正类效果。

1. 三色调

该效果可以设置高光、中间调和阴影的颜色，使画面更改为 3 种颜色的效果。为素材添加该效果的前后对比如图 4-2-7 所示。

（a）原图　　　　　　　　　　　　　　　（b）效果图

图 4-2-7　三色调效果前后对比

2．阴影/高光

该效果可以使较暗区域变亮，使高光变暗。为素材添加该效果的前后对比如图 4-2-8 所示。

（a）原图　　　　　　　　　　　　　　　（b）效果图

图 4-2-8　阴影/高光效果前后对比

3．CC Color Offset

该效果可以调节红、绿、蓝 3 个通道。为素材添加该效果的前后对比如图 4-2-9 所示。

（a）原图　　　　　　　　　　　　　　　（b）效果图

图 4-2-9　CC Color Offset 效果前后对比

4．照片滤镜

该效果可以对 Photoshop 照片进行滤镜调整，使其产生某种颜色的偏色效果。为素材添加该效果的前后对比如图 4-2-10 所示。

（a）原图   （b）效果图

图 4-2-10 照片滤镜效果前后对比

5. 曲线

该效果可以调整图像的曲线亮度。为素材添加该效果的前后对比如图 4-2-11 所示。

（a）原图   （b）效果图

图 4-2-11 曲线效果前后对比

6. 更改颜色

该效果可以通过吸取画面中的某种颜色，对该颜色的色相、饱和度和亮度进行调整，从而改变颜色。为素材添加该效果的前后对比如图 4-2-12 所示。

（a）原图   （b）效果图

图 4-2-12 更改颜色效果前后对比

7. 颜色平衡

该效果可以调整颜色的红、绿、蓝道的平衡，以及阴影、中间调、高光的平衡。为素材添加该效果的前后对比如图 4-2-13 所示。

（a）原图 　　　　　　　　　　　（b）效果图

图 4-2-13　颜色平衡效果前后对比

4.3 工作任务一　色彩校正——晴朗风光视频调色

微课：色彩校正——晴朗
风光视频调色

☞ **任务目标**

1. 掌握"亮度和对比度"的使用方法。
2. 掌握"阴影/高光"效果的使用方法。
3. 掌握"曲线"效果的操作方法与技巧。

☞ **任务要求**

使用"亮度和对比度"改善暗淡的画面色调，使用"阴影/高光"效果均衡画面颜色，使用"曲线"效果调整画面的色彩基调，使画面呈现一种明朗的色彩效果，如图 4-3-1 所示。

图 4-3-1　晴朗风光

任务实施

1. 新建合成

执行"合成"→"新建合成"命令，在打开的"合成设置"对话框中设置"合成名称"为"晴朗风光"，"预设"为"自定义"，取消选中"锁定长宽比为 175：96(1.82)"复选框，"宽度"为"1050px"，"高度"为"576px"，"像素长宽比"为"方形像素"，"帧速率"为"25 帧/秒"，"分辨率"为"完整"，"持续时间"为 5 秒，如图 4-3-2 所示，单击"确定"按钮。

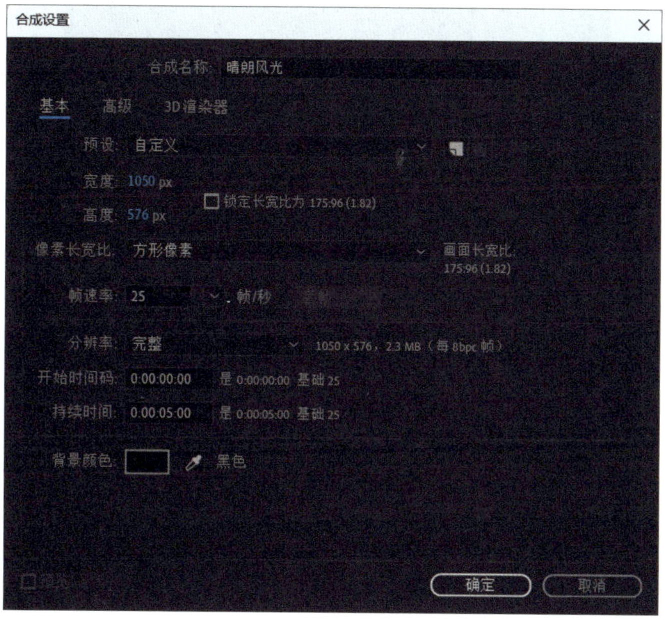

图 4-3-2　设置合成参数

2. 导入素材

执行"文件"→"导入"→"文件"命令，导入素材文件"晴朗风光.jpg"。将"项目"面板中的"晴朗风光.jpg"素材文件拖到"时间轴"面板中。按 Alt+Ctrl+F 组合键，适配素材大小到合成。

3. 添加亮度和对比度效果

步骤1　在"时间轴"面板中单击展开"晴朗风光.jpg"图层下方的"变换"选项，设置"缩放"为（117.0%,117.0%），进行调色操作。

步骤2　执行"效果"→"颜色校正"→"亮度和对比度"命令，在打开的"效果控件"面板中，单击展开"亮度和对比度"选项，设置"亮度"为"17"，"对比度"为"70"，如图 4-3-3 所示。

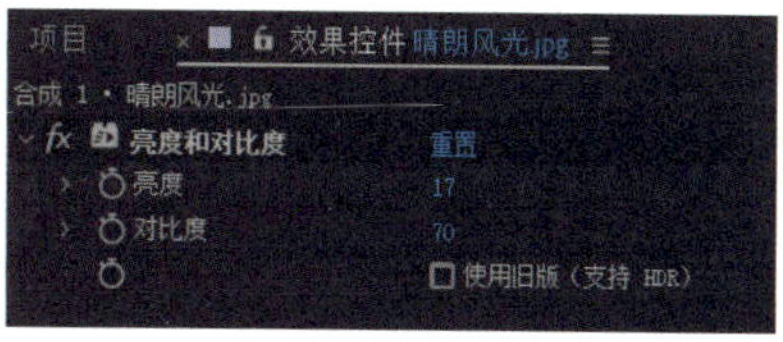

图 4-3-3　设置亮度和对比度数值

4. 添加"阴影/高光"效果

执行"效果"→"颜色校正"→"阴影/高光"命令，在展开的"效果控件"面板中，单击展开"阴影/高光"选项，设置"瞬时平滑（秒）"为"10.00"，如图4-3-4所示。

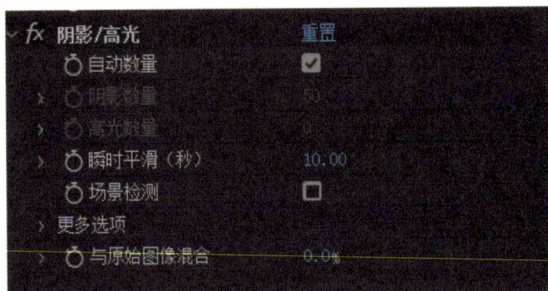

图4-3-4　设置瞬时平滑（秒）值

5. 添加"曲线"效果

执行"效果"→"颜色校正"→"曲线"命令，在打开的"效果控件"面板中展开"曲线"效果，在RGB通道下方曲线上单击添加两个控制点，适当调整曲线形状，使画面更加明亮浓郁。

6. 预览效果，渲染输出

按空格键预览效果。执行"合成"→"添加到渲染队列"命令，或按Ctrl+M组合键，打开"渲染队列"面板，设置渲染参数，单击"渲染"按钮，输出视频。

4.4 工作任务二　视频调色——水墨画风格调色

微课：视频调色——
水墨画风格调色

☞ 任务目标

1. 掌握利用"查找边缘"特效勾勒边缘的操作方法。

2. 掌握利用"色阶"和"高斯模糊"特效消除图像细节的操作方法。

3. 掌握色调和图层混合的操作方法与技巧。

☞ 任务要求

综合运用"查找边缘""色相/饱和度""色阶""高斯模糊"等特效制作水墨画效果，如图4-4-1所示。

图 4-4-1　水墨画效果

💻 任务实施

1．新建合成，导入素材

步骤1　新建合成。启动 After Effects 软件，新建项目；执行"合成"→"新建合成"命令，打开"合成设置"对话框，在对话框中设置"合成名称"为"水墨画"，"预设"为"自定义"，"宽度"为"1280px"，"高度"为"720px"，取消选中"锁定长宽比为16∶9(1.78)"复选框，设置"像素长宽比"为"方形像素"，设置"帧速率"为"25 帧/秒"，"持续时间"为 5 秒，如图 4-4-2 所示，单击"确定"按钮。

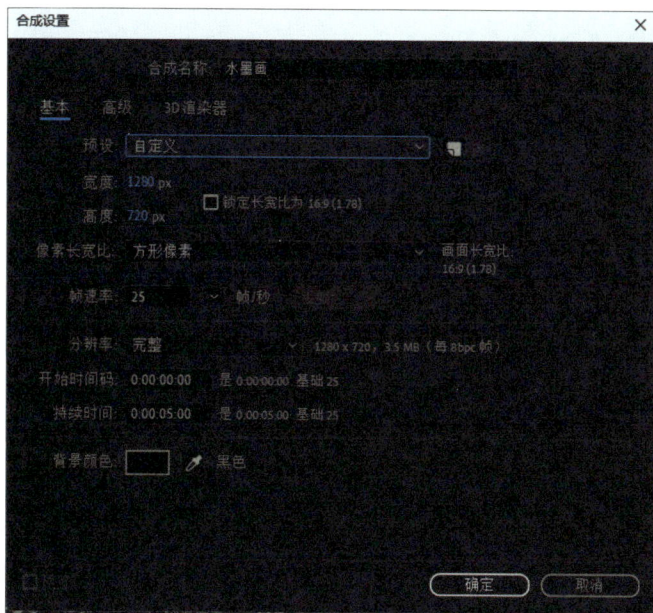

图 4-4-2　设置合成参数

步骤2　导入素材。在"项目"面板的空白位置双击，打开"导入文件"对话框，导入素材文件"01.jpg""02.png"，单击"导入"按钮。

2. 调整色彩

步骤 1 复制图层。在"项目"面板中，选中"01.jpg"并将其拖到"时间轴"面板。按 Ctrl+D 组合键复制图层，单击复制图层左侧的 按钮，关闭该图层的可视性，如图 4-4-3 所示。

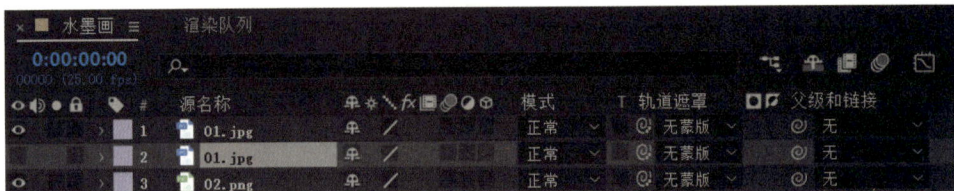

图 4-4-3　关闭可视性

步骤 2 勾勒图像边缘。选中图层 2 图层，执行"效果"→"风格化"→"查找边缘"命令，在"效果控件"面板中，设置"与原始图像混合"为"65%"，如图 4-4-4 所示。

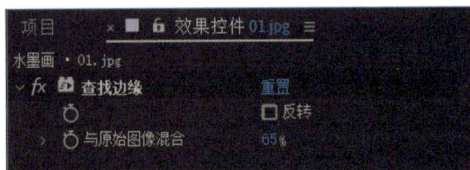

图 4-4-4　设置查找边缘参数

步骤 3 设置色相/饱和度。执行"效果"→"颜色校正"→"色相/饱和度"命令，在"效果控件"面板中，设置"主饱和度"为"-40"，如图 4-4-5 所示，降低图像主饱和度。

图 4-4-5　设置主饱和度

步骤 4 设置曲线效果。执行"效果"→"颜色校正"→"曲线"命令，在"效果控件"面板中调整曲线，调整图像亮度，如图 4-4-6 所示。

图 4-4-6　设置曲线效果

步骤5　模糊处理。执行"效果"→"模糊和锐化"→"高斯模糊"命令，在"效果控件"面板中，设置"模糊度"为"8.0"，"模糊方向"为"水平和垂直"，取消选中"重复边缘像素"复选框，如图 4-4-7 所示，对图像进行模糊处理。

图 4-4-7　设置高斯模糊参数

3.　设置图层混合模式

步骤1　设置不透明度。在"时间轴"面板中，单击图层 1 左侧的◉按钮，打开该图层的可视性。按 T 键展开"不透明度"属性，设置"不透明度"为 70%，单击"展开或折叠转换控制窗格"按钮，设置图层的混合模式为"相乘"，如图 4-4-8 所示。

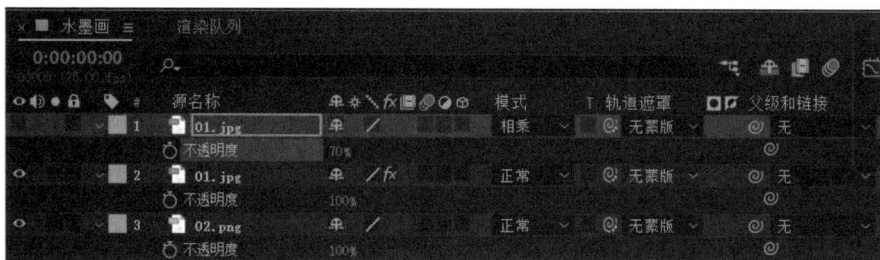

图 4-4-8　设置不透明度、图层模式

步骤2　勾勒图像边缘。执行"效果"→"风格化"→"查找边缘"命令，在"效果控件"面板中，设置"与原始图像混合"为 40%。

步骤3　设置色相/饱和度。执行"效果"→"颜色校正"→"色相/饱和度"命令，在"效果控件"面板中，设置"主饱和度"为"100"，提高主饱和度。

步骤 4 设置曲线。执行"效果"→"颜色校正"→"曲线"命令，在"效果控件"面板中调整曲线，调整图像亮度。

步骤 5 模糊处理。执行"效果"→"模糊和锐化"→"快速方框模糊"命令，在"效果控件"面板中，设置"模糊半径"为"20.0"，"迭代"为"1"，"模糊方向"为"水平和垂直"，取消选中"重复边缘像素"复选框，如图 4-4-9 所示。

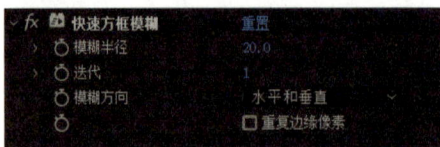

图 4-4-9 设置快速方框模糊参数

步骤 6 拖动文件至最上方。在"项目"面板中，选中"02.png"文件并将其拖到"时间轴"面板中。

小贴士

将"02.png"置于"时间轴"面板的最上方，按 P 键展开"位置"属性，设置"位置"选项的数值为(910.0,360.0)。

4. 预览效果，渲染输出

按空格键，预览效果。执行"合成"→"添加到渲染队列"命令，或按 Ctrl+M 组合键，打开"渲染队列"面板，设置渲染参数，单击"渲染"按钮，输出视频。

4.5 工作任务三 色彩综合运用——悬疑片影视风格调色

微课：色彩综合运用——
悬疑片影视风格调色

☞ **任务目标**

1. 掌握"曝光度""色相/饱和度""色调""曲线"效果命令的操作方法。

2. 掌握"CC Plastie""CC Vignette""锐化"效果命令的操作方法与技巧。

☞ **任务要求**

使用"曝光度""色相/饱和度""色调""曲线""CC Plastie""CC Vignette""锐化"效果命令将旅行实拍效果调整为惊悚悬疑类的冷调影片效果，如图 4-5-1 所示。

图 4-5-1　效果对比

💻 **任务实施**

1. 新建项目及合成

步骤 1　在"项目"面板中右击，在弹出的快捷菜单中执行"新建合成"命令，在打开的"合成设置"对话框中设置"合成名称"为"悬疑影片"，"预设"为"自定义"，"宽度"为"788px"，"高度"为"576px"，"像素长宽比"为"方形像素"，"帧速率"为"25 帧/秒"，"分辨率"为"完整"，"持续时间"为 5 秒，如图 4-5-2 所示，单击"确定"按钮。

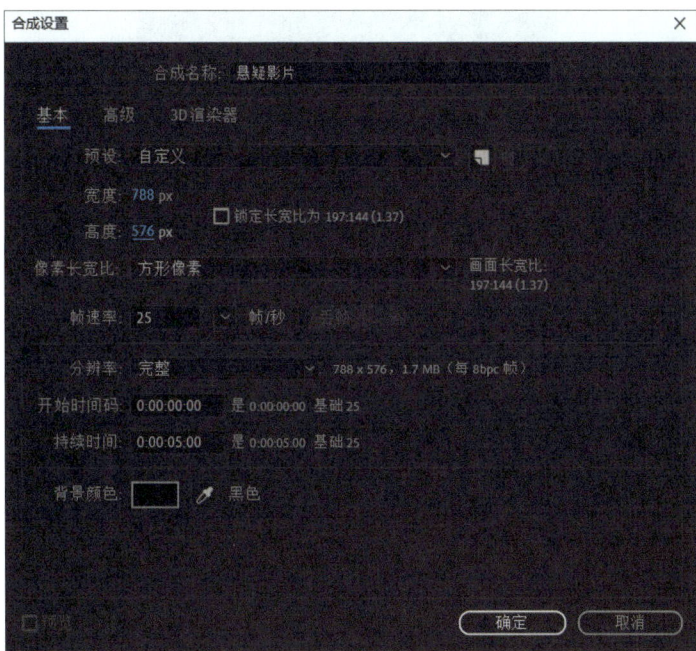

图 4-5-2　合成设置

步骤 2　执行"文件"→"导入"→"文件"命令，导入"1.png"素材文件。将"项目"面板中的"1.png"素材文件拖到"时间轴"面板中。选中"1.png"图层，按 Ctrl+Alt+F 组合键，适配到合成，调整文件大小适配合成的大小。

2. 设置颜色校正效果

步骤 1 设置曝光度。在"时间轴"面板中选中"1.png"图层，在"效果和预设"面板中搜索"曝光度"效果，如图 4-5-3 所示，将它拖到"时间轴"面板的"1.png"图层上。

步骤 2 在"时间轴"面板中单击展开"1.png"图层下方的"效果"→"曝光度"→"主"选项，设置"曝光度"为"-1.20"，如图 4-5-4 所示。此时画面变暗，效果如图 4-5-5 所示。

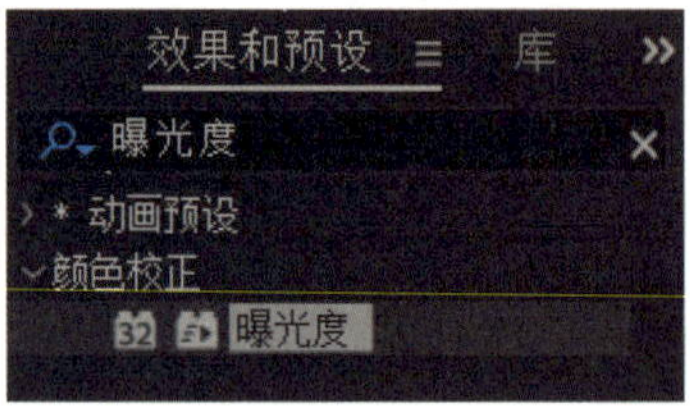

图 4-5-3 搜索"曝光度"效果

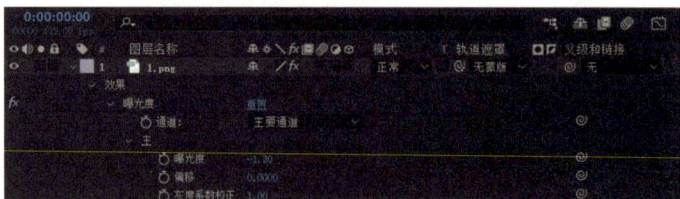

图 4-5-4 设置曝光度数值

图 4-5-5 画面变暗效果

步骤 3 设置色相/饱和度。在"效果和预设"面板中搜索"色相/饱和度"效果，将它拖到"时间轴"面板的"1.png"图层上。

步骤 4 在"效果控件"面板中展开"色相/饱和度"效果，设置"主色相"为"0x+3.0°"，"主饱和度"为"-75"，"主亮度"为"-15"，如图 4-5-6 所示。此时，画面色调偏向于单色。

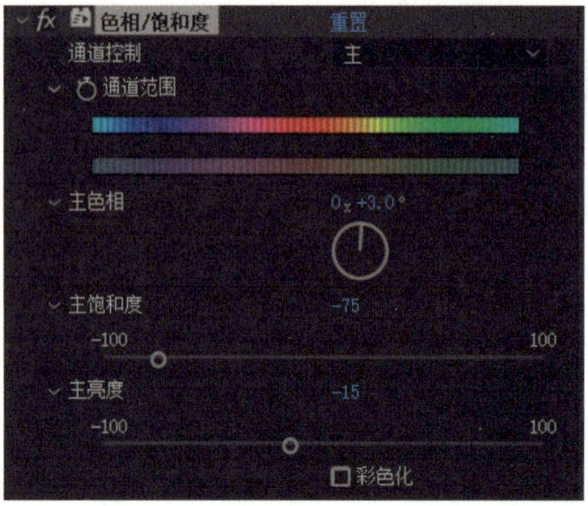

图 4-5-6 设置色相/饱和度参数

步骤5　设置色调。在"效果和预设"面板中搜索"色调"效果，将它拖到"时间轴"面板的"1.png"图层上。

步骤6　在"时间轴"面板中单击展开"1.png"图层下方的"效果"→"色调"选项，设置"将白色映射到"为蓝色，"着色数量"为"40.0%"，如图4-5-7所示。此时，画面呈现蓝色调。

图 4-5-7　设置色调数值

步骤7　设置曲线。在"效果和预设"面板中搜索"曲线"效果，同样将它拖到"时间轴"面板的"1.png"图层上。

步骤8　在"效果控件"面板中展开"曲线"效果，在当前曲线上单击添加两个控制点并适当调整曲线形状，如图4-5-8所示。此时，画面变亮。

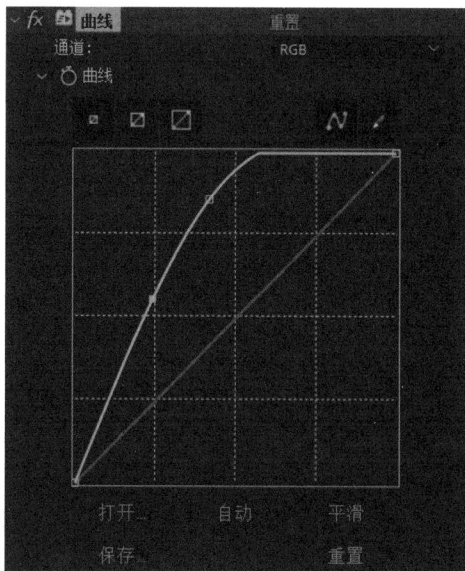

图 4-5-8　设置曲线效果

3. 制作光点效果

步骤1　在"效果和预设"面板中搜索"CC Plastic"效果，将它拖到"时间轴"面板的"1.png"图层上。

步骤2　在"时间轴"面板中单击展开"1.png"图层下方的"效果"→"CC Plastic"→"Surface Bump"选项，设置"Softness"为"50.0"，如图4-5-9所示。画面效果如图4-5-10所示。

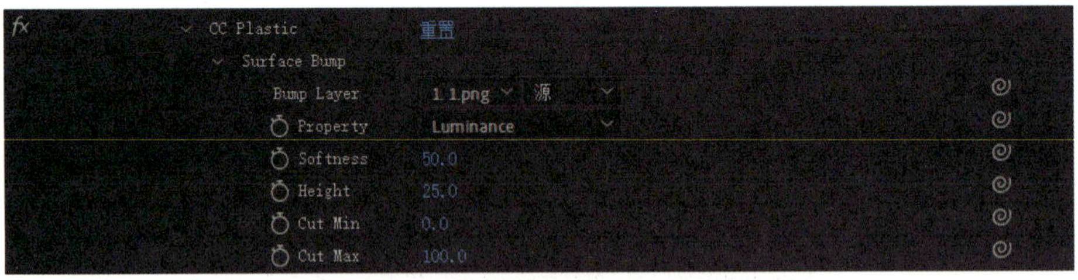

图 4-5-9　设置"CC Plastic"效果参数

图 4-5-10　光点画面效果

4. 制作暗角效果

步骤 1　在"效果和预设"面板中搜索"CC Vignette"效果，将它拖到"时间轴"面板的"1.png"图层上。

步骤 2　在"时间轴"面板中单击展开"1.png"图层下方的"效果"→"CC Vignette"选项，设置"Amount"为"400.0"，"Angle of View"为"35.0"，如图 4-5-11 所示。

步骤 3　在"效果和预设"面板中搜索"曲线"效果，同样将它拖到"时间轴"面板的"1.png"图层上。

步骤 4　在"效果控件"面板中展开"曲线 2"效果，在曲线上单击添加两个控制点并适当调整曲线形状，如图 4-5-12 所示。

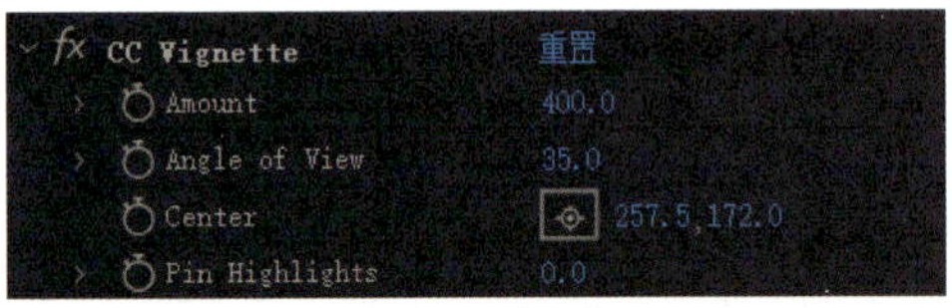

图 4-5-11　设置"CC Vignette"效果参数

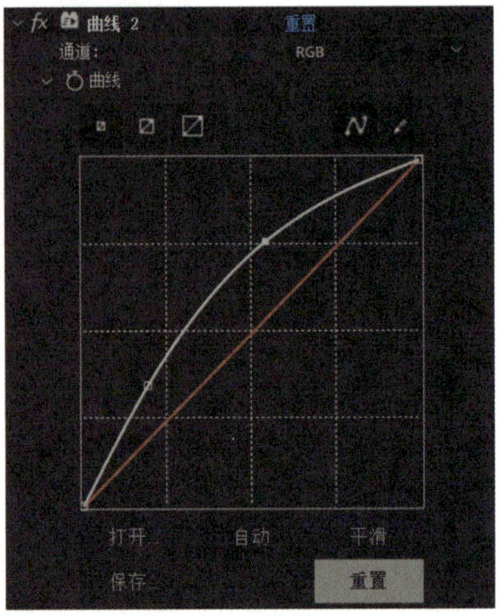

图 4-5-12　曲线 2 效果

步骤 5　在"效果和预设"面板中搜索"锐化"效果，同样将它拖到"时间轴"面板的"1.png"图层上，

步骤 6　在"时间轴"面板中单击展开"1.png"图层下方的"效果"→"锐化"选项，设置"锐化量"为"55"，如图 4-5-13 所示。

图 4-5-13　设置锐化量

5. 预览效果，渲染输出

按空格键预览效果。执行"合成"→"添加到渲染队列"命令，或按 Ctrl+M 组合键，打开"渲染队列"面板，设置渲染参数，单击"渲染"按钮，输出视频。

拓展训练

1）使用"Lumetri 颜色"，根据给定素材制作冷艳时尚大片。
2）使用"设置通道"和"通道混合器"打造炫酷双色海报。

5

项 目

抠 像 应 用

▊内容导读

抠像与合成是影视制作中较为常用的技术手段，可让整个实景画面更有层次感和设计感，是实现制作虚拟场景的重要途径之一。本项目主要学习各种抠像类效果的使用方法。通过本项目的学习，学生可掌握多种抠像方式，实现绝大部分视频的抠像操作。

▊学习目标

知识目标

1. 掌握抠像的概念。
2. 掌握抠像类效果的使用方法。
3. 掌握使用抠像类效果进行抠像并合成的技术。

能力目标

1. 熟练应用抠像类效果进行抠像。
2. 熟练运用素材抠像在动画合成中的技巧。
3. 能够综合应用抠像类效果进行抠像并合成。

素养目标

1. 养成深耕细作、精益求精、专注执着的职业素养。
2. 培养善于挖掘知识本质、逐本求源的科学精神。

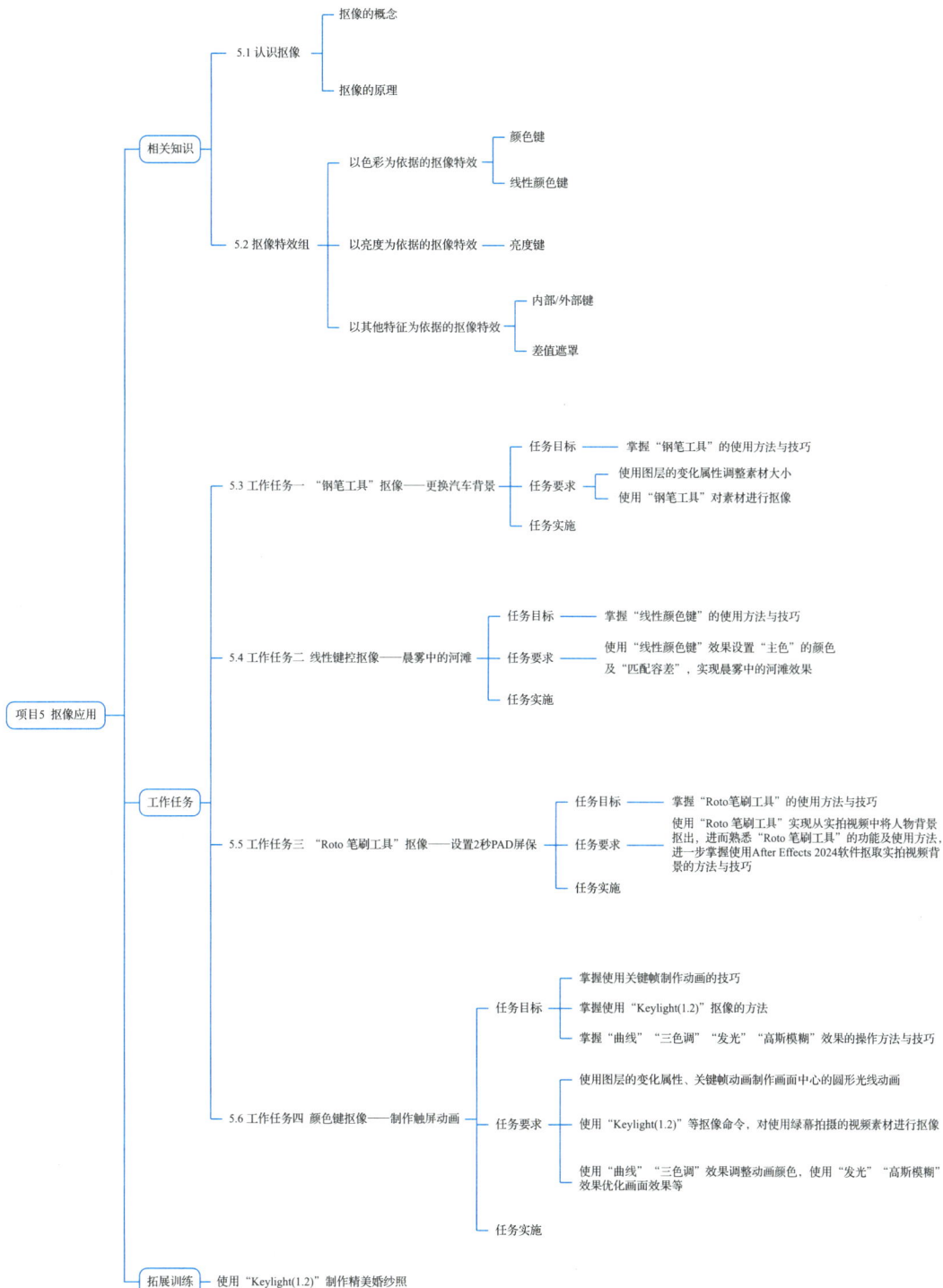

▍思维导图

```
                                            ┌── 抠像的概念
                          ┌── 5.1 认识抠像 ──┤
                          │                 └── 抠像的原理
                          │
                          │                                        ┌── 颜色键
              ┌── 相关知识 ┤                 ┌── 以色彩为依据的抠像特效 ──┤
              │           │                 │                      └── 线性颜色键
              │           │                 │
              │           └── 5.2 抠像特效组 ──┼── 以亮度为依据的抠像特效 ── 亮度键
              │                             │
              │                             │                       ┌── 内部/外部键
              │                             └── 以其他特征为依据的抠像特效 ──┤
              │                                                     └── 差值遮罩
              │
              │                                                  ┌── 任务目标 ── 掌握"钢笔工具"的使用方法与技巧
              │                                                  │
              │           ┌── 5.3 工作任务一  "钢笔工具"抠像——更换汽车背景 ──┼── 任务要求 ── 使用图层的变化属性调整素材大小
              │           │                                      │              使用"钢笔工具"对素材进行抠像
              │           │                                      └── 任务实施
              │           │
              │           │                                       ┌── 任务目标 ── 掌握"线性颜色键"的使用方法与技巧
              │           │                                       │
              │           ├── 5.4 工作任务二  线性键控抠像——晨雾中的河滩 ──┼── 任务要求 ── 使用"线性颜色键"效果设置"主色"的颜色
项目5 抠像应用 ──┤                                                    │              及"匹配容差",实现晨雾中的河滩效果
              │           │                                       └── 任务实施
              │           │
              │           │                                           ┌── 任务目标 ── 掌握"Roto笔刷工具"的使用方法与技巧
              │           │                                           │
              ├── 工作任务 ┼── 5.5 工作任务三  "Roto 笔刷工具"抠像——设置2秒PAD屏保 ──┼── 任务要求 ── 使用"Roto笔刷工具"实现从实拍视频中将人物背景
              │           │                                           │              抠出,进而熟悉"Roto笔刷工具"的功能及使用方法,
              │           │                                           │              进一步掌握使用After Effects 2024软件抠取实拍视频背
              │           │                                           │              景的方法与技巧
              │           │                                           └── 任务实施
              │           │
              │           │                                                ┌── 掌握使用关键帧制作动画的技巧
              │           │                                     ┌── 任务目标 ┼── 掌握使用"Keylight(1.2)"抠像的方法
              │           │                                     │           └── 掌握"曲线""三色调""发光""高斯模糊"效果的操作方法与技巧
              │           │                                     │
              │           │                                     │           ┌── 使用图层的变化属性、关键帧动画制作画面中心的圆形光线动画
              │           └── 5.6 工作任务四  颜色键抠像——制作竖屏动画 ──┼── 任务要求 ┼── 使用"Keylight(1.2)"等抠像命令,对使用绿幕拍摄的视频素材进行抠像
              │                                                 │           │
              │                                                 │           └── 使用"曲线""三色调"效果调整动画颜色,使用"发光""高斯模糊"
              │                                                 │              效果优化画面效果等
              │                                                 └── 任务实施
              │
              └── 拓展训练 ── 使用"Keylight(1.2)"制作精美婚纱照
```

5.1 认识抠像

在影视作品中，常常可以看到很多夸张的、震撼的、虚拟的镜头画面。例如，有些电影中的人物在高楼间来回穿梭，这些动作都是演员无法完成的，这时可以借助技术手段进行画面处理，从而达到想要的效果。这种技术手段就是抠像。

1. 抠像的概念

抠像（keying）也称为键控，指的是以画面中的亮度、色彩或其他像素特征为依据，建立一个轮廓范围（类似遮罩、蒙版），去除轮廓以外或者以内的部分，达到使目标素材部分透明的效果。

2. 抠像的原理

在影视后期制作领域，抠像是一种常见且重要的特效技术。它能够去除画面中多余的区域，保留需要的区域，以便于素材之间自然地结合与重组。这种技术常用于蓝幕和绿幕前的人物去背景处理。更通俗地说，在绿棚或蓝棚中拍摄人或物的表演，然后在 After Effects等后期软件中抠除绿色或蓝色背景，将其更换为合适的背景画面，从而实现人、物与背景的完美融合，制作出更具视觉冲击力的画面效果。随着数字化影视后期合成技术的突飞猛进，"真人实拍+抠像"结合 3DCG（3D computer graphics，三维计算机图形）元素场景的制作手法，已成为影视制作的典型套路。

抠像的核心原理：通过分析图像中的颜色信息，将指定颜色及其相似颜色的区域变为透明，从而分离出前景和背景。

5.2 抠像特效组

在 After Effects 软件中，抠像特效主要包括 3 类情况，即以色彩为依据的抠像特效、以亮度为依据的抠像特效和以其他特征为依据的抠像特效。

1. 以色彩为依据的抠像特效

以色彩为依据的抠像特效主要依赖于图像中的颜色信息来分离前景和背景。在 After Effects 软件中，这类抠像特效包括颜色键、线性颜色键、颜色差异键等。

（1）颜色键

原理：通过指定一个颜色范围，将图像中与该颜色范围相匹配的区域抠除。"颜色键"参数如图 5-2-1 所示。

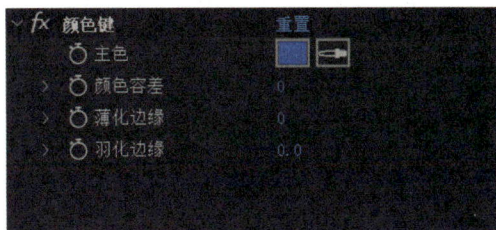

图 5-2-1 "颜色键"参数

操作方法：用户可以使用吸管工具在图像中选择要抠除的颜色，并调整颜色范围和容差来控制抠像的精度。

应用场景：颜色键适用于单色背景或背景颜色相对统一的场景。

（2）线性颜色键

原理：基于 RGB、色调和色度的信息对图像进行抠像处理。它不仅可以抠除指定颜色，还可以保护被抠掉或指定区域的图像像素不被破坏。"线性颜色键"参数如图 5-2-2 所示。

图 5-2-2 "线性颜色键"参数

操作方法：用户需要选择键色，即要抠除的主要颜色，并通过调整匹配容差等参数来优化抠像效果。

应用场景：适用于背景颜色渐变或存在多种相似颜色的场景。

2. 以亮度为依据的抠像特效

以亮度为依据的抠像特效主要依赖于图像中像素的亮度信息来分离前景和背景。下面介绍这一类中的亮度键。

原理：根据图像像素的亮度不同来进行抠图。亮度较高的像素被视为背景，而亮度较低的像素则被视为前景。"亮度键"参数如图 5-2-3 所示。

图 5-2-3　"亮度键"参数

操作方法：用户需要设置抠像的阈值和容差来控制抠像的精度。阈值决定了亮度多少以上的像素被视为背景，容差则决定了阈值附近的像素如何被处理。

应用场景：适用于图像对比度较大但色相变化不大的场景，如夜景拍摄中的灯光效果或高反差场景。

3. 以其他特征为依据的抠像特效

除色彩和亮度外，After Effects 软件还支持以其他特征为依据的抠像，如内部/外部键、差值遮罩等。

（1）内部/外部键

原理：通过一个手绘遮罩层来对图像进行抠像。用户可以在图层面板的遮罩通道上绘制一个遮罩，并将其指定给特效的前景或背景属性。"内部/外部键"参数如图 5-2-4 所示。

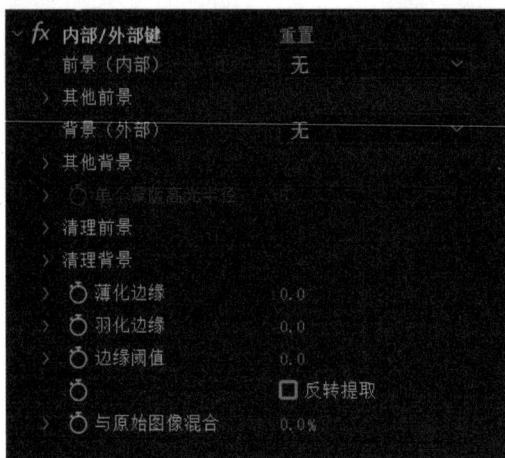

图 5-2-4　"内部/外部键"参数

操作方法：用户需要绘制一个遮罩层来定义前景和背景的区域，并调整相关参数来优化抠像效果。

应用场景：适用于需要精确控制前景和背景边界的场景。

（2）差值遮罩

原理：通过对两幅图像进行比较，对相同区域进行抠除。"差值遮罩"参数如图 5-2-5 所示。

图 5-2-5 "差值遮罩"参数

操作方法：用户需要指定两幅图像作为抠像的参考和合成层素材，并调整相关参数来优化抠像效果。

应用场景：适用于需要处理动态背景或前景与背景存在明显差异的场景。

5.3 工作任务一 "钢笔工具"抠像——更换汽车背景

微课：使用钢笔工具抠像——更换汽车背景

☞ **任务目标**

掌握"钢笔工具"的使用方法与技巧。

☞ **任务要求**

1. 使用图层的变化属性调整素材大小。
2. 使用"钢笔工具"对素材进行抠像，效果如图 5-3-1 所示。

图 5-3-1 更换汽车背景效果

📠 任务实施 ━━ ■

1. 新建合成，导入素材

步骤 1 新建合成。启动 After Effects 软件，新建项目；执行"合成"→"新建合成"命令，打开"合成设置"对话框，在对话框中设置"合成名称"为"红旗"，"预设"为"自定义"，"宽度"为"1028px"，"高度"为"720px"，取消选中"锁定长宽比为 257：180(1.43)"复选框，设置"像素长宽比"为"方形像素"，"帧速率"为"25 帧/秒"，"持续时间"为 5秒，如图 5-3-2 所示，单击"确定"按钮。

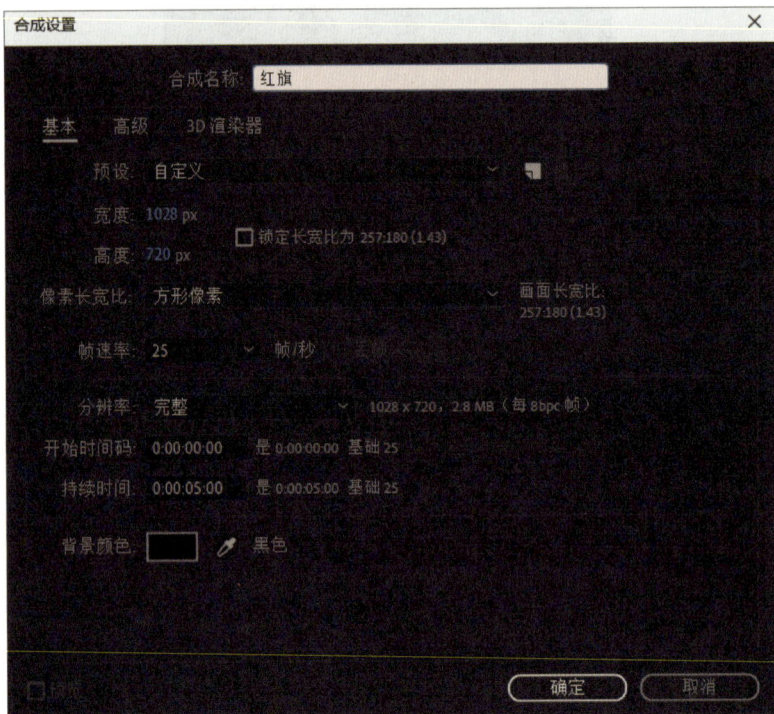

图 5-3-2　设置合成参数

步骤 2 导入素材。在"项目"面板的空白位置双击，打开"导入文件"对话框，导入素材文件"红旗.png"和"公路.png"，单击"导入"按钮。

步骤 3 拖至"时间轴"面板。将"项目"面板中的"红旗.png"素材文件拖到"时间轴"面板中。按 Alt+Ctrl+F 组合键，适配素材大小到合成。

2. 使用"钢笔工具"抠图

步骤 1 选中"红旗.png"素材文件图层，在工具栏中单击"钢笔工具"按钮，根据汽车形状勾勒选取汽车，如图 5-3-3 所示。

图 5-3-3　勾勒汽车边缘

步骤2　在"项目"面板中,将"公路.png"素材文件拖到"时间轴"面板中。按 Alt+Ctrl+F 组合键,适配素材大小到合成。

> **小贴士**
>
> 　　将"红旗.png"素材文件置于图层的最上方,如图 5-3-4 所示。此时,红旗汽车出现在公路素材图片上,如图 5-3-5 所示。 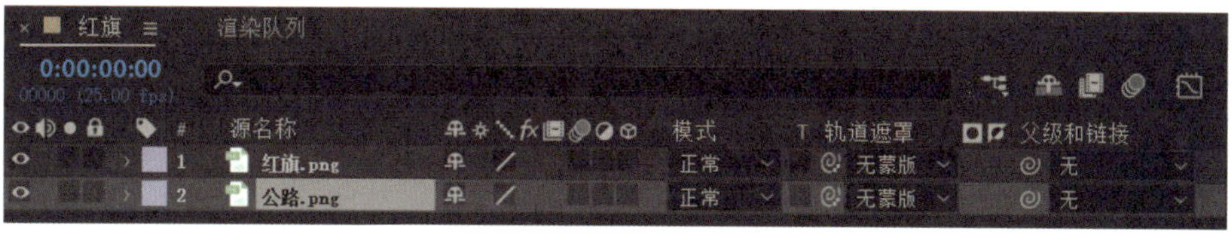
>
>
>
> 图 5-3-4　图层顺序
>
>
>
> 图 5-3-5　红旗汽车出现在公路上的效果

3. 调整素材

步骤1　调整汽车边缘。如果发现红旗汽车的边缘描绘出现问题,可选中"红旗.png"素材文件图层调整边缘。

步骤2　设置属性。在"时间轴"面板中单击打开"红旗.png"素材图层下方的"变换"选项,设置"缩放"为(62.0%,62.0%),适当调整"红旗.png"图层的"位置"属性,如图 5-3-6 所示。

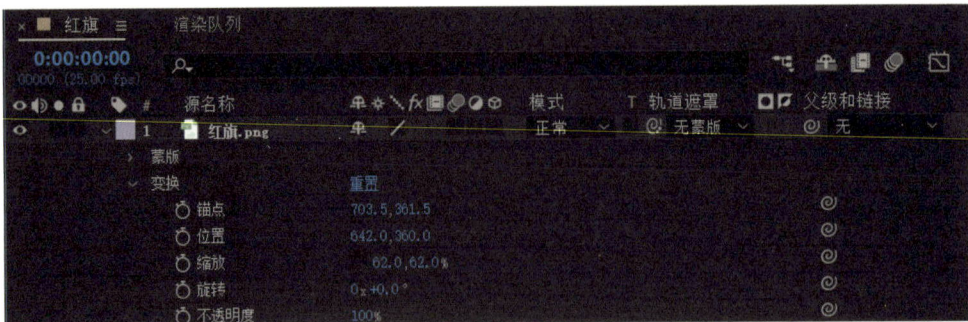

图 5-3-6　设置"缩放"属性

4. 渲染输出

执行"合成"→"添加到渲染队列"命令，或按 Ctrl+M 组合键，打开"渲染队列"面板，设置渲染参数，单击"渲染"按钮，输出视频。

5.4 工作任务二　线性键控抠像——晨雾中的河滩

微课: 线性键控抠像——
晨雾中的河滩

☞ **任务目标**

掌握"线性颜色键"的使用方法与技巧。

☞ **任务要求**

使用"线性颜色键"效果设置"主色"的颜色及"匹配容差"，实现晨雾中的河滩效果，如图 5-4-1 所示。

图 5-4-1　晨雾中的河滩效果

📁 任务实施

1. 新建合成，导入素材

步骤1 新建合成。启动 After Effects 软件，新建项目；执行"合成"→"新建合成"命令，打开"合成设置"对话框，在对话框中设置"合成名称"为"晨雾中的河滩"，"预设"为"HDV/HDTV·1280×720·25fps"，"宽度"为"1280px"，"高度"为"720px"，取消选中"锁定长宽比 16：9(1.78)"复选框，设置"像素长宽比"为"方形像素"，"帧速率"为"25 帧/秒"，"持续时间"为 5 秒，如图 5-4-2 所示，单击"确定"按钮。

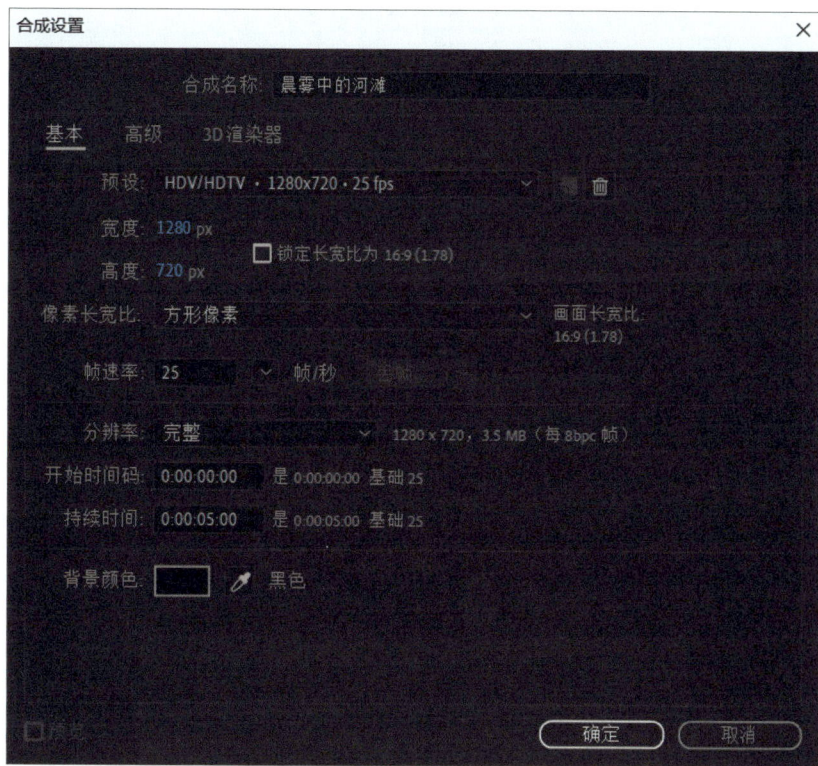

图 5-4-2 设置合成参数

步骤2 导入素材。在"项目"面板的空白位置双击，打开"导入文件"对话框，导入素材文件"河滩.png""烟.avi"，单击"导入"按钮。

步骤3 拖至"时间轴"面板。将"项目"面板中的"河滩.png""烟.avi"素材文件拖到"时间轴"面板中。按 Alt+Ctrl+F 组合键，适配素材大小到合成。

小贴士

将"烟.avi"素材文件置于图层的最上方。

2. 设置"线性颜色键"效果

步骤 1　在"效果和预设"面板搜索框中搜索"线性颜色键"，如图 5-4-3 所示，将该效果拖到"时间轴"面板的"烟.avi"素材图层上，如图 5-4-4 所示。

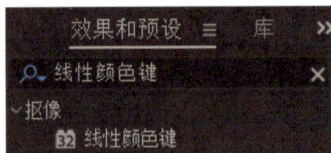

图 5-4-3　搜索"线性颜色键"

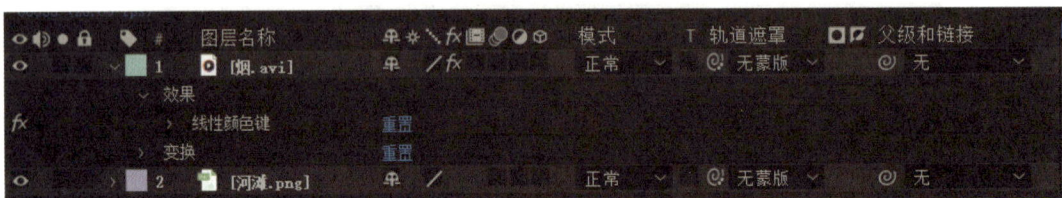

图 5-4-4　将"线性颜色键"效果拖到"烟.avi"素材图层上

步骤 2　在"时间轴"面板中单击展开"烟.avi"素材文件图层下方的"效果"→"线性颜色键"选项，设置"主色"为绿蓝色，"匹配容差"为"30.0%"，"匹配柔和度"为"30.0%"，如图 5-4-5 所示。

图 5-4-5　设置"线性颜色键"效果参数

3. 渲染输出

执行"合成"→"添加到渲染队列"命令，或按 Ctrl+M 组合键，打开"渲染队列"面板，设置渲染参数，单击"渲染"按钮，输出视频。

知识窗

"线性颜色键"重点参数

预览：可以直接观察键控选取效果。

视图：设置"合成"面板中的观察效果。

主色：设置键控基本色。

匹配颜色：设置匹配颜色模式。

匹配容差：设置匹配范围。

匹配柔和度：设置匹配柔和程度。

主要操作：设置主要操作方式为"主色"或"保持颜色"。

5.5 工作任务三　"Roto笔刷工具"抠像——设置2秒PAD屏保

微课："Roto 笔刷工具"
抠像——设置 2 秒
PAD 屏保

☞ **任务目标**

掌握"Roto 笔刷工具"的使用方法与技巧。

☞ **任务要求**

使用"Roto 笔刷工具"实现从实拍视频中将人物背景抠出，进而熟悉"Roto 笔刷工具"的功能及使用方法，进一步掌握使用 After Effects 2024 软件抠取实拍视频背景的方法与技巧。最终效果如图 5-5-1 所示。

图 5-5-1　最终效果

任务实施

1. 新建合成，导入素材

步骤1 新建合成。启动 After Effects 软件，新建项目；执行"合成"→"新建合成"命令，打开"合成设置"对话框，在对话框中设置"合成名称"为"Roto 笔刷工具"，"预设"为"自定义"，"宽度"为"1280px"，"高度"为"720px"，取消选中"锁定长宽比16：9(1.78)"复选框，设置"像素长宽比"为"D1/DV PAL(1.09)"，"帧速率"为"25帧/秒"，"持续时间"为 2 秒，如图 5-5-2 所示，单击"确定"按钮。

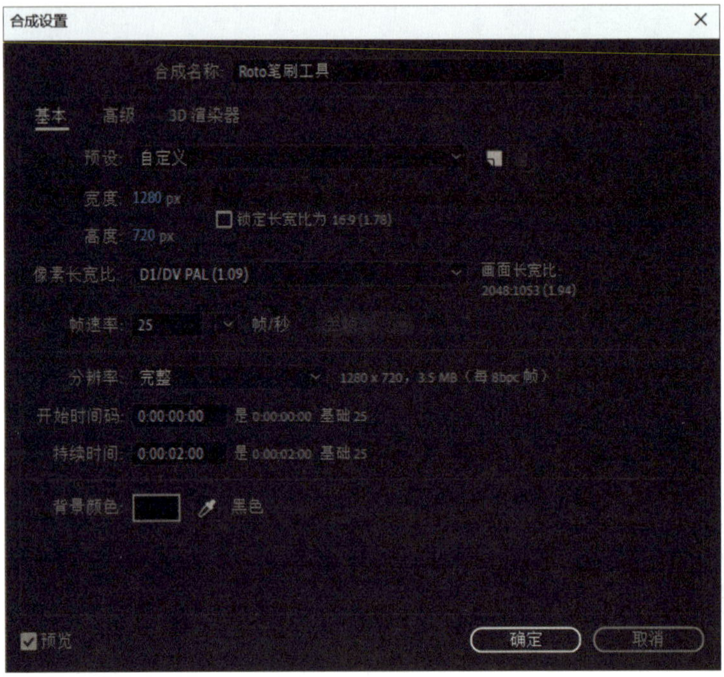

图 5-5-2　设置合成参数

步骤 2 导入素材。在"项目"面板的空白位置双击，打开"导入文件"对话框，导入素材文件"背景.jpg""人物.avi"，单击"导入"按钮。

步骤 3 拖至"时间轴"面板。将"项目"面板中的"背景.jpg""人物.avi"素材文件拖到"时间轴"面板中。分别按 Alt+Ctrl+F 组合键，适配素材大小到合成。

步骤 4 调整素材的出点。将当前时间指示器移到 1 秒 20 帧处，选中"人物.avi"图层，按 Alt+"]"键，将素材的出点调整到当前位置，如图 5-5-3 所示。

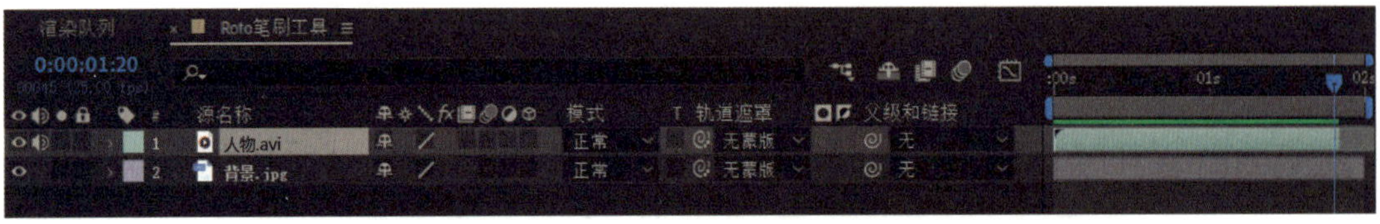

图 5-5-3　调整素材的出点

2. 处理人物素材

步骤 1 使用"Roto 笔刷工具"处理人物素材。将当前时间指示器移到 0 帧位置，在"时间轴"面板中双击"人物.avi"素材层，打开素材窗口。单击工具栏中的"Roto 笔刷工具"按钮![icon]，按住 Ctrl 键的同时拖动鼠标调整笔刷大小，在人物上绘制以获取保留区域。

步骤 2 调整选择区域。按住 Ctrl 键的同时拖动鼠标调整笔刷大小，在需要添加到选择区域的区域绘制；按住 Alt 键绘制，将多选的区域去除。

步骤 3 用同样的方法逐帧检查后面各帧画面的选择情况，并进行相应调整。切换到"合成"窗口时，效果如图 5-5-4 所示。

图 5-5-4 调整边缘

3. 调整选择区域边缘及特效参数

步骤 1 调整选择区域边缘。切换到"人物.avi"素材窗口，单击工具栏中的"调整边缘工具"按钮![icon]，按住 Ctrl 键的同时拖动鼠标调整笔刷大小，在人物选择区域边缘绘制，如图 5-5-5 所示。

步骤 2 利用"Roto 笔刷工具"和"调整边缘工具"进行边缘调整。切换到"合成"窗口，观察人物边缘效果，利用"Roto 笔刷工具"和"调整边缘工具"进行边缘调整。

步骤 3 切换到"人物.avi"素材窗口，用同样的方法，逐帧检查后面各帧选择区域边缘情况，并使用"调整边缘工具"进行相应调整。

图 5-5-5　调整选择区域边缘

4. 渲染输出

执行"合成"→"添加到渲染队列"命令，或按 Ctrl+M 组合键，打开"渲染队列"面板，设置渲染参数，单击"渲染"按钮，输出视频。

5.6　工作任务四　颜色键抠像——制作触屏动画

微课：颜色键抠像——
制作触屏动画

☞ 任务目标

1. 掌握使用关键帧制作动画的技巧。
2. 掌握使用"Keylight(1.2)"抠像的方法。
3. 掌握"曲线""三色调""发光""高斯模糊"效果的操作方法与技巧。

☞ 任务要求

1. 使用图层的变化属性、关键帧动画制作画面中心的圆形光线动画。
2. 使用"Keylight(1.2)"等抠像命令，对使用绿幕拍摄的视频素材进行抠像。
3. 使用"曲线""三色调"效果调整动画颜色，使用"发光""高斯模糊"效果优化画面效果等，如图 5-6-1 所示。

图 5-6-1 触屏动画效果

💻 **任务实施**

1. 制作光线动画

（1）新建合成，导入素材

步骤 1 新建合成。执行"合成"→"新建合成"命令，在打开的"合成设置"对话框中设置"合成名称"为"光线动画"，"预设"为"自定义"，"宽度"为"1280px"，"高度"为"720px"，"像素长宽比"为"D1/DV PAL(1.09)"，"帧速率"为"25 帧/秒"，"持续时间"为 8 秒，如图 5-6-2 所示，单击"确定"按钮。

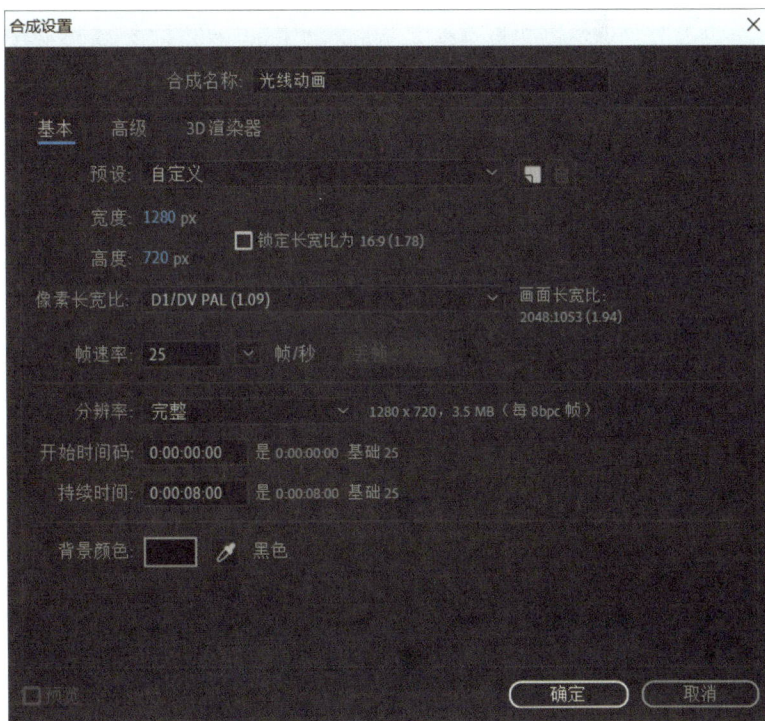

图 5-6-2 设置合成参数

步骤 2 导入素材。执行"文件"→"导入"→"文件"命令，导入全部素材文件。在"项目"面板中，按住 Shift 键，依次选择"06.png"～"01.png"素材文件，并将它们拖到"时间轴"面板中。

小贴士

文件选择顺序是从"06.png"～"01.png"，这样在"时间轴"面板中的顺序从上到下依次为"01.png"～"06.png"，如图 5-6-3 所示。

图 5-6-3 "时间轴"面板中的图层顺序

（2）制作光线的缩放效果

全选"01.png"～"06.png"素材图层，按 S 键展开图层的"缩放"属性，单击"01.png"素材图层，设置缩放比例为(10.0,10.0)%。按 Shift 键，依次选中"02.png"～"06.png"素材，同时设置缩放比例为 60.0%。光线的缩放效果设置完成，如图 5-6-4 所示。

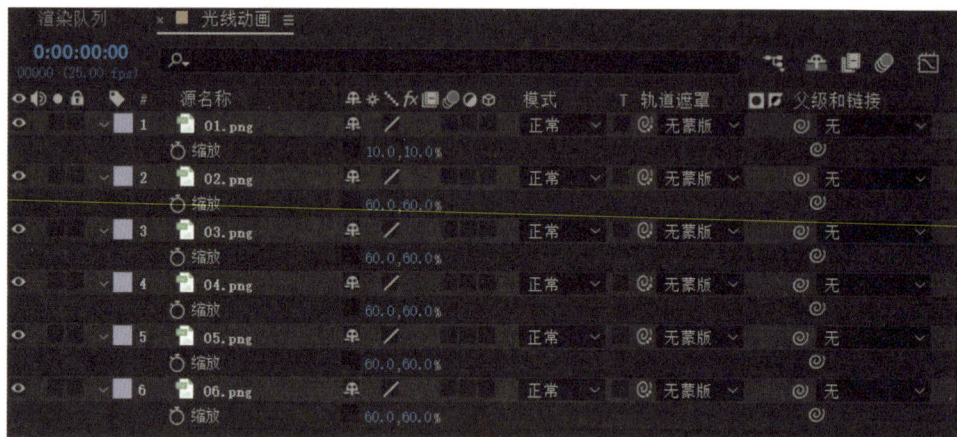

图 5-6-4 设置光线缩放

（3）制作光线的旋转动画

步骤 1 全选"01.png"～"06.png"素材图层，按 R 键展开"旋转"属性，将当前时间指示器移到起始帧位置，单击"旋转"属性前的"时间变化秒表"按钮，开启所有关键帧。设置"01.png"～"06.png"素材图层的"旋转"度数分别为"0x+45.0°""0x+20.0°""0x+60.0°""0x-50.0°""0x-60.0°""0x+20.0°"，如图 5-6-5 所示。通过不同的旋转角度，确保弧线错落有致。

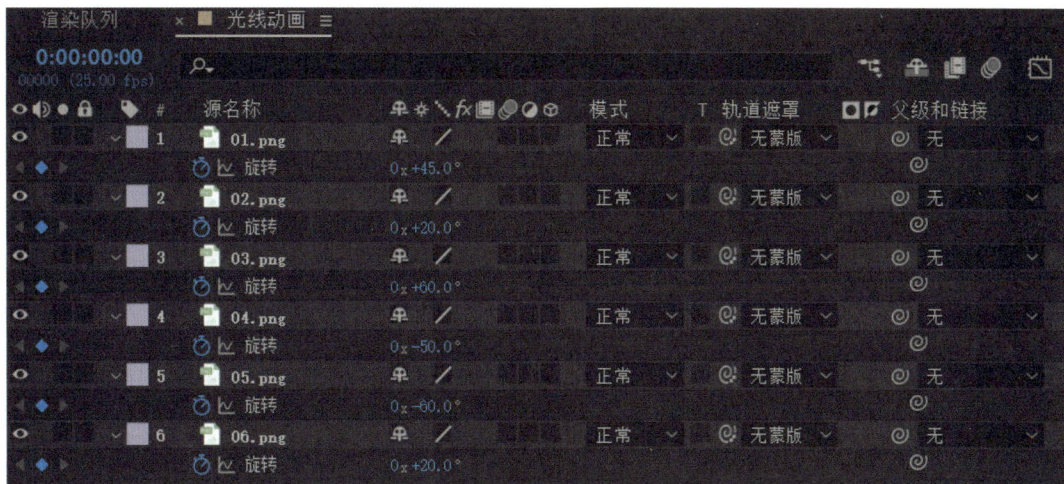

图 5-6-5　设置起始帧旋转角度

步骤 2　将当前时间指示器移到结束帧位置，设置"01.png"～"06.png"素材图层的"旋转"圈数分别为 3、1、6、4、1、5，如图 5-6-6 所示。这样就制作好了旋转速度不一、动态感十足的圆形弧线动画，动画的科技感就出来了。

图 5-6-6　设置旋转圈数

（4）制作光线的模糊和发光效果

通过模糊、发光滤镜，调整光线及其边缘产生不同的虚化效果，配合下一步的"三色调"特效，从而产生亮度不一的色彩。

步骤 1　制作模糊效果。在"效果和预设"面板中单击展开"模糊"→"高斯模糊"特效，依次将该特效拖到"时间轴"面板中的"02.png""03.png""04.png""05.png"素材图层上，并分别设置"高斯模糊"的"模糊度"为 20.0、40.0、10.0、20.0，如图 5-6-7 所示，得到模糊程度不一的光线效果。

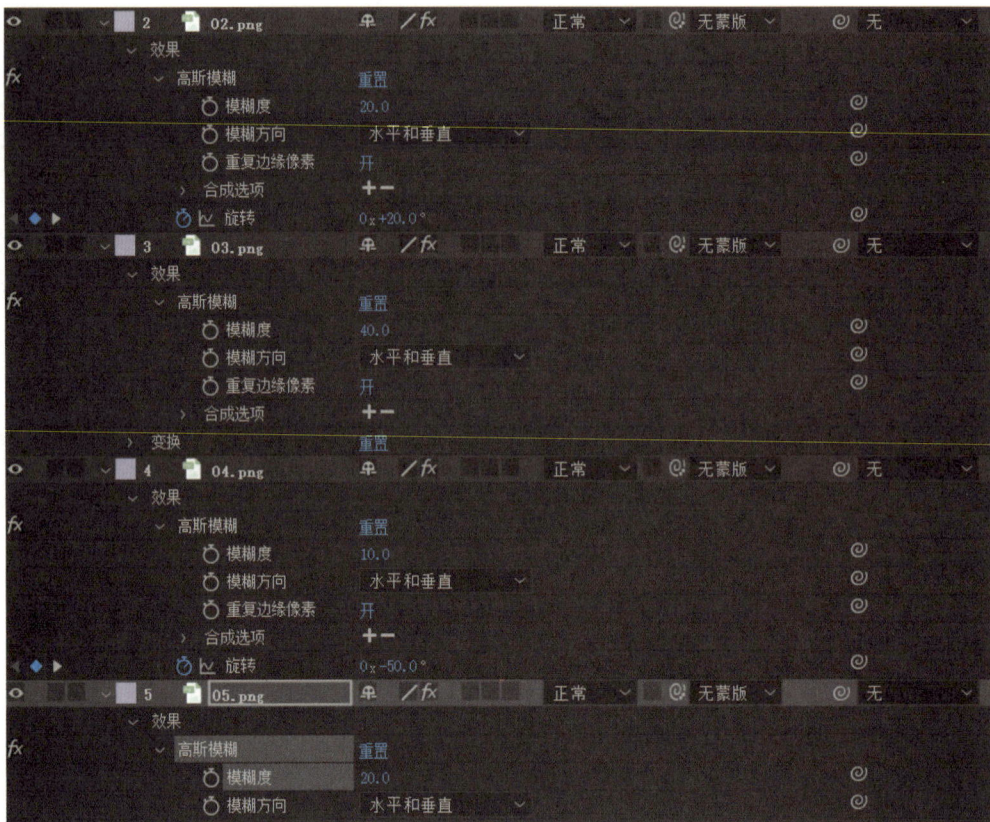

图 5-6-7　设置模糊度

步骤 2　制作发光效果。在"效果和预设"面板中单击展开"风格化"→"发光"特效，依次将该效果拖到"时间轴"面板中的"01.png""04.png""06.png"素材图层上，设置 3 个图层的"发光阈值"均为"100.0%"，"发光半径"为"20.0"，"发光强度"为"1.0"，"发光颜色"为"原始颜色"，设置 01 图层的"颜色 A"为淡蓝色，"颜色 B"为深蓝色，如图 5-6-8 所示。

图 5-6-8　发光设置

2. 优化光线效果

（1）新建总合成，导入背景素材

步骤1 新建总合成。执行"合成"→"新建合成"命令，在打开的"合成设置"对话框中设置"合成名称"为"总合成"，其余参数与"光线动画"合成一致，"宽度"为"1280px"，"高度"为"720px"，"持续时间"为8秒。

步骤2 将"光线动画"合成、背景素材拖到"时间轴"面板中，如图5-6-9所示。

图 5-6-9　总合成

（2）设置光线动画的色彩

步骤1 在"效果和预设"面板中单击展开"色彩校正"→"三色调"特效，将该效果拖到"时间轴"面板中的"光线动画"合成层上，依次设置颜色为淡蓝、中蓝、深蓝色，如图5-6-10所示，这样，科技感炫酷的光线效果就出来了。

图 5-6-10　设置三色调参数

步骤2 继续在"效果和预设"面板中单击展开"风格化"→"发光"特效，将该效果拖到"时间轴"面板中的该图层上，设置"发光阈值"为"100.0%"，"发光半径"为"5.0"，"发光强度"为"0.5"，"发光颜色"为"原始颜色"，如图5-6-11所示，进一步提升光线的亮度。

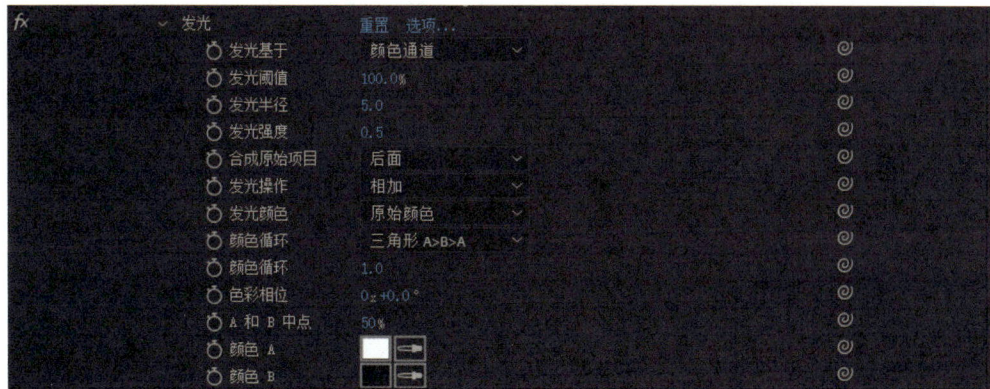

图 5-6-11　设置发光参数

3. 制作触屏单击动画效果

步骤 1　触屏素材抠图。将"视频素材.mp4"拖到"时间轴"面板中，选中"视频素材.mp4"图层，将"效果控件"面板中的"Keying/Keylight (1.2)"效果拖到该图层，单击"Screen Colour"后方的吸管按钮，如图 5-6-12 所示，然后在"合成"面板的绿色背景上单击，将拍摄时的绿幕效果抠除。按空格键预演效果，并调整手势的合适位置，如图 5-6-13 所示。

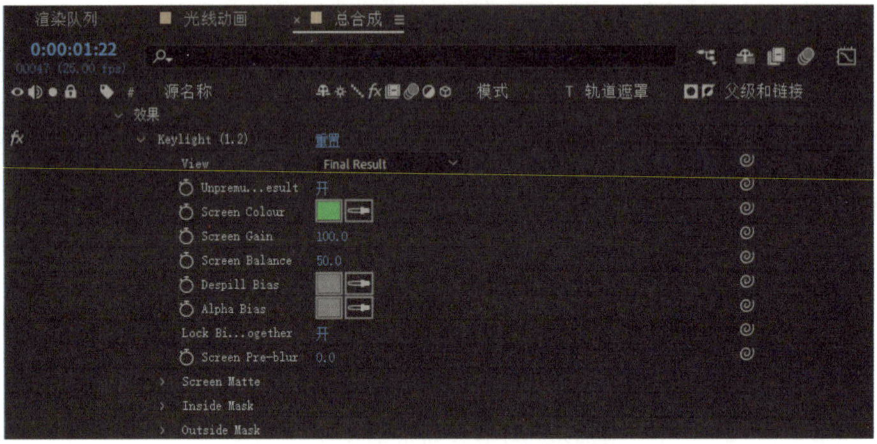

图 5-6-12　设置"Keylight (1.2)"参数

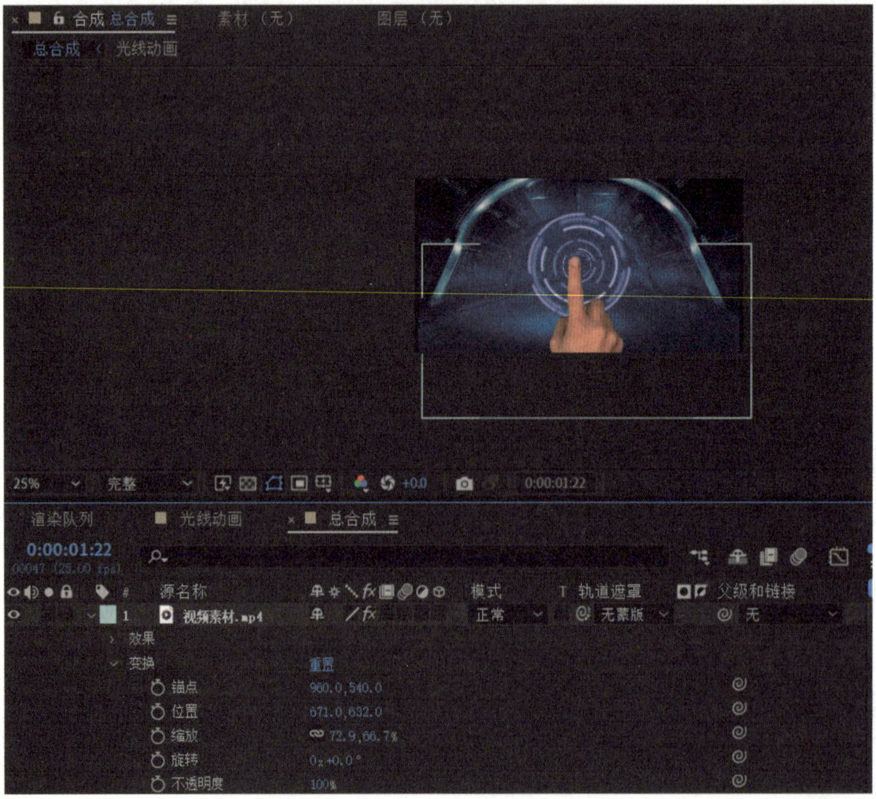

图 5-6-13　调整手势位置

步骤 2　触屏素材调色。将"效果控件"面板中的"曲线"效果拖到该图层，设置"通道"为 RGB，在下方曲线上单击添加一个控制点并向左上角拖动，提升图像的亮度，如图 5-6-14 所示。

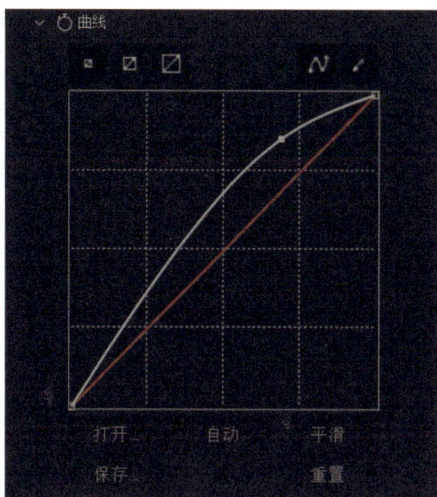

图 5-6-14　曲线效果

4. 制作触屏同步缩放动画效果

按 Alt 键并单击"位置"前面的█按钮，为位置添加抖动函数。输入"wiggle (2,50)"，如图 5-6-15 所示。按空格键预演效果，并进一步修改手势的"位置"属性，使其更好地匹配画面。

图 5-6-15　输入表达式

5. 渲染输出

执行"合成"→"添加到渲染队列"命令，或按 Ctrl+M 组合键，打开"渲染队列"面板，设置渲染参数，单击"渲染"按钮，输出视频。

拓展训练

根据给定素材，使用"Keylight (1.2)"制作精美婚纱照。

6 项目

跟踪与表达式应用

▌内容导读

跟踪与表达式是影视后期合成的关键技术，通过追踪视频对象、稳定画面及编写表达式，可以实现精准合成与动态效果。这些技术在电影、广告、纪录片及网络视频等领域得到了广泛应用，能够提升视觉效果，增强观影体验。学习本项目后，学生能够制作高质量视频作品，包含复杂跟踪、稳定处理及创意动态效果。

▌学习目标

知识目标

1. 了解跟踪技术中常见的单点跟踪、多点跟踪方法及其应用场景。
2. 掌握稳定功能的基本操作方法和应用场景。
3. 熟悉表达式技术的概念及其在影视后期合成中的作用。
4. 掌握表达式的创建、编辑和调试方法，以及常见的表达式语言和语法规则。

能力目标

1. 熟练应用跟踪与稳定技术。
2. 能够解决跟踪过程中出现的常见问题，如跟踪失败、跟踪漂移等。
3. 能够灵活运用表达式语言中的函数、变量和操作符等，创建复杂而多变的视觉效果。
4. 能够根据视频内容和需求，灵活运用跟踪与表达式技术，提升视频制作的专业度和质量。

素养目标

1. 培养对跟踪与表达式技术相关信息的获取、分析和处理能力。
2. 激发创新思维和创造力，在跟踪与表达式技术的应用中不断探索新的方法和技巧。
3. 培养严谨的工作态度和良好的职业道德，在视频制作中能够遵循行业标准和规范。

思维导图

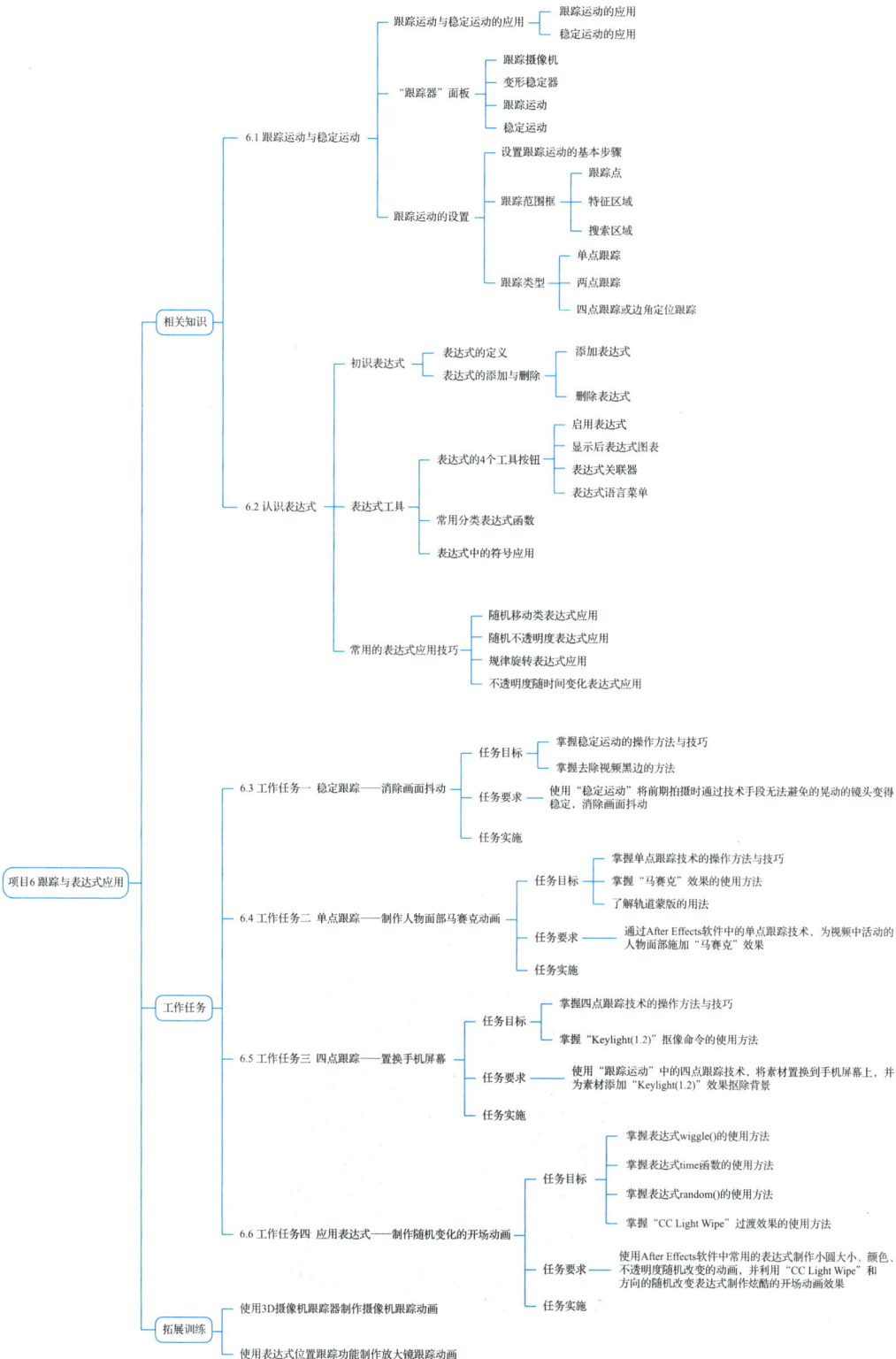

6.1 跟踪运动与稳定运动

跟踪运动与稳定运动在影视后期处理中应用广泛，可以实现真实拍摄中无法实现的多种效果。例如，通过跟踪运动技术，可以制作虚拟爆炸效果精准跟随真实移动的汽车；利用稳定运动技术，可以消除手持拍摄画面的剧烈抖动，使画面达到如三脚架拍摄般平稳。

6.1.1 跟踪运动与稳定运动的应用

1. 跟踪运动的应用

跟踪运动用于对指定对象的运动进行跟踪分析，自动创建关键帧，并将跟踪结果应用到其他图层或效果上，从而制作出跟随目标对象一起运动的动画效果。在进行跟踪运动时，应根据不同的需求选择合适的跟踪点，并对跟踪数据进行调整，以达到最佳的跟踪效果。

2. 稳定运动的应用

稳定运动用于对前期拍摄的影片进行画面稳定处理，消除前期拍摄过程中不可避免的画面抖动问题，使画面平稳。在进行稳定运动处理时，需根据素材和需求进行参数调整，以取得最佳效果。

6.1.2 "跟踪器"面板

"跟踪器"面板是 After Effects 软件中一个重要的工具面板，它主要用于对视频中的运动对象进行跟踪和分析，并可以将跟踪数据应用到其他图层或效果上。

执行"窗口"→"跟踪器"命令，打开"跟踪器"面板，如图 6-1-1 所示。

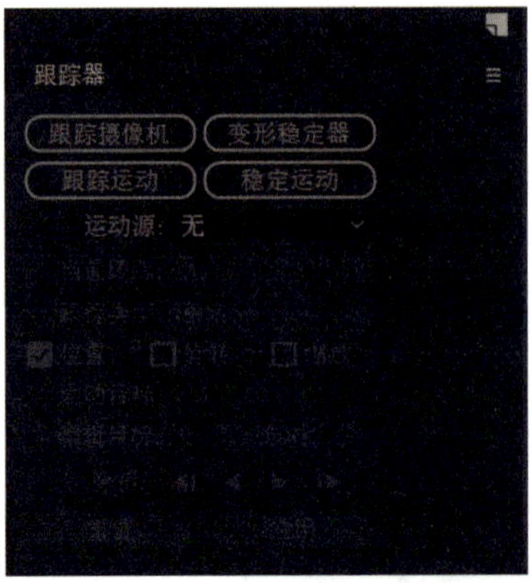

图 6-1-1 "跟踪器"面板

"跟踪器"面板默认包含跟踪摄像机、变形稳定器、跟踪运动、稳定运动 4 个模块，如图 6-1-1 所示。

1. 跟踪摄像机

跟踪摄像机是一种通过分析视频中的运动画面，反算出拍摄该画面的物理摄像机的位置和运动轨迹，并在 After Effects 软件中创建虚拟摄像机进行模仿的功能。通过该功能，可以在拍摄的视频素材中添加文字或其他元素，并且这些添加的素材可以跟随视频镜头的运动而运动。

2. 变形稳定器

变形稳定器通过分析、计算视频帧来消除画面抖动和晃动，使画面更加平滑稳定。通过该功能，可以使原本晃动的素材变得更稳定。

3. 跟踪运动

跟踪运动通过分析、计算视频帧中目标对象的运动轨迹，自动创建并调整关键帧，以实现对目标对象的持续追踪，从而使添加到画面中的动态元素更加流畅且精确，进而增强视频的视觉效果和叙事能力。为图层添加"跟踪运动"属性，可以跟踪一个或多个运动点，并将跟踪数据应用于目标图层或效果点控制。

4. 稳定运动

稳定运动是一种对画面中的运动进行稳定补偿的方式。该功能通过生成锚点、位置、旋转或缩放关键帧，对画面中的运动进行稳定处理。

此外，若选中蒙版，则"跟踪器"面板会切换到蒙版跟踪模块，允许对蒙版进行跟踪处理。

6.1.3　跟踪运动的设置

在设置跟踪运动时，合成中至少要有两个图层：一个为"运动源"图层，即源运动层；另一个为"运动目标"图层，即跟踪运动应用层。例如，在制作手机屏显内容随人物运动的视频动画中，"走动"图层为"运动源"图层，"手机屏显"图层为"运动目标"图层，如图 6-1-2 所示。

图 6-1-2　视频动画及"跟踪器"面板示例

1. 设置跟踪运动的基本步骤

确定好"运动源"图层和"运动目标"图层后，进行跟踪运动操作，步骤如下：

步骤 1 选择并设置好"运动源"图层，执行"动画"→"跟踪运动"命令，或在"跟踪器"面板中单击"跟踪运动"按钮，创建跟踪点。

步骤 2 在"运动源"图层中，根据色彩，选择亮度对比强烈的跟踪点，并调整好位置，按需要设置参数后，开始分析。

步骤 3 调节跟踪关键点，并将其应用到"目标"图层。

步骤 4 加工修改关键点，重新分析，直至最后形成流畅的视频动画。

2. 跟踪范围框

在 After Effects 软件中，通过设置跟踪点来指定要跟踪的区域。跟踪范围框由两个方框和一个十字线组成，如图 6-1-3 所示。

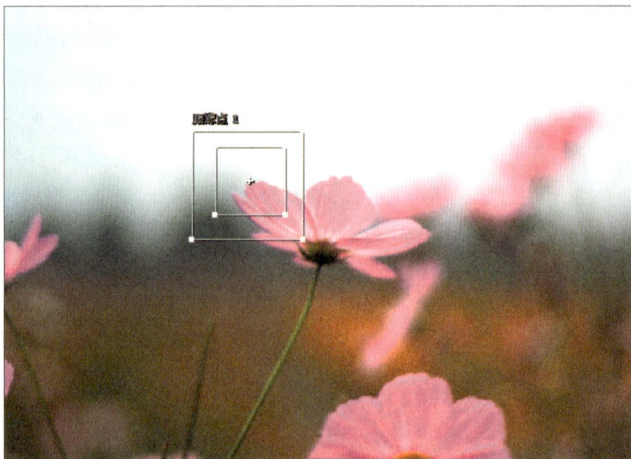

图 6-1-3　跟踪范围框

（1）跟踪点

十字线为跟踪点。跟踪点与其他图层的轴心点或效果点相连。跟踪前需要指定目标的位置（图层或效果控制点），以便与跟踪图层中的运动特性进行同步。

（2）特征区域

里面的方框为特征区域，它用于定义跟踪目标的范围。系统记录当前特征区域内的对象的颜色、明亮度和饱和度特征，然后在后续帧中以这个特征进行匹配跟踪。对影像进行跟踪运动，要确保特征区域有较强的颜色、明亮度和饱和度特征，与其他区域有高对比度反差，不管光照、背景和角度如何变化，After Effects 软件在整个跟踪持续期间都必须能够清晰地识别被跟踪特性。在一般情况下，前期拍摄过程中，要准备好跟踪特征物体，以使后期可以达到最佳的合成效果。

（3）搜索区域

外面的方框为搜索区域，搜索区域是为查找跟踪特性而要搜索的区域。被跟踪特性只需要在搜索区域内与众不同，不需要在整个帧内与众不同。较小的搜索区域可以节省搜索时间并使搜索过程更为轻松，提高跟踪的精度和速度。但是搜索区域一般最少需要包括两帧跟踪物体位移的范围。因此，被跟踪素材的运动速度越快，两帧之间的位移越大，搜索区域也要越大。

3. 跟踪类型

（1）单点跟踪

单点跟踪是跟踪单个参考样式（小面积像素）来记录位置数据，适用于简单的运动跟踪任务，如人的眼睛、衣服上的标志等。

（2）两点跟踪

两点跟踪是跟踪影片剪辑中的两个参考样式，并使用两个跟踪点之间的关系来记录位置、缩放和旋转数据。

（3）四点跟踪或边角定位跟踪

四点跟踪或边角定位跟踪是跟踪影片剪辑中的 4 个参考样式来记录位置、缩放和旋转数据。这 4 个跟踪点会分析 4 个参考样式（如图片帧的各角或电视监视器）之间的关系。此数据应用于图像或剪辑的每个角，以"固定"剪辑，这样它便显示为在图片帧或电视监视器中锁定。

在 After Effects 软件中，使用 1 个跟踪点来跟踪位置，使用 2 个跟踪点来跟踪缩放和旋转，使用 4 个跟踪点来执行边角定位的跟踪。

6.2　认识表达式

在利用 After Effects 软件制作动画时，表达式可以使一些烦琐的操作变得简单，制作出关键帧达不到的震撼效果。After Effects 软件中的表达式是基于传统的 JavaScript 语言的，可以为属性编写表达式，使其快速产生应有的效果。

6.2.1　初识表达式

1. 表达式的定义

在 After Effects 软件中，表达式是由数字、运算符、数字分组符号（即括号）、自由变量和约束变量等元素组成的可以求得数值的公式。约束变量在表达式中表示已经被指定数值，而自由变量则可以根据需要另行指定其他数值。

在准备创建和链接复杂的动画时，如果不想手动创建数十个乃至数百个关键帧，可以使用表达式。表达式可以有效提高创作效率，完成创作难度较大的效果。例如，当创建一个图层不透明度的随机变化动画时，如果使用关键帧动画的方法制作，则需要花费大量时间去设置关键帧和参数；如果使用表达式，则仅需一段很短的代码即可完成。

2. 表达式的添加与删除

（1）添加表达式

下面以给文字添加抖动动画为例，介绍在 After Effects 软件中添加表达式的方法。

方法 1 选择需要使用表达式的属性，在菜单栏中执行"动画"→"添加表达式"命令，输入表达式"wiggle(5,30)"，如图 6-2-1 所示，预演效果。

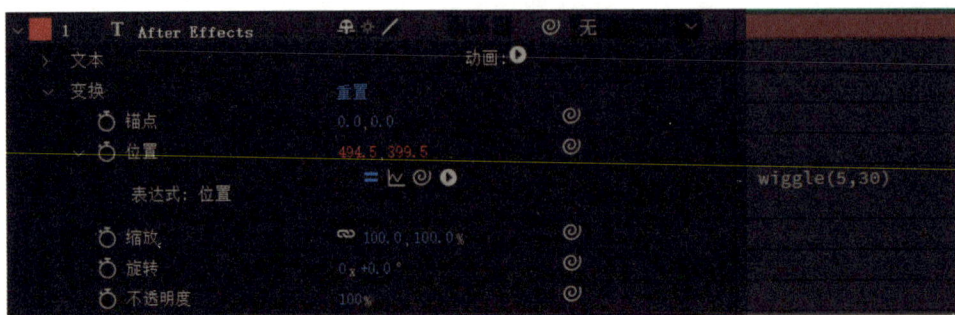

图 6-2-1　添加表达式

方法 2 选择需要使用表达式的属性，按 Alt+Shift+"="组合键，输入表达式"wiggle(5,30)"，预演效果。

方法 3 选择需要使用表达式的属性，在按住 Alt 键的同时，单击属性前面的"时间变化秒表"按钮，输入表达式"wiggle(5,30)"，预演效果。

小贴士

1）表达式括号中的符号为英文状态下的标点符号。

2）可以通过在表达式结尾输入"*2"将结果增大一倍，也可以通过在表达式结尾输入"/2"将结果减少一半。

（2）删除表达式

如果要在一个动画属性中删除制作的表达式，可以在"时间轴"面板中选择该属性，执行"动画"→"移除表达式"命令，或者在按住 Alt 键的同时，单击该属性前面的"时间变化秒表"按钮即可。

6.2.2　表达式工具

1. 表达式的 4 个工具按钮

表达式工具按钮有 4 个，分别是"启用表达式""显示后表达式图表""表达式关联器""表达式语言菜单"，如图 6-2-2 所示。

图 6-2-2　表达式工具按钮

1）启用表达式：当该按钮为 时，表示该表达式可用；当按钮为 时，表示暂时关闭使用该表达式的效果。

2）显示后表达式图表：开启该按钮，可以在"图表编辑器"面板中查看当前表达式的变化曲线，如图 6-2-3 所示。

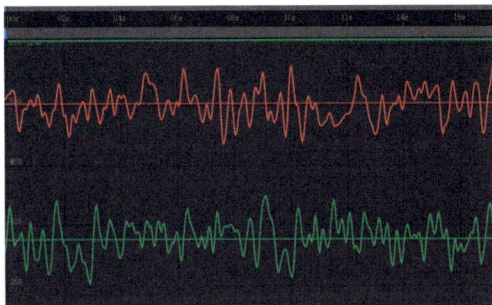

图 6-2-3　表达式的变化曲线

3）表达式关联器：使用该按钮可以建立当前属性参数与其他属性参数的链接，在该按钮上拖动鼠标指针，然后将线条拖到其他属性上，即可建立两个属性参数之间的链接关系。

4）表达式语言菜单：单击该按钮，将弹出如图 6-2-4 所示的表达式分类菜单，用户可以在其中选择相关表达式并将其添加到属性中。

| Global |
| Vector Math |
| Random Numbers |
| Interpolation |
| Color Conversion |
| Other Math |
| JavaScript Math |
| Comp |
| Footage |
| Layer |
| Camera |
| Light |
| Effect |
| Path Property |
| Property |
| Key |
| Marker Key |
| Project |
| Text |

图 6-2-4　表达式分类菜单

2. 常用分类表达式函数

Global（全局）：用于指定表达式的全局对象设置。

Vector Math（向量数学）：与向量数学运算相关的函数。

Random Numbers（随机数）：可以产生随机值的函数。

Interpolation（插值）：可以利用插值的方法来制作相关表达式函数。

Color Conversion（颜色转换）：可实现 RGB、Alpha 和 HSL、Alpha 的色彩空间转换。

Other Math（其他数学）：包括度和弧度的相互转换。

JavaScript Math（脚本方法）：与 JavaScript 相关的数学函数。

Comp（合成）：利用合成的相关参数制作表达式。

Footage（素材）：利用素材的属性和方法制作表达式。

Layer（层）：包含 Sub-object（层的子对象类）、General（层的一般属性类）、Properties（层的特殊属性类）、3D（三维层类）、Space Transforms（层的空间转换类）5 种层的类型，并可以分别利用各层的相关属性制作表达式。

Camera（摄像机）：利用摄像机的相关属性制作表达式。

Light（灯光）：利用灯光的相关属性制作表达式。

Effect（效果）：利用效果的相关属性制作表达式。

Path Property（路径性质）：将所选择属性的路径描述为另一个所参考的属性下的路径。

Property（特征）：用于制作速度、速率、抖动等效果的表达式。

Key（关键帧）：利用关键帧的值、时间和指数制作表达式。

Marker Key（标记关键帧）：利用标记关键帧的方法制作表达式。

Text（文本）：利用文本属性的方法制作表达式。

3. 表达式中的符号应用

在编辑表达式时，可以结合以下运算符进行简单的运算：

"+"表示相加；"-"表示相减；"/"表示相除；"*"表示相乘；"*-1"表示执行与原来相反的操作，如逆时针旋转。

6.2.3 常用的表达式应用技巧

1. 随机移动类表达式应用

选中需操作的图层，打开其"位置"变化属性，按 Alt+Shift+"="组合键，输入表达式"wiggle(3,50)"。其中，"3"表示抖动的频率，"50"表示抖动的范围。

2. 随机不透明度表达式应用

选中需操作的图层，打开其"不透明度"变化属性，按 Alt+Shift+"="组合键，在弹出的表达式编辑框中，单击"表达式语言菜单"按钮，在弹出的快捷菜单中执行"Random Numbers"→"random()"命令，在函数的括号中输入"60"，则该图层的不透明度将产生随机的 0%～60%的数值变换。

3. 规律旋转表达式应用

选中需操作的图层，打开其"旋转"变化属性，按 Alt+Shift+ "=" 组合键，输入表达式 "time*90"，表示该图层每秒规律地旋转 90°。

4. 不透明度随时间变化表达式应用

选中需操作的图层，打开其"旋转"变化属性，按 Alt+Shift+ "=" 组合键，输入表达式 "linear(time,0,4,30,90)"，表示该图层的不透明度可在 0～4 秒的时间内从 30%线性渐变为 90%。

6.3 工作任务一　稳定跟踪——消除画面抖动

微课：稳定跟踪——消除
画面抖动

☞ **任务目标**

1. 掌握稳定运动的操作方法与技巧。
2. 掌握去除视频黑边的方法。

☞ **任务要求**

使用"稳定运动"将前期拍摄时通过技术手段无法避免的晃动的镜头变得稳定，消除画面抖动，如图 6-3-1 所示。

图 6-3-1　消除画面抖动

任务实施

1. 导入素材，新建合成

步骤 1　导入素材。打开 After Effects 软件，在"项目"面板空白处双击，导入"画面抖动.mp4"素材文件，并将其拖到"时间轴"面板中。预演视频，发现 8 秒以后的视频画面抖动非常厉害。

步骤 2 修改合成。执行"合成"→"合成设置"命令，在打开的"合成设置"对话框中，调整画面的"帧速率"为"25 帧/秒"，其余参数不变。

2. 设置视频稳定跟踪

步骤 1 打开"跟踪器"面板。在菜单栏中执行"窗口"→"跟踪器"命令，打开"跟踪器"面板。

步骤 2 设置跟踪点。调整当前时间指示器到 0 帧位置，选中"时间轴"面板中的"画面抖动"素材，单击"稳定运动"按钮，选中"位置"复选框，如图 6-3-2 所示。将跟踪点的位置放置到画面右下角的位置，如图 6-3-3 所示，单击"向前分析"按钮▶，分析素材。

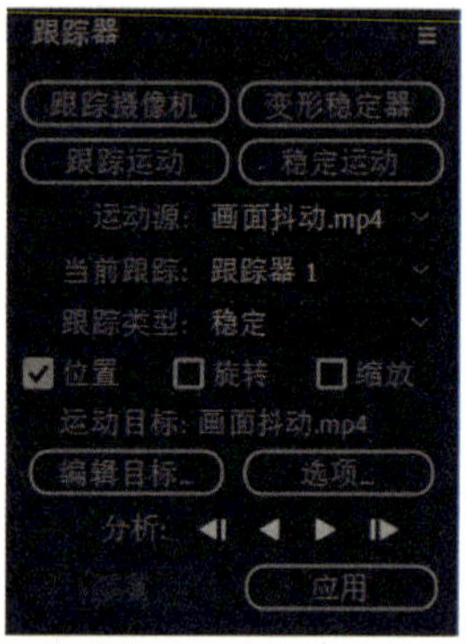

图 6-3-2 "跟踪器"面板

图 6-3-3 设置跟踪点

步骤 3 分析跟踪。分析完成后，单击"应用"按钮，并在打开的"动态跟踪器应用选项"窗口中选择应用维度为"X 和 Y"，单击"确定"按钮。此时，"画面抖动"素材的锚点属性产生了大量的关键帧动画。

小贴士

1）此处选择跟踪点为右下角的桌面位置，其原因为有明显特征，且保证跟踪点不会因为尾巴的旋转而产生中断。

2）若想查看素材的关键帧属性，则可在英文状态下按字母 U 键。

---

3. 优化视频效果

预演视频，发现视频画面非常稳定，抖动消失。但是，视频四周产生了大量的黑边。在此，需适当放大视频，以将黑边移出"合成"窗口。按 S 键展开视频的"缩放"属性，调整属性大小为(105%,105%)。预演视频，发现黑边已被去除，且画面稳定。

4. 渲染输出

执行"合成"→"添加到渲染队列"命令，或按 Ctrl+M 组合键，打开"渲染队列"面板，设置渲染参数，单击"渲染"按钮，输出视频。

知识窗

消除画面抖动的方法

消除画面抖动效果可以采用"稳定运动"，也可以使用"变形稳定器 VFX"。

"稳定运动"基于运动跟踪技术，通过跟踪画面中的特征点或平面等元素，确定特征的运动轨迹，然后对这些轨迹进行处理，以实现画面的平稳化。"变形稳定器 VFX"是通过在画面中确定稳定不动的点，然后将这些点以外的区域变形，从而得到稳定的区域。两者的区别在于"变形稳定器 VFX"会产生变形效果。

6.4 工作任务二　单点跟踪——制作人物面部马赛克动画

微课：单点跟踪——制作
人物面部马赛克动画

☞ **任务目标**

1. 掌握单点跟踪技术的操作方法与技巧。
2. 掌握"马赛克"效果的使用方法。
3. 了解轨道蒙版的用法。

☞ **任务要求**

根据提供的"京剧表演"视频，通过 After Effects 软件中的单点跟踪技术，为视频中活动的人物面部施加"马赛克"效果，确保既能保护人物的隐私，又不影响视频的观感体验，如图 6-4-1 所示。

图 6-4-1　面部马赛克效果

💻 任务实施 ——— ■

1. 导入素材，新建合成

双击"项目"面板空白处，导入"京剧表演.mp4"视频素材，并将素材拖至"时间轴"面板，自动创建"京剧表演"合成。

2. 创建白色蒙版层

单击"时间轴"面板，执行"图层"→"纯色"命令，打开"纯色设置"对话框，设置"名称"为"蒙版"，"宽度"为"120 像素"，"高度"为"150 像素"，"颜色"为白色，如图 6-4-2 所示。

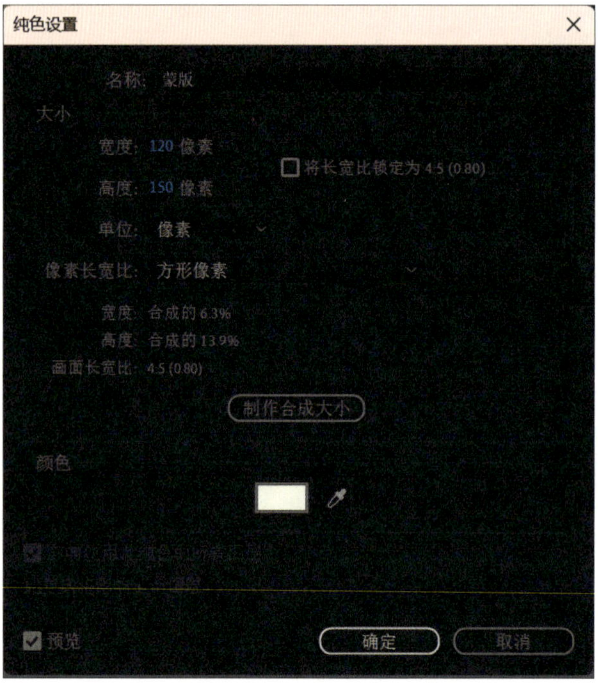

图 6-4-2　纯色设置

3. 创建白色蒙版跟踪动画

步骤 1　打开"跟踪器"面板。选中"京剧表演.mp4"图层，右击，在弹出的快捷菜单中执行"跟踪和稳定"→"跟踪运动"命令。

步骤 2　设置跟踪点。移动跟踪点至面部嘴唇位置，并调整跟踪框的大小，如图 6-4-3 所示。设置当前时间指示器在开始帧的位置，单击"向前分析"按钮，得到跟踪点 1 的移动路径。

步骤 3　制作跟踪动画。单击"跟踪器"面板的"应用"按钮，设置应用维度为"X 和 Y"，单击"确定"按钮。得到白色蒙版层跟随人物面部运动的动画，如图 6-4-4 所示。

图 6-4-3　设置跟踪点位置

图 6-4-4　白色蒙版运动动画

小贴士

　　1）选择跟踪点时，应选择具有明显特征，且在视频画面中长时间保持稳定且清晰的跟踪点。

　　2）在自动跟踪算法可能无法完全准确地跟踪目标时，可以手动调整跟踪路径，以纠正偏差并提高跟踪的准确性。

　　3）两点跟踪与单点跟踪的应用方法相同，只需在运用时选中 ☑位置　☑旋转　□缩放 中的两个复选框，设置跟踪点的位置即可。

　　步骤 4　调整蒙版层的位置。因为是以面部下方的嘴唇为跟踪点制作的跟踪，所以蒙版层位置偏下。按 A 键打开锚点属性，调整垂直方向的数值，使蒙版位置正好盖过面部。

　　4．制作马赛克动画

　　步骤 1　复制图层。选中"京剧表演"图层，按 Ctrl+D 组合键复制一个"京剧表演"图层。

　　步骤 2　删除跟踪。展开动态跟踪器属性，选中"跟踪器 1"，按 Delete 键，删除跟踪。

　　步骤 3　添加效果。选中图层，执行"效果"→"风格化"→"马赛克"效果。设置"水平块"为"120"，"垂直块"为"80"，如图 6-4-5 所示。

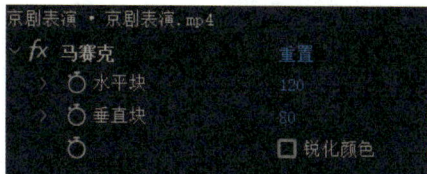

图 6-4-5　设置马赛克参数

　　步骤 4　设置蒙版。选中图层，设置轨道蒙版为"蒙版"，如图 6-4-6 所示。

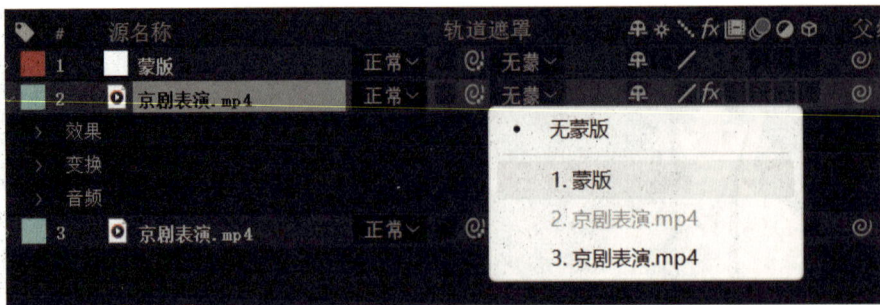

图 6-4-6　设置轨道蒙版

5. 预览效果，渲染输出

按空格键预览效果。执行"合成"→"添加到渲染队列"命令，或按 Ctrl+M 组合键，打开"渲染队列"面板，设置渲染参数，单击"渲染"按钮，输出视频。

6.5 工作任务三　四点跟踪——置换手机屏幕

微课：四点跟踪——置换
手机屏幕

☞ 任务目标

1. 掌握四点跟踪技术的操作方法与技巧。
2. 掌握"Keylight(1.2)"抠像命令的使用方法。

☞ 任务要求

使用"跟踪运动"中的四点跟踪技术，将素材置换到手机屏幕上，并为素材添加"Keylight(1.2)"效果抠除背景，完成如图 6-5-1 所示的最终效果。

（a）置换前

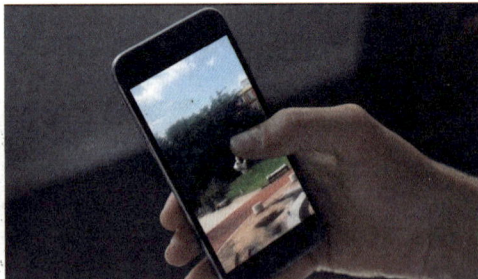

（b）置换后

图 6-5-1　置换前后效果对比

任务实施

1. 新建合成

步骤1　新建合成。打开 After Effects 软件，执行"合成"→"新建合成"命令，打开"合成设置"对话框，设置"合成名称"为"置换屏幕"，"预设"为"HDV/HDTV·1280×720·25fps"，"持续时间"为 5 秒，如图 6-5-2 所示。

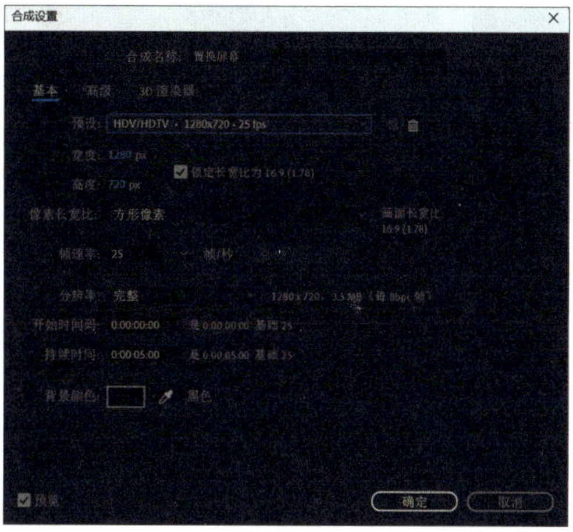

图 6-5-2　设置合成参数

步骤2　导入素材。在"项目"面板空白处双击，导入"公园一角.mp4"和"绿屏手机.mpeg"素材文件，并将其拖动到"时间轴"面板中，此时"公园一角.mp4"图层在上，"绿屏手机.mpeg"图层在下。

步骤3　设置图层大小。右击"绿屏手机.mpeg"图层，在弹出的快捷菜单中执行"变换"→"适合复合"命令，调整文件大小以适配合成的大小，如图 6-5-3 所示。

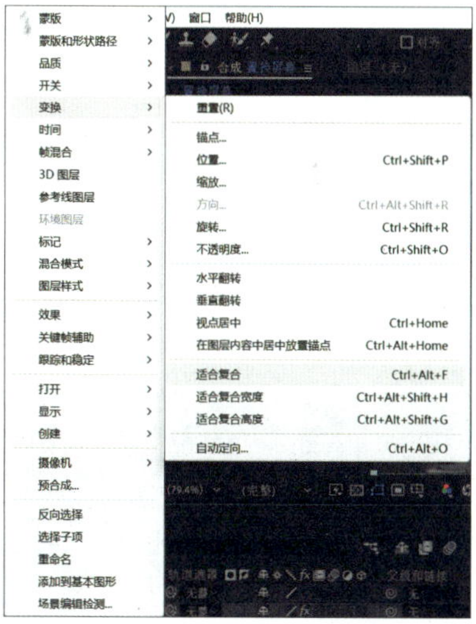

图 6-5-3　执行"变换"→"适合复合"命令

2. 跟踪运动

步骤 1 打开"跟踪器"面板。执行"窗口"→"跟踪器"命令，打开"跟踪器"面板。

步骤 2 设置跟踪。选中"绿屏手机.mpeg"图层，在"跟踪器"面板中单击"跟踪运动"按钮，设置"跟踪类型"为"透视边角定位"，此时出现 4 个跟踪点，如图 6-5-4 所示。

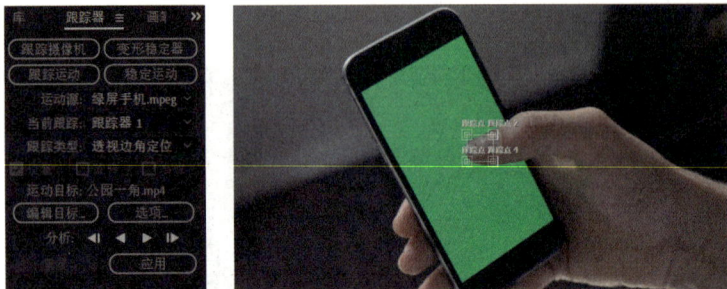

图 6-5-4　透视边角定位跟踪

知识窗

"透视边角定位"和"平行边角定位"的区别与应用场景

四点跟踪有"透视边角定位"跟踪和"平行边角定位"跟踪。

"透视边角定位"跟踪：利用 4 个跟踪点进行定位，这 4 个跟踪点可以随意调整，因此目标图层可能产生透视变化。"透视边角定位"跟踪适用于需要产生透视变化的场景，如模拟摄像机的视角变化或创建具有立体感的动画效果。

"平行边角定位"跟踪：同样利用 4 个跟踪点进行定位，但只能同时调整 2 个跟踪点，从而保证始终构成标准的平行四边形，无透视变化。其中一个点是随着另外一个点动的，即只能自己调整 3 个点的位置。"平行边角定位"跟踪适用于需要保持形状不变或进行简单运动的场景，如稳定视频画面或创建平移动画效果。

步骤 3 调整跟踪点的位置。将当前时间指示器调整到起始位置，将跟踪点 1、跟踪点 2、跟踪点 3、跟踪点 4 对位到手机屏幕的左上、右上、左下、右下 4 个角的位置，如图 6-5-5 所示。

图 6-5-5　跟踪点与边角对应

步骤4　分析跟踪并应用。单击"向前分析"按钮，分析完成后单击"应用"按钮，完成跟踪设置。此时，"公园一角.mp4"视频的 4 个边角对应跟踪到"绿屏手机.mpeg"图层的 4 个跟踪点上，跟踪动画制作完成。

小贴士

1）需要注意的是，应将画面中颜色对比明显的位置作为跟踪点，这样跟踪运动会更加准确。

2）若跟踪点所在位置附近的颜色对比较弱，则很容易出现跟踪错误、跟踪偏移等各种文字，此时，只需在跟踪错误的位置，重新调整跟踪点的位置并重新分析即可。

3）在跟踪过程中重新调整跟踪点的位置时，经常会出现拖动跟踪点错误的问题。为了避免此问题的发生，必须确保鼠标指针在跟踪点的中间位置，且显示为黑色四向箭头时，才能移动跟踪点。若鼠标指针移动到跟踪点的外框附近，拖动鼠标指针，则只会改变跟踪点的外框形状。

4）调整跟踪点的顺序时，不能出现交叉现象，否则跟踪的素材也会产生交叉扭曲。

3．手机屏幕抠像

步骤1　调整图层位置。此时，"公园一角.mp4"图层在上，盖住了部分手的视频。选中该图层，将其拖动到"绿屏手机.mpeg"图层的下方。

步骤2　使用"Keylight(1.2)"抠像。选中"绿屏手机.mpeg"图层，执行"效果"→"Keying"→"Keylight(1.2)"命令，在打开的如图 6-5-6 所示的面板中，单击"Screen Colour"绿色颜色框后边的吸管工具，在合成总绿色上单击，去除绿色。

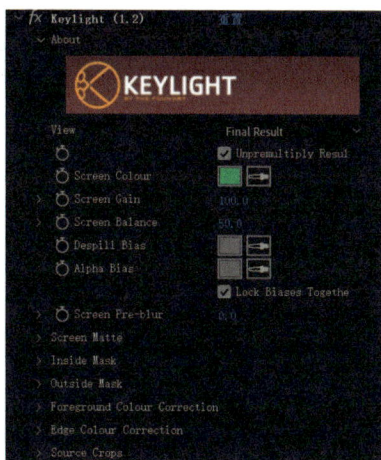

图 6-5-6　Keylight(1.2)参数设置

4. 渲染输出

至此，置换手机屏幕动画制作完成，预览动画效果。执行"合成"→"添加到渲染队列"命令，或按 Ctrl+M 组合键，打开"渲染队列"面板，设置渲染参数，单击"渲染"按钮，输出视频。

6.6 工作任务四　应用表达式——制作随机变化的开场动画

微课：应用表达式——制作随机变化的开场动画

☞ 任务目标

1. 掌握表达式 wiggle() 的使用方法。
2. 掌握表达式 time 函数的使用方法。
3. 掌握表达式 random() 的使用方法。
4. 掌握 "CC Light Wipe" 过渡效果的使用方法。

☞ 任务要求

使用 After Effects 软件中常用的表达式制作小圆大小、颜色、不透明度随机改变的动画，并利用 "CC Light Wipe" 和方向的随机改变表达式制作炫酷的开场动画效果，如图 6-6-1 所示。

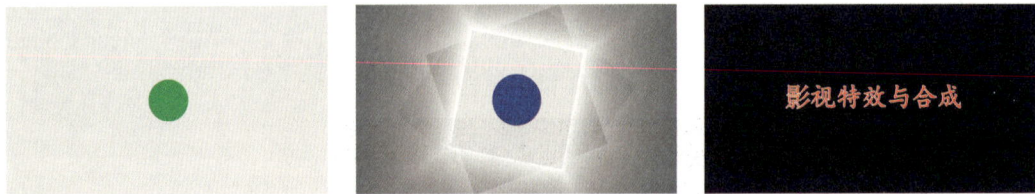

图 6-6-1　开场动画效果

🖳 任务实施

1. 新建合成

执行"合成"→"设置合成"命令（或按 Ctrl+N 组合键），在打开的"合成设置"对话框中，设置"合成名称"为"开场动画"，"预设"为"HDV/HDTV·1280×720·25fps"，"持续时间"为 5 秒，"背景颜色"为白色，如图 6-6-2 所示，单击"确定"按钮。

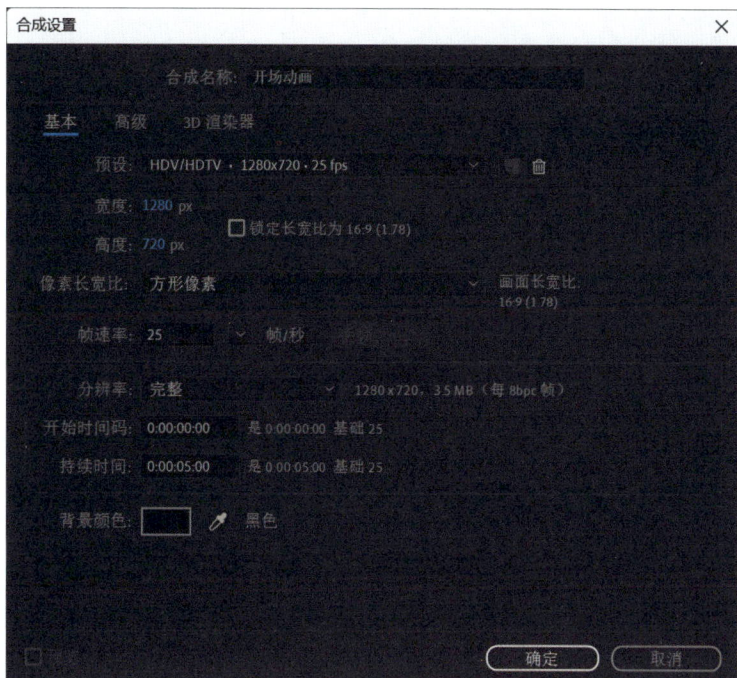

图 6-6-2　设置合成参数

2．制作淡灰色背景

执行"图层"→"新建"→"纯色"（或按 Cul+Y 组合键）命令，在打开的"纯色设置"对话框中，设置"名称"为"背景"，单击"制作合成大小"按钮，设置纯色层大小为合成大小，单击颜色框，设置颜色为淡灰色(230,230,230)，如图 6-6-3 所示。这样就完成了一个最简单的纯色背景。

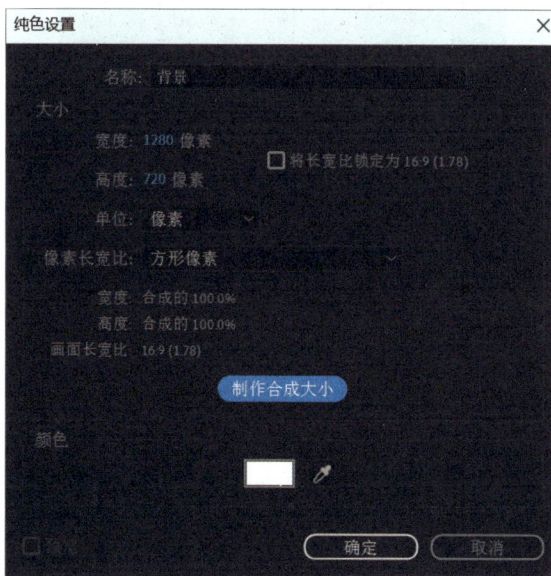

图 6-6-3　设置纯色

3. 制作颜色、大小随机改变的圆形动画

步骤 1 创建纯色层。用同样的方法再创建一个纯色层，设置"名称"为"小圆"，大小设为 240px×240px，颜色随意（因为后面要用填充效果来覆盖颜色）。

步骤 2 利用遮罩制作圆形。选中纯色层，按 Q 键切换遮罩工具类型为"椭圆工具"，双击该工具为"小圆"图层添加与图层等大的圆形遮罩，这样，方形的纯色层就变成了圆形。

步骤 3 设置小圆的大小随机改变。选中"小圆"图层，按 S 键展开"缩放"属性，按住 Alt 键的同时单击属性前面的"时间变化秒表"按钮添加表达式，在表达式输入框中输入：

```
s=wiggle(10, 100)[0];
[s, s];
```

其中，s 为随机设计变量；wiggle()为随机抖动函数；10 代表频率；100 代表振幅；[s, s] 代表水平、垂直大小均为随机大小，且等比例缩放。

这时，移动当前时间指示器就能看到小圆产生了随机缩放的动画效果。

步骤 4 设置小圆的颜色随机改变。选中"小圆"图层，执行"效果"→"生成"→"填充"命令，为其添加填充效果。按 F3 键打开特效控制台，修改填充颜色为粉红色(231,94,136)。再次选中图层，执行"色彩校正"→"色彩平衡（HLS）"命令，按住 Alt 键的同时单击"色相"前面的"时间变化秒表"按钮添加表达式，在表达式输入框中输入"time*360"。效果参数设置如图 6-6-4 所示。这样色相就会随时间 1 秒转动色相环 1 次。

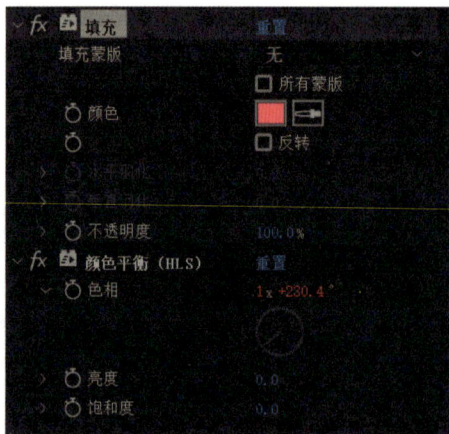

图 6-6-4　效果参数设置

步骤 5 设置小圆的透明度随机改变。选中"小圆"图层，按 T 键展开"不透明度"属性，按住 Alt 键的同时单击属性前面的"时间变化秒表"按钮添加表达式，在"不透明度"下方出现表达式。在"表达式"工具栏中单击按钮，在弹出的快捷菜单中执行"Random Numbers"→"Random()"命令，"表达式"后方的 transform.opacity 变为 random()，如图 6-6-5 所示。在函数的括号中输入"80"。拖动当前时间指示器，可以看到该图层的不透明度产生了随机 0%～80%的数值变换。

（a）transform.opacity

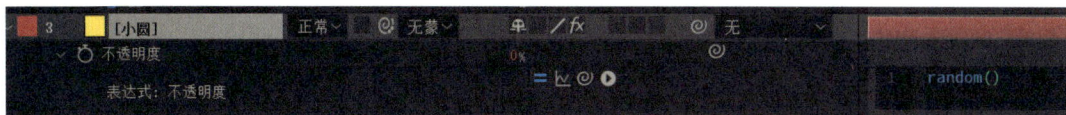

（b）random()

图 6-6-5 表达式

4. 建立方形开场蒙版

步骤 1 添加黑色蒙版。新建一个黑色纯色层，设置"名称"为"蒙版"，单击"制作合成大小"按钮，设置大小为合成大小。

步骤 2 设置蒙版开场动画。选中该图层，为其添加"效果"→"过渡"→"CC Light Wipe"效果，设置"Intensity"为 100，"Shape"为"Square"。将当前时间指示器移至 2 秒处，设置"Completion"为"0"，并单击"时间变化秒表"按钮添加关键帧。将当前时间指示器移至 4 秒处，设置"Completion"为"100.0%"。按住 Alt 键的同时单击"Direction"属性前面的"时间变化秒表"按钮，添加表达式"time*360"，设置按每 1 秒转动 360°的规律旋转动画。这时就出现了一个 2～4 秒的中心扩展动画。

步骤 3 设置动画拖尾效果。因为现在展开的动画层次不够，所以为其添加一个拖尾效果。选中"蒙版"图层，为其添加"时间"→"残影"效果，设置"残影时间（秒）"为"−0.150"，"残影数量"为"5"，"衰减"为"0.33"，如图 6-6-6 所示。此时展开动画就有了一个漂亮的拖尾。

5. 文字出场动画

步骤 1 添加文字。在工具栏中单击"横排文字工具"按钮，在"合成"窗口中单击并输入文字"影视特效与合成"，设置字体为"隶书"，大小为"80 像素"，填充颜色为红色，描边颜色为白色，描边大小为"4 像素"，如图 6-6-7 所示，最后调整文字的位置至合成中央。

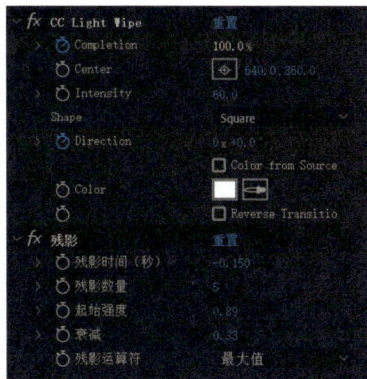

图 6-6-6 开场动画效果参数设置

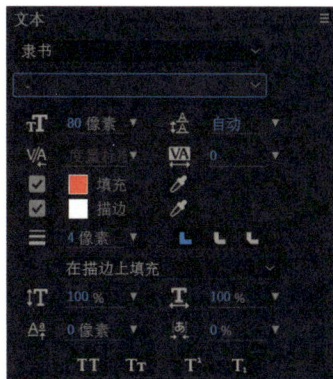

图 6-6-7 文字参数设置

步骤 2 设置文字缩放动画。单击工具栏中的"锚点工具"按钮，调整锚点的位置至文字中间位置。按 S 键展开"缩放"属性，将当前时间指标器移至 4 秒处，单击"时间变化秒表"按钮，设置大小为(0,0)；将当前时间指示器移至 4 秒 10 帧处，设置大小为(100,100)。至此，文字缩放动画制作完成。

6. 渲染输出

至此，开场动画制作完成，预览动画效果。执行"合成"→"添加到渲染队列"命令，或按 Ctrl+M 组合键，打开"渲染队列"面板，设置渲染参数，单击"渲染"按钮，输出视频。

📖 拓展训练 ────────────────────────────

1）利用给定的"推镜头"素材，使用 3D 摄像机跟踪器制作摄像机跟踪动画。

2）利用给定的"古画""放大镜"素材，使用表达式位置跟踪功能制作放大镜跟踪动画。

项目 7

三维动画制作

内容导读

在影视后期制作的浩瀚宇宙中，三维合成如同一颗璀璨的星辰，以其独特的魅力、无限的创意空间及强大的视觉冲击力，成为现代影视作品中不可或缺的一部分。本项目将深入讲解 After Effects 软件中的三维图层操作、灯光效果设置及摄像机动画等三维合成技术。通过本项目的学习，学生能够创作出更具立体感和动态感的影视作品，提升视觉表现力。

学习目标

知识目标

1. 理解三维空间的概念，掌握三维图层的创建与管理方法。
2. 掌握灯光类型及其属性，理解灯光对场景氛围的影响。
3. 掌握摄像机创建与动画设置原理，了解摄像机的运动规律。
4. 掌握摄像机参数的设置和调整方法。

能力目标

1. 熟练操作三维图层，独立完成三维场景的构建与渲染。
2. 能够精准设置灯光属性，营造逼真光影效果，提升场景视觉质量。
3. 能够通过摄像机参数的调整，模拟真实摄像机的运动，实现流畅的动态效果。
4. 能够综合运用所学三维合成知识和技能，完成较为复杂的项目任务，制作出具有一定创意和视觉吸引力的视频作品。

素养目标

1. 培养卓越的空间想象力和严谨的逻辑思维能力。
2. 提升审美能力和艺术感知力，关注画面的层次感、光影效果和整体氛围，追求视觉上的美感和艺术感染力。
3. 培养创新意识，勇于尝试新技术，不断探索三维合成新领域。
4. 培养耐心和细心，注重作品细节，追求高质量输出，提升作品整体表现力。

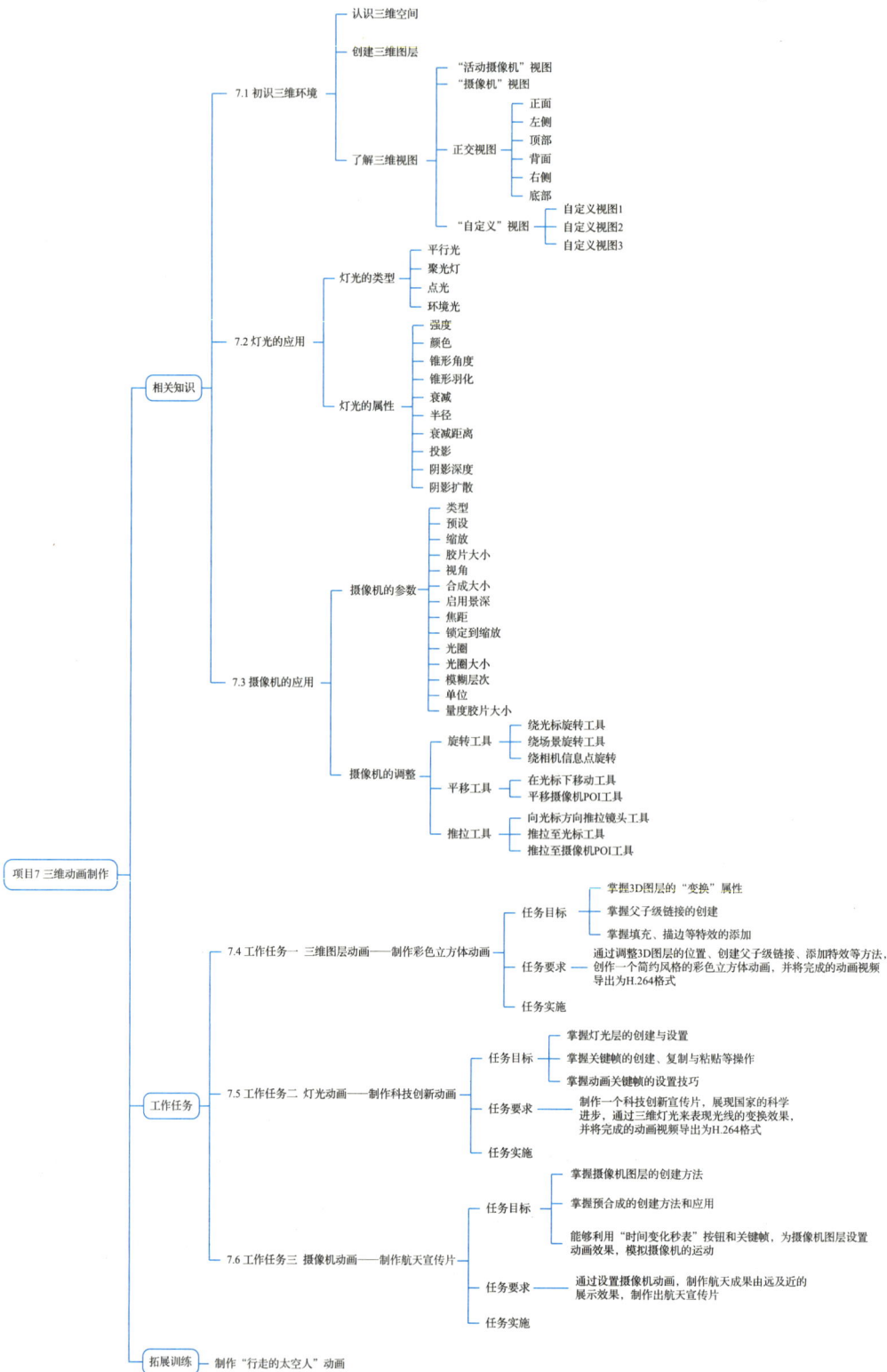

思维导图

项目7 三维动画制作

- 相关知识
  - 7.1 初识三维环境
    - 认识三维空间
    - 创建三维图层
    - 了解三维视图
      - "活动摄像机"视图
      - "摄像机"视图
      - 正交视图
        - 正面
        - 左侧
        - 顶部
        - 背面
        - 右侧
        - 底部
      - "自定义"视图
        - 自定义视图1
        - 自定义视图2
        - 自定义视图3
  - 7.2 灯光的应用
    - 灯光的类型
      - 平行光
      - 聚光灯
      - 点光
      - 环境光
    - 灯光的属性
      - 强度
      - 颜色
      - 锥形角度
      - 锥形羽化
      - 衰减
      - 半径
      - 衰减距离
      - 投影
      - 阴影深度
      - 阴影扩散
  - 7.3 摄像机的应用
    - 摄像机的参数
      - 类型
      - 预设
      - 缩放
      - 胶片大小
      - 视角
      - 合成大小
      - 启用景深
      - 焦距
      - 锁定到缩放
      - 光圈
      - 光圈大小
      - 模糊层次
      - 单位
      - 量度胶片大小
    - 摄像机的调整
      - 旋转工具
        - 绕光标旋转工具
        - 绕场景旋转工具
        - 绕相机信息点旋转
      - 平移工具
        - 在光标下移动工具
        - 平移摄像机POI工具
      - 推拉工具
        - 向光标方向推拉镜头工具
        - 推拉至光标工具
        - 推拉至摄像机POI工具
- 工作任务
  - 7.4 工作任务一 三维图层动画——制作彩色立方体动画
    - 任务目标
      - 掌握3D图层的"变换"属性
      - 掌握父子级链接的创建
      - 掌握填充、描边等特效的添加
    - 任务要求：通过调整3D图层的位置、创建父子级链接、添加特效等方法，创作一个简约风格的彩色立方体动画，并将完成的动画视频导出为H.264格式
    - 任务实施
  - 7.5 工作任务二 灯光动画——制作科技创新动画
    - 任务目标
      - 掌握灯光层的创建与设置
      - 掌握关键帧的创建、复制与粘贴等操作
      - 掌握动画关键帧的设置技巧
    - 任务要求：制作一个科技创新宣传片，展现国家的科学进步，通过三维灯光来表现光线的变换效果，并将完成的动画视频导出为H.264格式
    - 任务实施
  - 7.6 工作任务三 摄像机动画——制作航天宣传片
    - 任务目标
      - 掌握摄像机图层的创建方法
      - 掌握预合成的创建方法和应用
      - 能够利用"时间变化秒表"按钮和关键帧，为摄像机图层设置动画效果，模拟摄像机的运动
    - 任务要求：通过设置摄像机动画，制作航天成果由远及近的展示效果，制作出航天宣传片
    - 任务实施
- 拓展训练
  - 制作"行走的太空人"动画

7.1 初识三维环境

三维环境不仅扩展了二维平面的视觉边界，还为影视创作提供了更为丰富、立体的表现空间。从理解三维图层的基本概念到掌握三维空间的坐标系统，再到熟悉 After Effects 软件中三维摄像机、灯光及材质的模拟与应用，这一系列知识构成了构建复杂三维场景的基础。

1. 认识三维空间

三维空间是指具有长、宽、高的一个立体环境，如图 7-1-1 所示。

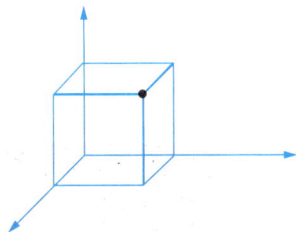

图 7-1-1 三维空间

Z 坐标是体现三维空间的关键，它呈现的是物体的深度，即通常所说的远和近。三维空间中的对象会与所处的空间相互产生影响，产生阴影、遮挡等，而且由于观察视角的关系，还会产生透视、聚焦等影响，也就是平常所说的近大远小（图 7-1-2）、近实远虚（图 7-1-3）等感觉。

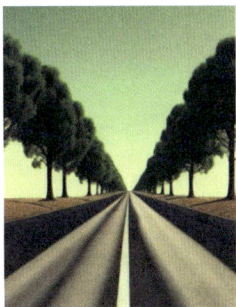

图 7-1-2 近大远小

图 7-1-3 近实远虚

2. 创建三维图层

在 After Effects 软件中，要将二维图层转换为三维图层，只需在"时间轴"面板中选中一个二维图层，然后单击开关栏中的"3D 图层"按钮（图 7-1-4）即可。再次单击此按钮，可将三维图层重新转换为二维图层。

"3D 图层"按钮

图 7-1-4 "3D 图层"按钮

小贴士

除了声音层，所有素材层都可以转换为三维图层。

选中三维图层后，在"合成"窗口中会出现一个三维坐标，如图 7-1-5 所示。其中，红色箭头代表 X 轴，绿色箭头代表 Y 轴，蓝色箭头代表 Z 轴。

展开三维图层的"变换"属性："锚点""位置""缩放""旋转"等，可发现它们都在原属性基础上增加了一组 Z 轴参数，并且新增了"方向"和"材质选项"属性，如图 7-1-6 所示。

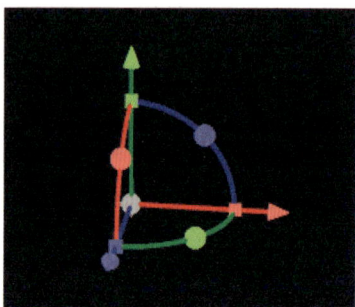

图 7-1-5　三维坐标

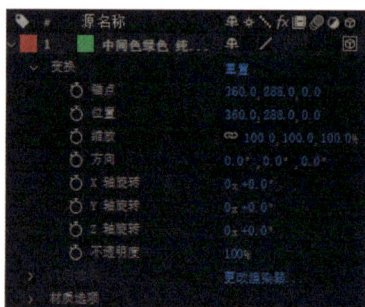

图 7-1-6　三维图层的"变换"属性

3. 了解三维视图

After Effects 软件为三维图层提供了多种角度的视图显示方式。单击"合成"窗口下方的"活动摄像机"按钮，在打开的下拉列表中可以选择不同的视图，如图 7-1-7 所示。

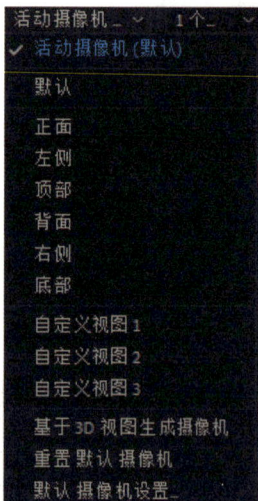

图 7-1-7　"活动摄像机"按钮及其下拉列表

（1）"活动摄像机"视图

用户可以在该视图方式下对 3D 对象进行操作，它相当于所有摄像机的总控台，呈现的是合成的最终显示效果。

（2）"摄像机"视图

默认情况下，没有"摄像机"视图。只有在合成中创建了摄像机后，才会出现"摄像机"视图。在该视图方式下，可以对摄像机进行调整，以改变其视角。

（3）正交视图

正交视图是 3D 对象被正投影到不同的平面上形成的各种二维正交视图，包括"正面""左侧""顶部""背面""右侧""底部"，可以从 6 个不同的角度观察三维空间中的图像。

（4）"自定义"视图

"自定义"视图包括自定义视图 1、自定义视图 2 和自定义视图 3，可以从几个特殊的角度来观察合成中各个图层之间的三维空间关系。

在"合成"窗口中，用户可同时打开多个视图，从不同角度观察素材。单击"合成"窗口下方的"选择视图布局"按钮，在打开的下拉列表（图 7-1-8）中可以选择视图的布局方式，可以用 1～4 个视图来显示，最多可以打开 4 个视图。

图 7-1-8　"选择视图布局"下拉列表

7.2　灯光的应用

在影视后期合成中，使用灯光可以模拟现实世界中的真实效果，并能够渲染气氛、突出重点，使场景具有层次感。

在 After Effects 软件中，可以通过创建灯光图层来模拟三维空间中的真实光线效果，并产生阴影。其方法是：执行"图层"→"新建"→"灯光"命令，在打开的"灯光设置"对话框中选择灯光类型、设置灯光参数，即可完成灯光的创建，如图 7-2-1 所示。

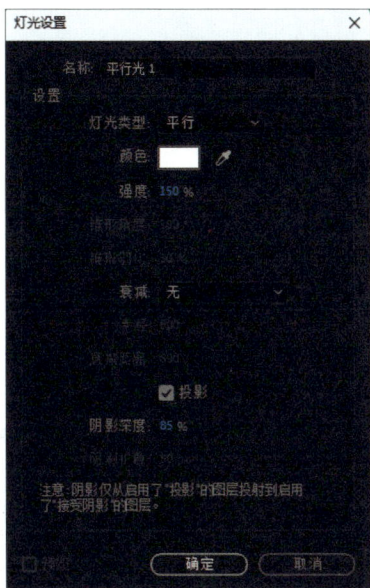

图 7-2-1　"灯光设置"对话框

1. 灯光的类型

在 After Effects 软件中，灯光主要分为平行光、聚光灯、点光和环境光 4 种类型。每种灯光都有其独特的特点和适用场景。

（1）平行光

平行光的光线从某点发射照向目标点，常用来模拟太阳光。平行光具有方向性且可投影，光照范围无限，且光照强度默认是无衰减的。如果设置了衰减，光照范围则会受限。被照射物体产生的阴影没有模糊效果。平行光通常用于照亮整个场景，营造明亮、开阔的氛围。平行光示例如图 7-2-2 所示。

（2）聚光灯

聚光灯的光线从某个点以圆锥形向目标位置发射，类似剧场中使用的聚光灯。聚光灯具有方向性且可投影，光照范围可通过调整"锥形角度"来控制，被照射物体产生的阴影有模糊效果。聚光灯常用于强调某个角色、物体或场景细节，引导观众视线。在实际应用中，聚光灯经常配合环境光使用，从而使得无光照区域不致于过黑。聚光灯示例如图 7-2-3 所示。

图 7-2-2　平行光示例

图 7-2-3　聚光灯示例

（3）点光

点光的光线从某个点向四周发射，类似于来自电灯泡或蜡烛等的光线。其光照强度随着光源与对象的距离变化而变化：距离越近，光照越强；距离越远，光照越弱。点光无方向性，但可投影，被照射物体产生的阴影有模糊效果。点光常用于营造柔和、温馨的氛围，或突出某个特定区域。同样，在实际应用中，点光经常配合环境光使用。点光示例如图 7-2-4 所示。

（4）环境光

环境光创建后没有光源显示，但有助于提高场景的整体亮度且无投影，即无光源位置、无方向、无投影。环境光只有强度和颜色两个属性。环境光示例如图 7-2-5 所示。

图 7-2-4　点光示例

图 7-2-5　环境光示例

2. 灯光的属性

灯光的属性可以在"灯光设置"对话框中设置，也可以在"时间轴"面板灯光图层的"灯光选项"属性中修改。以聚光为例，其"灯光选项"属性如图 7-2-6 所示。

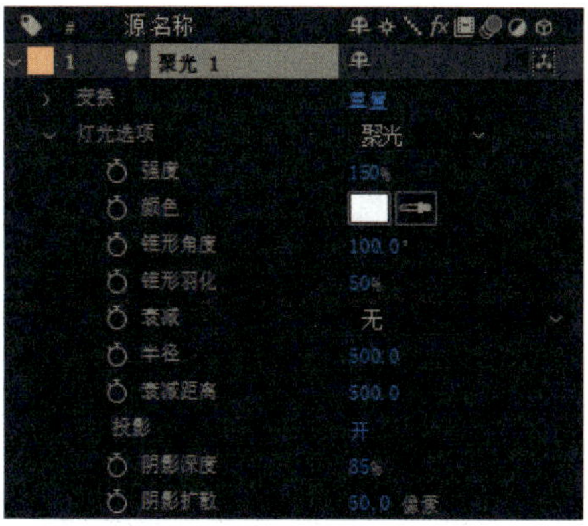

强度：用于控制光照强度。其值越大，光越强。当其值为 0 时，场景变黑；当其值为负值时，可以起到吸光的作用；当场景中有其他灯光时，负值的灯光可减弱场景中的光照强度。

颜色：用于设置灯光的颜色。

锥形角度：用于设置灯光的照射范围。其值越大，光照范围越大；其值越小，光照范围越小。

图 7-2-6　"灯光选项"属性

锥形羽化：用于设置光照范围的羽化值，使聚光灯的照射范围产生一个柔和的边缘。

衰减：用于设置灯光衰减的方式。其有 3 个选项："无"表示没有衰减；"平滑"表示产生线性衰减；"反向平方限制"表示采用反向平方算法计算衰减的速度，此种方式灯光衰减得更快。

半径：用于设置灯光衰减的半径。

衰减距离：用于设置灯光衰减的距离。

投影：当为"开"时，灯光会在场景中产生投影。

阴影深度：用于设置阴影颜色的深度。

阴影扩散：用于设置阴影漫射扩散的大小。

小贴士

将灯光的"投影"属性、产生阴影的图层的"投影"属性均设置为"开"后，还需要将接受灯光照射的图层的"投影"属性也设置为"开"，这样才能看到阴影。

7.3　摄像机的应用

在 After Effects 软件中，常常需要运用一个或多个摄像机来创造空间场景、观看合成空间，摄像机工具不仅可以模拟真实摄像机的光学特性，更能超越真实摄像机在三脚架、重力等方面的制约，在空间中任意移动。为摄像机设置动画，还可以得到很多精彩的动画效果。

在 After Effects 软件中，可以通过执行"图层"→"新建"→"摄像机"命令，在打开的"摄像机设置"对话框中设置摄像机参数，完成摄像机的创建，如图 7-3-1 所示。

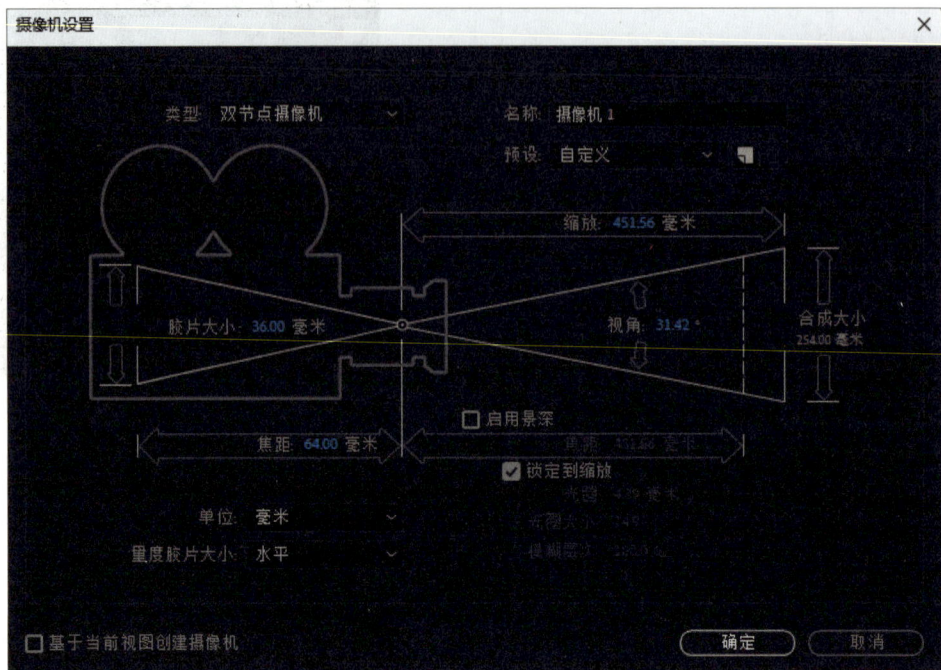

图 7-3-1　"摄像机设置"对话框

1. 摄像机的参数

类型：有两种类型的摄像机供选择，即单节点摄像机和双节点摄像机。单节点摄像机只能操控摄像机本身。单节点摄像机适合制作直线运动等简单动画，复杂一点的动画一般建议使用双节点摄像机。双节点摄像机相对于单节点摄像机，多出一个目标点属性。双节点摄像机通过目标点与摄像机的相互约束来实现操控。目标点总是对齐摄像机，用于锁定拍摄方位。

> **小贴士**
>
> 在制作过程中，可随时双击"摄像机"图层，在打开的"摄像机设置"对话框中更改摄像机的类型。

预设：下拉列表中提供了 9 种常见的摄像机镜头，不同焦距的镜头会带来不同的视角和透视感。其中，有标准的"35 毫米"镜头、"15 毫米"广角镜头、"200 毫米"长焦镜头等和"自定义"镜头。"35 毫米"标准镜头的视角类似于人眼；"15 毫米"广角镜头有极大的视野范围，类似于鹰眼观察空间，由于视野范围极大，看到的空间很广阔，但是会产生空间透视变形；"200 毫米"长焦镜头可以将远处的对象拉近，视野也随之减小，只能观察到较小的空间，但几乎没有变形。

缩放：用于设置摄像机与图像之间的距离。其值越大，通过摄像机显示的图层大小就越大，视野也越小。

胶片大小：指通过镜头看到的实际图像的大小。其值越大，视野越大；其值越小，视野越小。

视角：视图角度的大小，由焦距、胶片大小和缩放所决定，也可以自定义设置，使用宽视角或窄视角。

合成大小：用于显示合成的高度、宽度或对角线的参数，以"测量胶片尺寸"中的设置为准。

启用景深：用于建立真实的摄像机调焦效果。选中该复选框，可对景深进行进一步设置。

焦距：左侧的焦距用于设置摄像机焦点范围的大小；右侧的焦距用于设置焦点距离，确定从摄像机开始，到图像最清晰位置的距离。

锁定到缩放：选中该复选框，可使焦距和缩放值的大小匹配。

光圈：用于设置焦距到光圈的比例，模拟摄像机使用 F 制光圈。

光圈大小：用于设置光圈的大小。在 After Effects 软件中，光圈与曝光没关系，仅影响景深，值越大，前后图像的清晰范围就越小。

模糊层次：用于控制景深的模糊程度，其值越大，越模糊。

单位：可以选择使用"像素""英寸""毫米"作为单位。

量度胶片大小：可将测量标准设置为"水平""垂直""对角"。

2. 摄像机的调整

摄像机的位置、角度等参数可以在"时间轴"面板的"摄像机"图层中进行设置，也可以使用工具栏中的工具进行调整，如图 7-3-2 所示。

图 7-3-2　摄像机参数调整工具

（1）旋转工具

旋转工具组如图 7-3-3 所示。该工具组用于旋转摄像机视图。

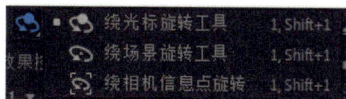

图 7-3-3　旋转工具组

1）绕光标旋转工具：以光标单击的 3D 图层的位置作为摄像机绕行的轴心。若没有单击到图层上，则以摄像机的目标点为轴心绕行摄像机。旋转单节点摄像机时，仅改变摄像机的"方向"，"位置"保持不变。

2）绕场景旋转工具：在任意位置单击都是以合成的中心作为绕行摄像机的轴心。双节点摄像机的目标点默认在合成的中心。合成的中心指合成的三维空间的中心，即各正交视图的中心位置。

3）绕相机信息点旋转：在任意位置单击都是以双节点摄像机的目标点作为绕行摄像机的轴心。

（2）平移工具

平移工具组如图 7-3-4 所示。该工具组可在 X、Y 方向上平移摄像机视图。

1）在光标下移动工具：以光标单击的 3D 图层的位置作为平移摄像机的相对起点。若没有单击到图层上，则以摄像机的目标点为相对起点平移摄像机。光标位置离摄像机远时，平移速度相对较快；近时则相对较慢。

2）平移摄像机 POI（point of interest，兴趣点）工具：在任意位置单击都是以摄像机的目标点为相对起点来平移摄像机。

（3）推拉工具

推拉工具组如图 7-3-5 所示。该工具组可沿 Z 轴推拉摄像机视图。

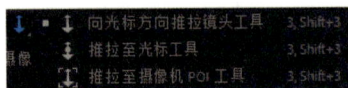

图 7-3-4　平移工具组

图 7-3-5　推拉工具组

1）向光标方向推拉镜头工具：可以让摄像机沿着光标的方向进行推拉操作，实现镜头的拉近或拉远效果，从而改变画面的视角和景别。

2）推拉至光标工具：将摄像机直接推拉至光标所在的位置，快速调整摄像机与光标之间的距离，可改变画面的焦点和显示范围。

3）推拉至摄像机 POI 工具：将摄像机推拉至摄像机 POI 的位置。摄像机 POI 通常是摄像机关注或聚焦的点，使用该工具可以方便地将摄像机移动到特定的 POI 位置，以获得所需的拍摄视角或强调特定的对象。

小贴士

灯光和摄像机只能在三维图层中使用。

7.4 工作任务一　三维图层动画——制作彩色立方体动画

微课：三维图层动画——制作彩色立方体动画

☞ **任务目标**

1. 掌握 3D 图层的"变换"属性。
2. 掌握父子级链接的创建。
3. 掌握填充、描边等特效的添加。

通过调整 3D 图层的位置、创建父子级链接、添加特效等方法，创作一个简约风格的彩色立方体动画，并将完成的动画视频导出为 H.264 格式。其中，部分镜头截图如图 7-4-1 所示。

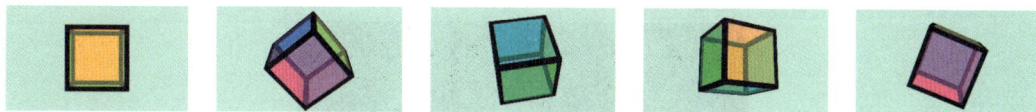

图 7-4-1 部分镜头截图

💻 任务实施

1. 新建合成

在菜单栏中执行"合成"→"新建合成"命令，在打开的"合成设置"对话框中设置"合成名称"为"彩色立方体动画"，"预设"为"HDV/HDTV·1280×720·25fps"，"持续时间"为 10 秒，"背景颜色"为浅色，如图 7-4-2 所示。设置完成后单击"确定"按钮。

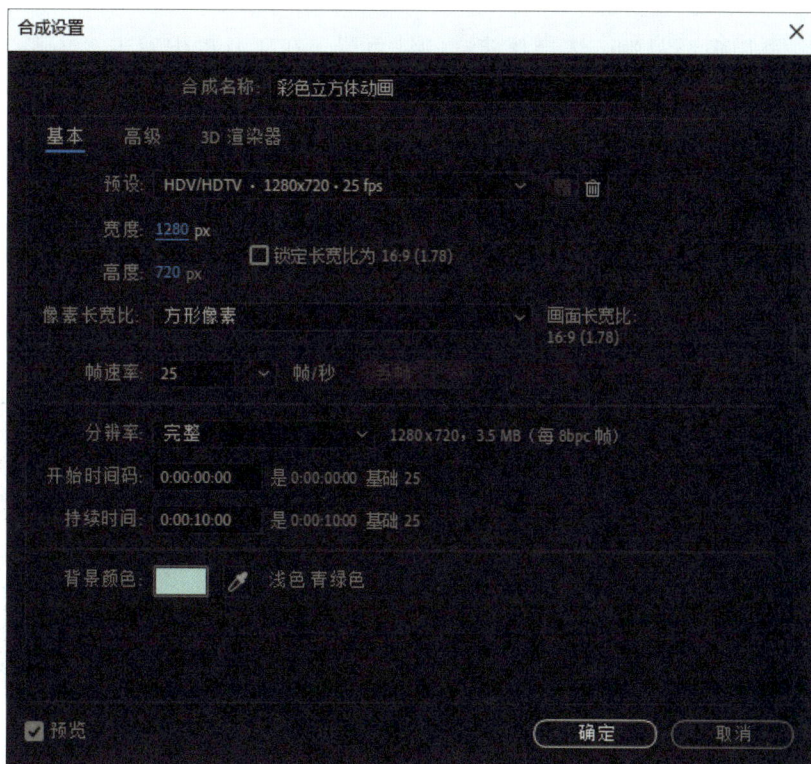

图 7-4-2 "合成设置"对话框

2. 搭建立体盒子

（1）制作"盒子1"图层

步骤 1　新建纯色层。在菜单栏中执行"图层"→"新建"→"纯色层"命令，在打开的对话框中设置"名称"为"盒子1"，"宽""高"都设置为"400px"，颜色不需要设置，因为后面要添加填充效果来覆盖，如图 7-4-3 所示。设置完成后单击"确定"按钮。

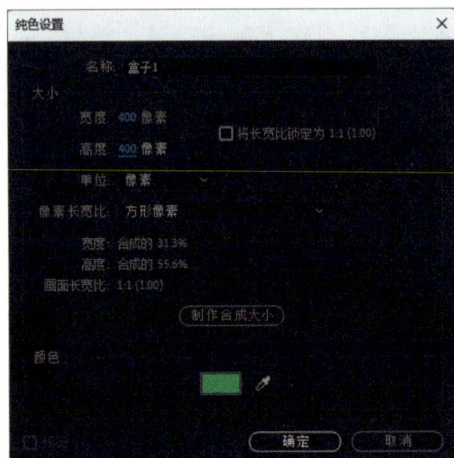

图 7-4-3　"纯色设置"对话框

步骤 2　添加矩形蒙版。选择新建立的纯色层，在工具栏中双击"矩形工具"按钮添加蒙版。

步骤 3　添加填充特效。在菜单栏中执行"效果"→"生成"→"填充"命令，在打开的"效果控件"面板中，设置填充颜色为一个鲜艳的颜色，填充"不透明度"为"50.0%"，如图 7-4-4 所示。

步骤 4　添加描边特效。再次执行"效果"→"生成"→"描边"命令，在"效果控件"面板中，设置描边"画笔大小"为"30.0"，描边颜色为黑色，"画笔硬度"为"100%"，如图 7-4-5 所示。

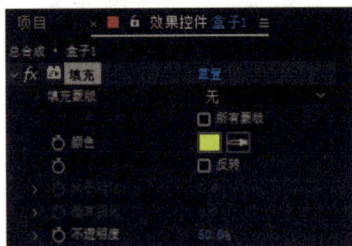

图 7-4-4　设置"填充"参数

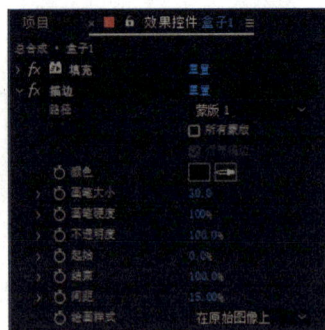

图 7-4-5　设置"描边"参数

步骤 5　转换为 3D 图层，设置位置。选中"盒子1"图层，打开其"3D 图层"开关。

按 P 键展开其"位置"属性，设置 Z 轴参数为"-200"，如图 7-4-6 所示。

（2）制作"盒子 2"图层

步骤 1　选中"盒子 1"图层，按 Ctrl+D 组合键复制一个图层，将新复制的图层命名为"盒子 2"。

步骤 2　按 F3 键打开"效果控件"面板，修改"填充"的颜色为不同的颜色。

步骤 3　按 P 键展开其"位置"属性，设置 Z 轴参数为"200.0"，如图 7-4-7 所示。

图 7-4-6　设置"盒子 1"图层的"位置"属性参数　　图 7-4-7　设置"盒子 2"图层的"位置"属性参数

（3）制作"盒子 3"图层

步骤 1　在"合成"窗口中将当前视图切换至"自定义视图 1"。

步骤 2　选中"盒子 2"图层，按 Ctrl+D 组合键复制一个图层，将新复制的图层命名为"盒子 3"。

步骤 3　执行"图层"→"变换"→"重置"命令，图层回到原始位置。

步骤 4　按 F3 键打开"效果控件"面板，修改"填充"的颜色为不同的颜色。

步骤 5　按 R 键展开其"旋转"属性，设置"Y 轴旋转"为"0x+90.0°"，如图 7-4-8 所示。

步骤 6　按 Shift+P 组合键增加"位置"属性显示，设置 X 轴参数为"440.0"，如图 7-4-8 所示。

（4）制作"盒子 4"图层

步骤 1　选中"盒子 3"图层，按 Ctrl+D 组合键复制一个图层，将新复制的图层命名为"盒子 4"。

步骤 2　执行"图层"→"变换"→"重置"命令，图层回到原始位置。

步骤 3　按 F3 键打开"效果控件"面板，修改"填充"的颜色为不同的颜色。

步骤 4　按 R 键展开其"旋转"属性，设置"Y 轴旋转"为"0x+90.0°"，如图 7-4-9 所示。

步骤 5　按 Shift+P 组合键增加"位置"属性显示，设置 X 轴参数为"840.0"，如图 7-4-9 所示。

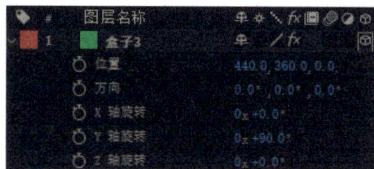

图 7-4-8　设置"盒子 3"图层的"旋转"　　　图 7-4-9　设置"盒子 4"图层的"旋转"
　　　　　　和"位置"属性参数　　　　　　　　　　　　　和"位置"属性参数

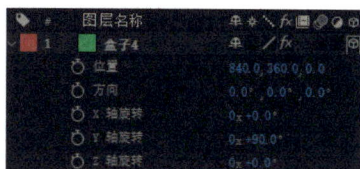

（5）制作"盒子 5"图层

步骤 1　选中"盒子 4"图层，按 Ctrl+D 组合键复制一个图层，将新复制的图层命名为"盒子 5"。

步骤 2 执行"图层"→"变换"→"重置"命令，图层回到原始位置。

步骤 3 按 F3 键打开"效果控件"面板，修改"填充"的颜色为不同的颜色。

步骤 4 按 R 键展开其"旋转"属性，设置"X 轴旋转"为"0x+90.0°"，如图 7-4-10 所示。

步骤 5 按 Shift+P 组合键增加"位置"属性显示，设置 *Y* 轴参数为"160.0"，如图 7-4-10 所示。

（6）制作"盒子 6"图层

步骤 1 选中"盒子 5"图层，按 Ctrl+D 组合键复制一个图层，将新复制的图层命名为"盒了 6"。

步骤 2 执行"图层"→"变换"→"重置"命令，图层回到原始位置。

步骤 3 按 F3 键打开"效果控件"面板，修改"填充"的颜色为不同的颜色。

步骤 4 按 R 键展开其"旋转"属性，设置"X 轴旋转"为"0x+90.0°"，如图 7-4-11 所示。

步骤 5 按 Shift+P 组合键增加"位置"属性显示，设置 *Y* 轴参数为"560.0"，如图 7-4-11 所示。

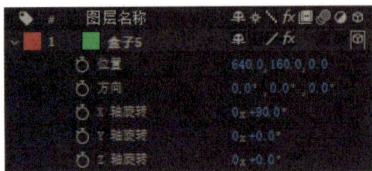

图 7-4-10 设置"盒子 5"图层的"旋转"和"位置"属性参数

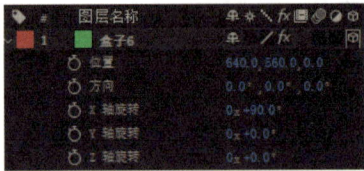

图 7-4-11 设置"盒子 6"图层的"旋转"和"位置"属性参数

这样，立体盒子就做好了，如图 7-4-12 所示。

3. 建立盒子控制层

步骤 1 新建空对象层。执行"图层"→"新建"→"空对象"命令，打开其"3D 图层"开关，重命名为"盒子控制层"。选择"盒子 1"～"盒子 6"6 个图层，将 6 个图层的父级图层设置为"盒子控制层"，如图 7-4-13 所示。

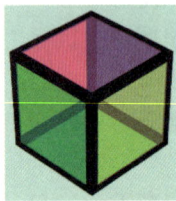

图 7-4-12 立体盒子组合效果

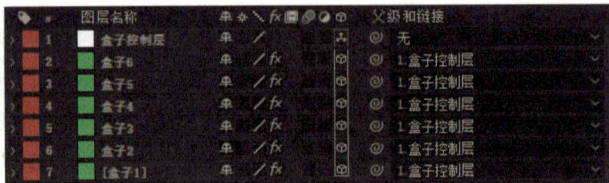

图 7-4-13 设置父级图层

步骤 2 添加旋转表达式。

① 在"合成"窗口中将当前视图切换至"活动摄像机"。

② 选中"盒子控制层"，按 R 键展开其"旋转"属性，按住 Alt 键的同时单击"X 轴

旋转"属性前的"时间变化秒表"按钮，这时就出现了表达式的文本框，输入"time*90"。用同样的方法，给"Y 轴旋转"添加表达式，输入"time*180"，如图 7-4-14 所示。

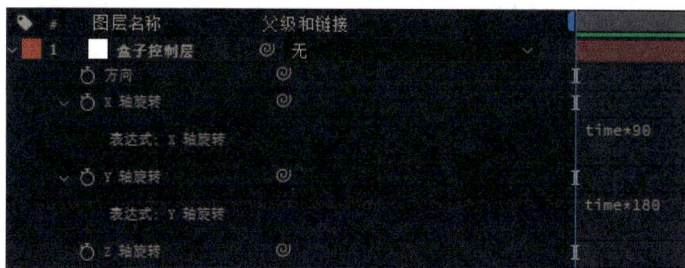

图 7-4-14　添加表达式

小贴士

time 指定时间，在 1 秒处，time 就是 1；在 2 秒处，time 就是 2……

time 乘以一个数作为旋转的参数值，可以实现随时间变化而旋转的动画效果。所乘的数越大，旋转越快。

4. 渲染输出

执行"合成"→"添加到渲染队列"命令，打开"渲染队列"面板，设置渲染参数，单击"渲染"按钮，输出视频。

7.5 工作任务二　灯光动画——制作科技创新动画

微课：灯光动画——制作科技创新动画

☞ 任务目标

1. 掌握灯光层的创建与设置。
2. 掌握关键帧的创建、复制与粘贴等操作。
3. 掌握动画关键帧的设置技巧。

☞ 任务要求

制作一个科技创新宣传片，展现国家的科学进步，通过三维灯光来表现光线的变换效果，并将完成的动画视频导出为 H.264 格式。其中，部分镜头截图如图 7-5-1 所示。

图 7-5-1 部分镜头截图

💻 **任务实施**

1. 新建合成，导入素材

步骤 1 新建合成。打开 After Effects 软件，单击"项目"面板底部的"新建合成"按钮，在打开的"合成设置"对话框中设置"合成名称"为"合成 1"，"宽度"为"1920px"，"高度"为"1080px"，"帧速率"为"25 帧/秒"，"持续时间"为 12 秒，"背景颜色"为黑色，如图 7-5-2 所示，单击"确定"按钮。

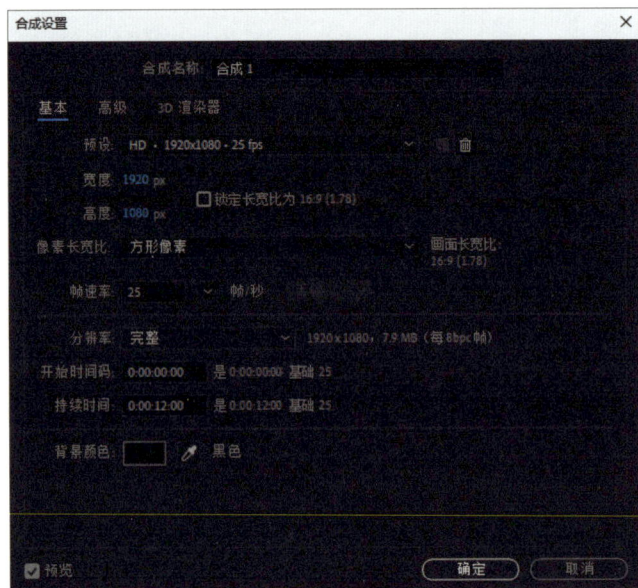

图 7-5-2 "合成设置"对话框

步骤 2 导入素材。执行"文件"→"导入"→"文件"命令，打开"导入文件"对话框，选中"通信.jpeg""人工智能.jpeg""交通.jpeg""航天.jpeg"4 幅图像素材，单击"导入"按钮，将素材导入"项目"面板中。将所有素材拖到"时间轴"面板，打开"3D 图层"开关。

步骤 3 调整大小及位置。同时选中 4 个图层，按 S 键展开其"缩放"属性，设置参数为 35.0%，如图 7-5-3 所示。在"合成"窗口中，把 4 幅图像拖动至合成左侧外。

图 7-5-3 设置"缩放"参数

2．制作关键帧动画

步骤 1　设置位置关键帧。将当前时间指示器移至 0 秒处，选中"通信"图层，按 P 键展开其"位置"属性，激活"时间变化秒表"按钮，记录动画；将当前时间指示器移至 1 秒处，设置"位置"属性的 X 轴数值，使图片位于"合成"窗口的正中间。将当前时间指示器移至 2 秒处，单击"位置"属性左侧的"在当前时间添加或移除关键帧"按钮，创建延时帧；将当前时间指示器移至 3 秒处，设置"位置"属性的 X 轴数值，如图 7-5-4 所示，使图片位于"合成"窗口外右侧。

图 7-5-4　设置 3 秒处"位置"参数

步骤 2　复制关键帧。在"时间轴"面板中，用鼠标拖动框选"通信"图层中"位置"属性的 4 个关键帧，按 Ctrl+C 组合键复制这些关键帧的数值；将当前时间指示器移至 3 秒处，选中"航天"图层，按 Ctrl+V 组合键粘贴关键帧的数值，实现该图层从第 3 秒到第 6 秒具有与上面图层相同的运动效果，如图 7-5-5 所示。

图 7-5-5　复制关键帧

步骤 3　复制关键帧。将当前时间指示器移至 6 秒处，选中"交通"图层，按 Ctrl+V 组合键粘贴关键帧的数值，实现该图层从第 6 秒到第 9 秒具有与上面图层相同的运动效果。

步骤 4　复制关键帧。将当前时间指示器移至 9 秒处，选中"人工智能"图层，按 Ctrl+V 组合键粘贴关键帧的数值，实现该图层从第 9 秒到第 12 秒具有与上面图层相同的运动效果。

3．制作摄像机动画

步骤 1　新建摄像机图层。在"时间轴"面板空白处右击，在弹出的快捷菜单中执行"新建"→"摄像机"命令，打开"摄像机设置"对话框，设置"预设"为"35 毫米"，新建"摄像机 1"图层，如图 7-5-6 所示。

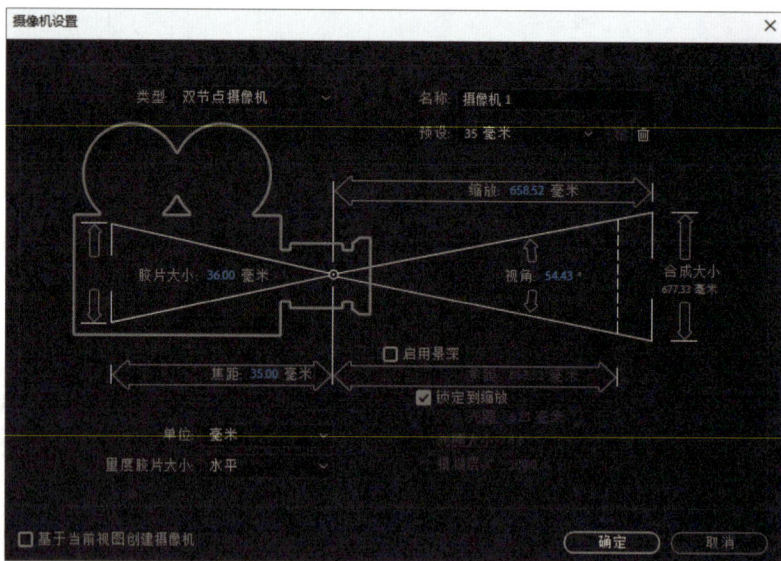

图 7-5-6　"摄像机设置"对话框

步骤 2　旋转摄像机。选中"摄像机 1"图层，将当前时间指示器移至 1 秒处，展开"变换"属性，激活"目标点"和"位置"属性前的"时间变化秒表"按钮，记录动画。将当前时间指示器移动至 2 秒处，单击工具栏中的"绕场景旋转工具"按钮，在"合成"窗口中的图像上拖动旋转。相关图层参数如图 7-5-7 所示。

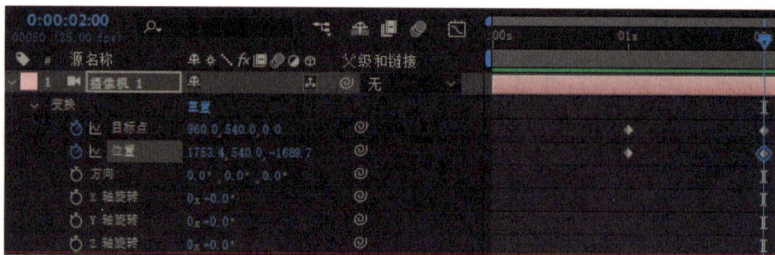

图 7-5-7　设置 2 秒处"摄像机 1"图层参数

步骤 3　旋转摄像机。将当前时间指示器移至 4 秒处，单击"目标点"和"位置"左侧的"在当前时间添加或移除关键帧"按钮；将当前时间指示器移至 5 秒处，单击工具栏中的"绕场景旋转工具"按钮，在"合成"窗口中的图像上拖动旋转，如图 7-5-8 所示。

图 7-5-8　5 秒处"合成"窗口

步骤 4　旋转摄像机。将当前时间指示器移至 7 秒处，单击"目标点"和"位置"左侧的"在当前时间添加或移除关键帧"按钮；将当前时间指示器移至 8 秒处，单击工具栏中的"绕场景旋转工具"按钮，在"合成"窗口的图像上拖动旋转。

步骤 5　旋转摄像机。将当前时间指示器移至 10 秒处，单击"目标点"和"位置"左侧的"在当前时间添加或移除关键帧"按钮；将当前时间指示器移至 11 秒处，单击工具栏中的"绕场景旋转工具"按钮，在"合成"窗口的图像上拖动旋转。

"摄像机 1"图层关键帧如图 7-5-9 所示。

图 7-5-9　"摄像机 1"图层关键帧

4. 新建总合成，并添加素材

步骤 1　新建合成。单击"项目"面板底部的"新建合成"按钮，在打开的"合成设置"对话框中设置"合成名称"为"总合成"，"宽度"为"1920px"，"高度"为"1080px"，"帧速率"为"25 帧/秒"，"持续时间"为 12 秒，"背景颜色"为黑色，单击"确定"按钮。

步骤 2　添加素材。双击"项目"面板空白处，打开"导入文件"对话框，选中"音乐.mp3""背景.png"素材，单击"导入"按钮，将素材导入"项目"面板中。拖动"音乐.mp3""背景.png""合成 1"素材到"时间轴"面板，如图 7-5-10 所示。

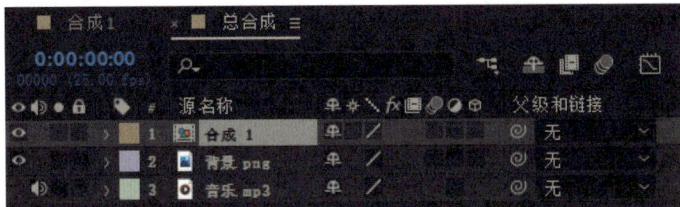

图 7-5-10　"时间轴"面板

5. 创建"地面"

步骤 1　新建纯色层。在"时间轴"面板空白处右击，在弹出的快捷菜单中执行"新建"→"纯色"命令，在打开的"纯色设置"对话框中设置"名称"为"地面"，"宽度"为"4500 像素"，"高度"为"2300 像素"，"颜色"为灰色（#B5B5B5），如图 7-5-11 所示，单击"确定"按钮。

步骤 2　转换为 3D 图层。将"地面"图层拖动到"合成 1"图层的下方，并打开"地面"图层的"3D 图层"开关。

图 7-5-11　"纯色设置"对话框

步骤 3　设置旋转参数，调整位置。按 R 键展开"地面"图层的"旋转"属性，设置"X 轴旋转"为"0x+90.0°"，如图 7-5-12 所示，向下拖动，作为地面，如图 7-5-13 所示。

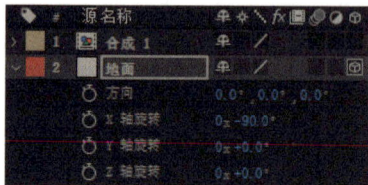

图 7-5-12　"地面"图层旋转参数设置

图 7-5-13　"合成"窗口

6. 创建灯光

步骤 1　新建灯光层。在"时间轴"面板空白处右击，在弹出的快捷菜单中执行"新建"→"灯光"命令，在打开的"灯光设置"对话框中，设置"名称"为"聚光 1"，"灯光类型"为"聚光"，"强度"为"150%"，"颜色"为白色，"锥形角度"为"100°"，"锥形羽化"为"50%"，选中"投影"复选框，"阴影深度"为"85%"，"阴影扩散"为"50px"，如图 7-5-14 所示，单击"确定"按钮。

步骤 2　调整参数。打开"合成 1"的"3D 图层"开关，展开"材质选项"属性，打开"投影"开关。调整"聚光 1"层的"目标点""位置""方向"，如图 7-5-15 所示。

图 7-5-14　"灯光设置"对话框

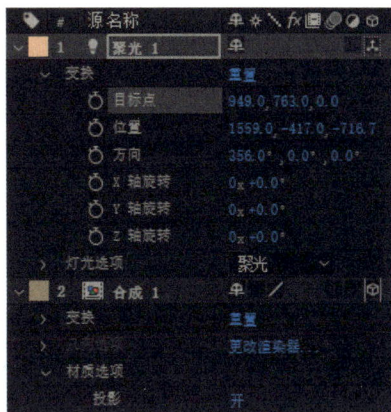

图 7-5-15　设置"聚光 1"层和"合成 1"层的参数

7. 预览效果，渲染输出

按空格键预览效果。执行"合成"→"添加到渲染队列"命令，或按 Ctrl+M 组合键，打开"渲染队列"面板，设置渲染参数，单击"渲染"按钮，输出视频。

7.6 工作任务三　摄像机动画——制作航天宣传片

微课：摄像机动画——
制作航天宣传片

☞ **任务目标**

1. 掌握摄像机图层的创建方法。
2. 掌握预合成的创建方法和应用。
3. 能够利用"时间变化秒表"按钮和关键帧，为摄像机图层设置动画效果，模拟摄像机的运动。

☞ **任务要求**

通过设置摄像机动画，制作航天成果由远及近的展示效果，制作出航天宣传片。其中，部分镜头截图如图 7-6-1 所示。

图 7-6-1　部分镜头截图

任务实施

1. 新建合成，导入素材

步骤1　新建合成。在菜单栏中执行"合成"→"新建合成"命令，在打开的"合成设置"对话框中设置"合成名称"为"航天宣传片"，"宽度"为"1280px"，"高度"为"720px"，"持续时间"为8秒，如图7-6-2所示。设置完成后单击"确定"按钮。

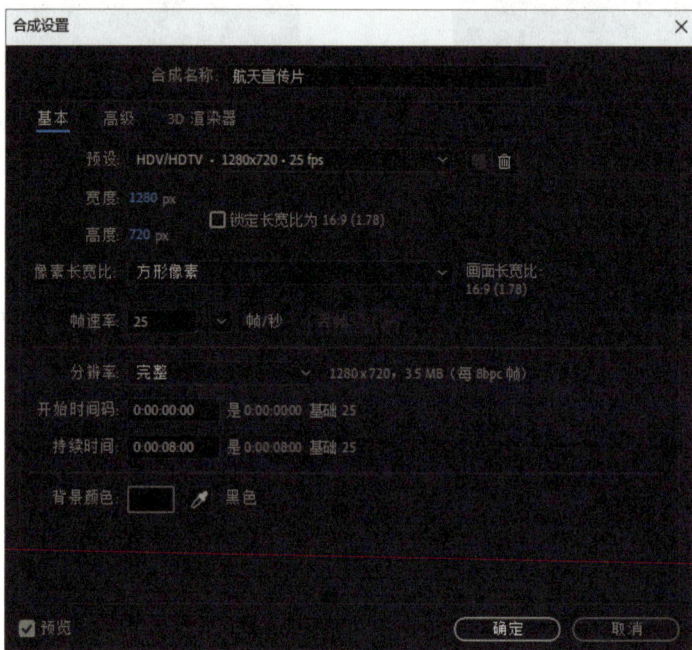

图 7-6-2　"合成设置"对话框

步骤2　导入素材。双击"项目"面板空白处，打开"导入文件"对话框，导入"星空.mp4""地球2.mp4""箭头.mov"素材文件，并拖入"时间轴"面板，设置"地球2.mp4"层的模式为"相加"，图层顺序如图7-6-3所示。

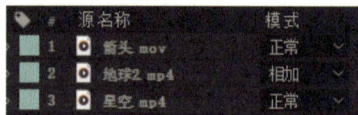

图 7-6-3　"时间轴"面板

2. 修改"箭头"素材

步骤1　转换为三维图层。在"时间轴"面板中选中"箭头.mov"层，打开其"3D图层"开关。

步骤 2　旋转箭头。按 R 键展开"旋转"属性，设置"X 轴旋转"为"0x-70.0°"，"Z 轴旋转"为"0x-90.0°"。按 Shift+P 组合键的同时展开"位置"属性，设置"位置"参数为(645.7,583.9,0.0)，如图 7-6-4 所示。

步骤 3　添加填充特效。执行"效果"→"生成"→"填充"命令，在打开的"效果控件"面板中，设置"颜色"为"＃1B93AD"，"不透明度"为"50.0%"，如图 7-6-5 所示。

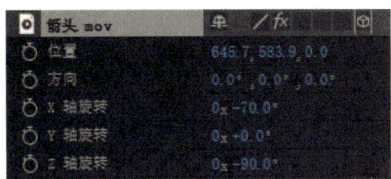

图 7-6-4　设置"位置"和"旋转"参数　　　　图 7-6-5　"效果控件"面板

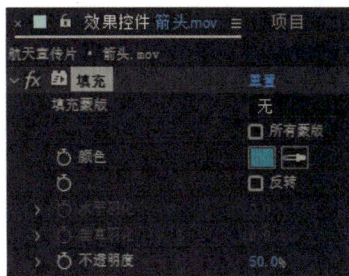

3. 创建"东方红"预合成

步骤 1　绘制矩形。在工具栏中单击"矩形工具"按钮，按住 Alt 键的同时在"合成"窗口中拖动鼠标指针，绘制矩形，生成"形状图层 1"。在"形状属性"面板中，设置矩形大小为 288×154 像素，"描边颜色"为"无"，"填充颜色"为任意颜色，如图 7-6-6 所示。

步骤 2　添加图片。双击"项目"面板空白处，打开"导入文件"对话框，导入"东方红.png""神舟五号.jpg""嫦娥一号.jpg""天问一号.jpg""边框.mov"5 个素材文件。

图 7-6-6　设置"形状图层 1"的形状属性

步骤 3　设置轨道遮罩。将"边框.mov""东方红.png"拖至"时间轴"面板，设置"东方红.png"层的"轨道遮罩"为"形状图层 1"。选中"边框.mov"层，按 S 键展开"缩放"属性，设置其"缩放"为 20%，如图 7-6-7 所示。在"合成"窗口中，将 3 个素材摆放至合适位置，如图 7-6-8 所示。

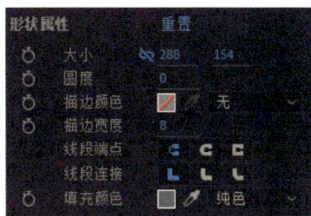

图 7-6-7　设置轨道遮罩后的"时间轴"面板　　图 7-6-8　"合成"窗口中的素材位置

步骤 4　建立预合成。在"时间轴"面板中选中"边框.mov""东方红.png""形状图层 1"，按 Ctrl+Shift+C 组合键，建立预合成，命名为"东方红"。

4. 创建其他预合成

步骤 1 复制预合成。在"项目"面板中选中"东方红"预合成，按 Ctrl+D 组合键 3 次，复制 3 个预合成，分别重命名为"神舟五号""嫦娥一号""天问一号"，如图 7-6-9 所示。

步骤 2 添加预合成。在"项目"面板中选中"神舟五号""嫦娥一号""天问一号" 3 个预合成，拖至"时间轴"面板，如图 7-6-10 所示。

图 7-6-9　在"项目"面板中复制预合成

图 7-6-10　添加预合成后的"时间轴"面板

步骤 3 更换图片。在"时间轴"面板中双击"神舟五号"预合成，进入预合成。删除"东方红.png"图层，从"项目"面板中拖动"神舟五号.jpg"素材至"时间轴"面板，调整图片的大小和位置，并设置图层的"轨道遮罩"为"形状图层 1"，如图 7-6-11 所示。采用同样的方法，更换"嫦娥一号""天问一号"预合成的图片。

图 7-6-11　"神舟五号"预合成的"时间轴"面板

5. 创建摄像机动画

步骤 1 新建摄像机图层。在"时间轴"面板中切换至"航天宣传片"合成，执行"图层"→"新建"→"摄像机"命令，在打开的"摄像机设置"对话框中，设置"预设"为"15 毫米"，创建"摄像机 1"图层，如图 7-6-12 所示。

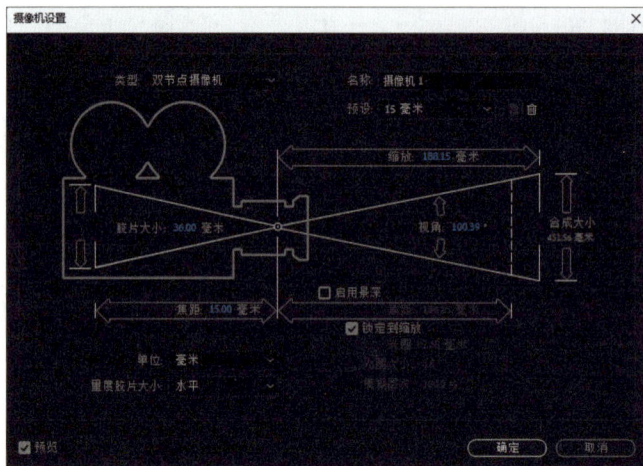

图 7-6-12　"摄像机设置"对话框

步骤 2　创建关键帧动画。选中"摄像机 1"图层,将当前时间指示器移至 0 秒处,按 P 键展开"位置"属性,单击"位置"前的"时间变化秒表"按钮,激活属性,设置参数为(640.0,360.0,−533.3),如图 7-6-13 所示。

步骤 3　添加关键帧。将当前时间指示器移至 8 秒处,设置"位置"参数为(640.0,360.0,−25.3),如图 7-6-14 所示。

图 7-6-13　设置 0 秒处的"位置"参数　　　图 7-6-14　设置 8 秒处的"位置"参数

6. 创建不透明度关键帧动画

步骤1　设置"东方红"图层。选中"东方红"图层,按 T 键展开"不透明度"属性,将当前时间指示器移至 0 秒处,单击"不透明度"前的"时间变化秒表"按钮,激活属性,设置参数为 0%;将当前时间指示器移至 1 秒处,设置参数为 100%。

步骤2　设置"神舟五号"图层。选中"神舟五号"图层,按 T 键展开"不透明度"属性,将当前时间指示器移至 2 秒处,单击"不透明度"前的"时间变化秒表"按钮,激活属性,设置参数为 0%;将当前时间指示器移至 3 秒处,设置参数为 100%。

步骤3　设置"嫦娥一号"图层。选中"嫦娥一号"图层,按 T 键展开"不透明度"属性,将当前时间指示器移至 4 秒处,单击"不透明度"前的"时间变化秒表"按钮,激活属性,设置参数为 0%;将当前时间指示器移至 5 秒处,设置参数为 100%。

步骤4　设置"天问一号"图层。选择"天问一号"图层,按 T 键展开"不透明度"属性,将当前时间指示器移至 6 秒处,单击"不透明度"前的"时间变化秒表"按钮,激活属性,设置参数为 0%;将当前时间指示器移至 7 秒处,设置参数为 100%。

"不透明度"关键帧如图 7-6-15 所示。

图 7-6-15　"不透明度"关键帧

7. 创建位置关键帧动画

步骤1　转换为三维图层。同时选中 4 个预合成图层,打开其"3D 图层"开关,转换为三维图层。

步骤 2 创建位置关键帧。同时选中 4 个预合成图层，按 P 键展开"位置"属性，将当前时间指示器移至 0 秒处，单击"位置"前的"时间变化秒表"按钮，激活属性，设置"位置"参数，如图 7-6-16 所示。

步骤 3 添加位置关键帧。将当前时间指示器移至 8 秒处，设置"位置"参数，如图 7-6-17 所示。

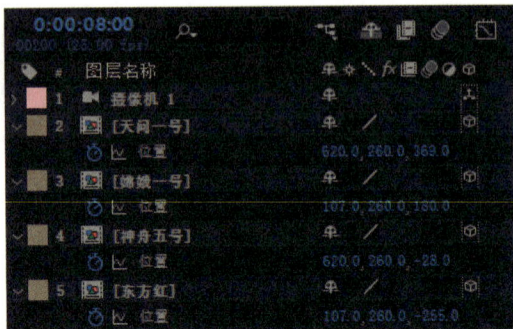

图 7-6-16　设置 0 秒处的"位置"参数

图 7-6-17　设置 8 秒处的"位置"参数

8. 预览效果，渲染输出

按空格键预览效果。执行"合成"→"添加到渲染队列"命令，或按 Ctrl+M 组合键，打开"渲染队列"面板，设置渲染参数，单击"渲染"按钮，输出视频。

📘 **拓展训练** ────────────────────────────────────

通过摄像机动画，制作"行走的太空人"动画。

8

项 目

影视特效制作

▍内容导读

特效又称为滤镜或效果，After Effects 软件中有各种各样的特效，利用这些特效可以使视频变得更加丰富多彩且生动。现在很多影视作品中都加入了各种特效，不仅提升了影片的吸引力，也极大增强了影片的艺术欣赏价值。

▍学习目标

知识目标

1. 理解 After Effects 软件中效果命令的基本分类、功能及适用场景。
2. 熟悉各类效果命令的参数设置，包括颜色、强度、速度、方向等关键属性。
3. 掌握效果命令的叠加原则，了解不同效果组合对最终视觉效果的影响。
4. 掌握效果中关键帧的创建方法和应用，提升视频的动态表现力。

能力目标

1. 能够迅速找到并应用所需的效果命令，提高工作效率。
2. 能够根据视频素材的特点和创作需求，精准调整效果命令的参数，实现预期的视觉效果。
3. 能够根据创作需求，灵活运用多个效果命令进行组合创新，创造出独特的视觉效果。
4. 在遇到效果参数设置、动画效果不理想等问题时，能够自主分析并找到解决方案。

素养目标

1. 通过制作影视特效，提升对视觉艺术的感知与审美能力。
2. 在特效应用中培养创新思维，不断探索新的表现方式与效果组合。
3. 培养耐心调整参数、细心观察效果的素养，确保作品质量。
4. 学会与他人合作，共同解决特效制作中的难题，提升团队协作能力。

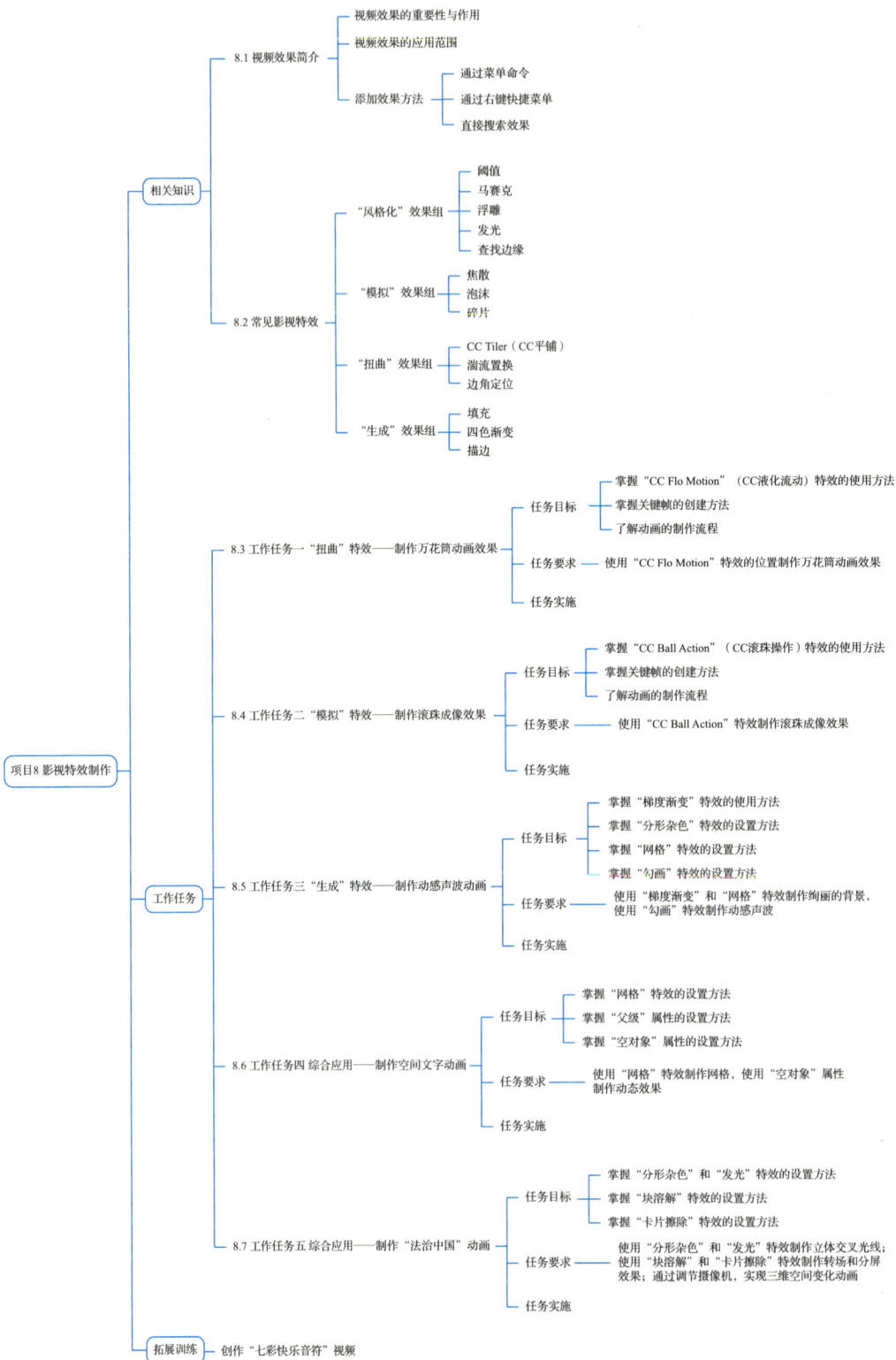

▍思维导图

项目8 影视特效制作

- 相关知识
  - 8.1 视频效果简介
    - 视频效果的重要性与作用
    - 视频效果的应用范围
    - 添加效果方法
      - 通过菜单命令
      - 通过右键快捷菜单
      - 直接搜索效果
  - 8.2 常见影视特效
    - "风格化" 效果组
      - 阈值
      - 马赛克
      - 浮雕
      - 发光
      - 查找边缘
    - "模拟" 效果组
      - 焦散
      - 泡沫
      - 碎片
    - "扭曲" 效果组
      - CC Tiler（CC平铺）
      - 湍流置换
      - 边角定位
    - "生成" 效果组
      - 填充
      - 四色渐变
      - 描边
- 工作任务
  - 8.3 工作任务一 "扭曲" 特效——制作万花筒动画效果
    - 任务目标
      - 掌握 "CC Flo Motion"（CC液化流动）特效的使用方法
      - 掌握关键帧的创建方法
      - 了解动画的制作流程
    - 任务要求
      - 使用 "CC Flo Motion" 特效的位置制作万花筒动画效果
    - 任务实施
  - 8.4 工作任务二 "模拟" 特效——制作滚珠成像效果
    - 任务目标
      - 掌握 "CC Ball Action"（CC滚珠操作）特效的使用方法
      - 掌握关键帧的创建方法
      - 了解动画的制作流程
    - 任务要求
      - 使用 "CC Ball Action" 特效制作滚珠成像效果
    - 任务实施
  - 8.5 工作任务三 "生成" 特效——制作动感声波动画
    - 任务目标
      - 掌握 "梯度渐变" 特效的使用方法
      - 掌握 "分形杂色" 特效的设置方法
      - 掌握 "网格" 特效的设置方法
      - 掌握 "勾画" 特效的设置方法
    - 任务要求
      - 使用 "梯度渐变" 和 "网格" 特效制作绚丽的背景，使用 "勾画" 特效制作动感声波
    - 任务实施
  - 8.6 工作任务四 综合应用——制作空间文字动画
    - 任务目标
      - 掌握 "网格" 特效的设置方法
      - 掌握 "父级" 属性的设置方法
      - 掌握 "空对象" 属性的设置方法
    - 任务要求
      - 使用 "网格" 特效制作网格，使用 "空对象" 属性制作动态效果
    - 任务实施
  - 8.7 工作任务五 综合应用——制作 "法治中国" 动画
    - 任务目标
      - 掌握 "分形杂色" 和 "发光" 特效的设置方法
      - 掌握 "块溶解" 特效的设置方法
      - 掌握 "卡片擦除" 特效的设置方法
    - 任务要求
      - 使用 "分形杂色" 和 "发光" 特效制作立体交叉光线；使用 "块溶解" 和 "卡片擦除" 特效制作转场和分屏效果；通过调节摄像机，实现三维空间变化动画
    - 任务实施
- 拓展训练
  - 创作 "七彩快乐音符" 视频

8.1 视频效果简介

1. 视频效果的重要性与作用

视频效果是 After Effects 软件中非常重要的一部分，其类型非常多，每个效果包含众多参数，在学习时可以依次调整每个参数，并观察该参数对画面的影响，以加深记忆和理解。在生活中，我们经常会看到一些梦幻、惊奇的影视作品或广告片段，这些效果大多数可以通过 After Effects 软件中的效果实现。

2. 视频效果的应用范围

After Effects 软件中的视频效果既可以应用于视频素材，也可以应用于其他素材图层，通过添加效果并设置参数即可制作出很多绚丽的效果。视频效果包含很多效果组，每个效果组又包含很多效果。例如，"杂色和颗粒"效果组包括 12 种用于杂色和颗粒的效果，如图 8-1-1 所示。

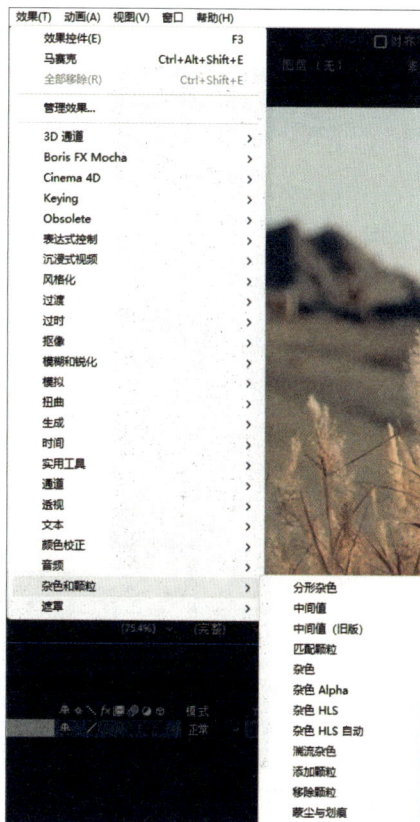

图 8-1-1　"杂色和颗粒"效果组

在创作作品时，不但需要对素材进行基本的编辑，如修改位置、设置缩放等，而且可以为素材的部分元素添加合适的视频效果，使得作品产生更具灵性的视觉效果。例如，使用"CC Snowfall"效果制作出正在下雪的动画效果，模拟下雪的天气，如图 8-1-2 所示。

（a）原图　　　　　　　　　　　（b）效果图

图 8-1-2　"CC Snowfall"效果使用前后对比

3. 添加效果方法

在 After Effects 软件中，为素材添加效果常用的方法有以下 3 种。

方法 1　通过菜单命令。先在"时间轴"面板中单击选中需要使用效果的图层，然后在菜单栏中执行"效果"命令，在打开的下拉菜单中选择所需要的效果，如图 8-1-3 所示。

方法 2　通过右键快捷菜单。在"时间轴"面板中单击选中需要使用效果的图层，并将光标定位在该图层上，右击，在弹出的快捷菜单中执行"效果"命令，在展开的级联菜单中选择所需要的效果，如图 8-1-4 所示。

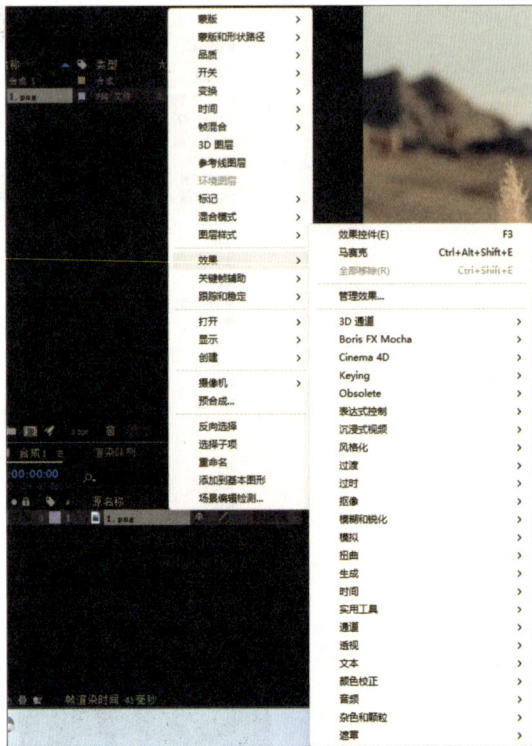

图 8-1-3　"效果"菜单命令　　　图 8-1-4　在"时间轴"面板中右击图层展开的"效果"菜单

方法 3　直接搜索效果。在"效果和预设"面板中搜索所需要的效果，并将其拖到"时间轴"面板中所需要使用效果的图层上，如图 8-1-5 所示。

图 8-1-5　在"效果和预设"面板中直接搜索效果

小贴士

在为素材添加效果、设置关键帧动画或更改属性后都可以使用快捷键快速查看。

在"时间轴"面板中，选中图层，并按 U 键，即可只显示当前图层中"变换"下方的关键帧动画；快速按两次 U 键，即可显示对该图层修改过、添加过的任何参数和关键帧等。

8.2　常见影视特效

在 After Effects 软件中，影视特效是核心功能之一，After Effects 软件的特效库为创作者提供了丰富的创意空间。例如，风格化特效（如阈值、马赛克等）赋予画面独特风格，模拟特效（如焦散、泡沫等）模拟自然现象，扭曲特效（如 CC 平铺、湍流置换等）重塑图像，生成特效（如填充、渐变等）增添色彩与形状。掌握这些特效，将助力创作者将灵感转化为令人瞩目的影视作品。

1."风格化"效果组

"风格化"效果组可以为作品添加特殊效果，使作品的视觉效果更丰富、更真风格，其中包括"阈值""画笔描边""卡通""散布""CC Block Load""CC Burn Film""CC Glass"……"彩色浮雕""马赛克""浮雕""色调分离""动态拼贴""发光""查找边缘""毛边""纹理化""闪光灯"，如图 8-2-1 所示。

阈值
画笔描边
卡通
散布
CC Block Load
CC Burn Film
CC Glass
CC HexTile
CC Kaleida
CC Mr. Smoothie
CC Plastic
CC RepeTile
CC Threshold
CC Threshold RGB
CC Vignette
彩色浮雕
马赛克
浮雕
色调分离
动态拼贴
发光
查找边缘
毛边
纹理化
闪光灯

图 8-2-1　"风格化"效果组

（1）阈值

该效果可以将画面变为高对比度的黑白图像效果。为素材添加该效果的前后对比如图 8-2-2 所示。

（a）原图　　　　　　　　　　　　（b）效果图

图 8-2-2　"阈值"效果使用前后对比

（2）马赛克

该效果可以将图像变为一个个的单色矩形马赛克拼接效果。为素材添加该效果的前后对比如图 8-2-3 所示。

（a）原图 　　　　　　　　　　　　　　　（b）效果图

图 8-2-3　"马赛克"效果使用前后对比

（3）浮雕

该效果可以模拟类似浮雕的凹凸起伏效果。为素材添加该效果的前后对比如图 8-2-4 所示。

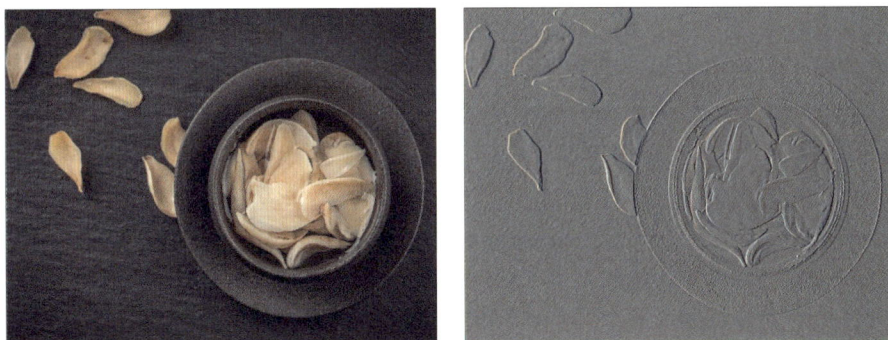

（a）原图 　　　　　　　　　　　　　　　（b）效果图

图 8-2-4　"浮雕"效果使用前后对比

（4）发光

该效果可以找到图像中较亮的部分，并使这些像素的周围变亮，从而产生发光的效果。为素材添加该效果的前后对比如图 8-2-5 所示。

（a）原图 　　　　　　　　　　　　　　　（b）效果图

图 8-2-5　"发光"效果使用前后对比

（5）查找边缘

该效果可以查找图层的边缘，并强调边缘。为素材添加该效果的前后对比如图 8-2-6 所示。

（a）原图　　　　　　　　　　（b）效果图

图 8-2-6　"查找边缘"效果使用前后对比

2. "模拟"效果组

"模拟"效果组可以模拟各种特殊效果，如下雪、下雨、泡沫等，其中包括"焦散""卡片动画""CC Ball Action""CC Bubbles" ……"泡沫""波形环境""碎片""粒子运动场"，如图 8-2-7 所示。

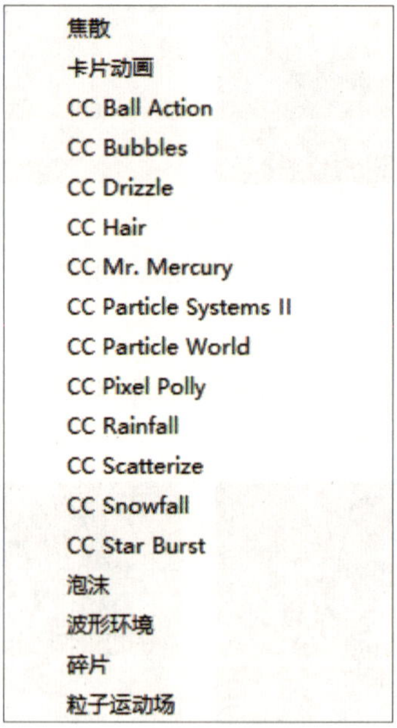

图 8-2-7　"模拟"效果组

（1）焦散

该效果可以模拟水面折射或反射的自然效果。为素材添加该效果的前后对比如图 8-2-8 所示。

（a）原图　　　　　　　　　　　　　（b）效果图

图 8-2-8　"焦散"效果使用前后对比

（2）泡沫

该效果可以模拟流动、黏附和弹出的气泡、水珠效果。为素材添加该效果的前后对比如图 8-2-9 所示。

（a）原图　　　　　　　　　　　　　（b）效果图

图 8-2-9　"泡沫"效果使用前后对比

（3）碎片

该效果可以模拟爆炸粉碎飞散的效果。为素材添加该效果的前后对比如图 8-2-10 所示。

（a）原图　　　　　　　　　　　　　（b）效果图

图 8-2-10　"碎片"效果使用前后对比

3. "扭曲"效果组

"扭曲"效果组可以对图像进行扭曲、旋转等变形操作，以达到特殊的视觉效果，其中包括"球面化""贝塞尔曲线变形""漩涡条纹"……"波形变形""波纹""液化""边角定位"，如图 8-2-11 所示。

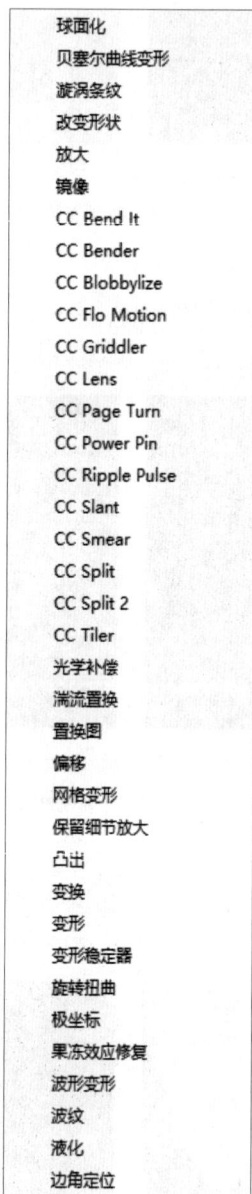

球面化
贝塞尔曲线变形
漩涡条纹
改变形状
放大
镜像
CC Bend It
CC Bender
CC Blobbylize
CC Flo Motion
CC Griddler
CC Lens
CC Page Turn
CC Power Pin
CC Ripple Pulse
CC Slant
CC Smear
CC Split
CC Split 2
CC Tiler
光学补偿
湍流置换
置换图
偏移
网格变形
保留细节放大
凸出
变换
变形
变形稳定器
旋转扭曲
极坐标
果冻效应修复
波形变形
波纹
液化
边角定位

图 8-2-11 "扭曲"效果组

（1）CC Tiler（CC 平铺）

该效果可以使图像产生重复画面的效果。为素材添加该效果的前后对比如图 8-2-12 所示。

（a）原图　　　　　　　　　　　（b）效果图

图 8-2-12　"CC Tiler"效果使用前后对比

（2）湍流置换

该效果可以使用不规则杂色置换图层。为素材添加该效果的前后对比如图 8-2-13 所示。

（a）原图　　　　　　　　　　　（b）效果图

图 8-2-13　"湍流置换"效果使用前后对比

（3）边角定位

该效果可以通过调整图像边角位置，对图像进行拉伸、伸缩、扭曲等变形操作。为素材添加该效果的前后对比如图 8-2-14 所示。

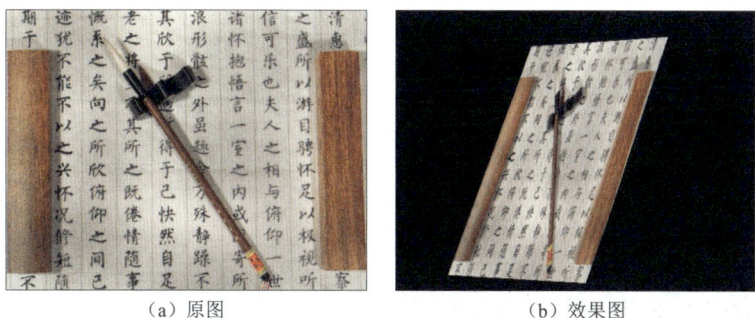

（a）原图　　　　　　　　　　　（b）效果图

图 8-2-14　"边角定位"效果使用前后对比

4. "生成"效果组

"生成"效果组可以使图像生成如闪电、镜头光晕等常见效果，还可以对图像进行颜色填充、渐变填充、滴管填充等，其中包括"分形""圆形""椭圆"……"油漆桶""涂写""音频波形""音频频谱""高级闪电"，如图 8-2-15 所示。

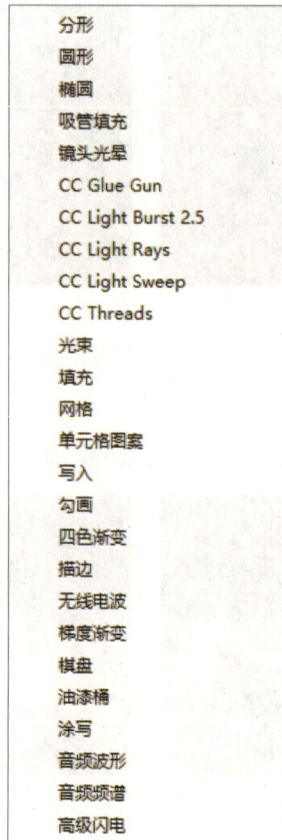

图 8-2-15 "生成"效果组

（1）填充

该效果可以为图像填充指定颜色。为素材添加该效果的前后对比如图 8-2-16 所示。

（a）原图   （b）效果图

图 8-2-16 "填充"效果使用前后对比

（2）四色渐变

该效果可以为图像添加 4 种混合色点的渐变颜色。为素材添加该效果的前后对比如图 8-2-17 所示。

（a）原图　　　　　　　　（b）效果图

图 8-2-17　"四色渐变"效果使用前后对比

（3）描边

该效果可以对蒙版轮廓进行描边。为素材添加该效果的前后对比如图 8-2-18 所示。

（a）原图　　　　　　　　（b）效果图

图 8-2-18　"描边"效果使用前后对比

8.3 工作任务一　"扭曲"特效——制作万花筒动画效果

微课："扭曲"特效——
制作万花筒动画效果

☞ **任务目标**

1. 掌握"CC Flo Motion"（CC 液化流动）特效的使用方法。
2. 掌握关键帧的创建方法。
3. 了解动画的制作流程。

☞ **任务要求**

使用"CC Flo Motion"特效的位置制作万花筒动画效果。其中，部分镜头截图如图 8-3-1 所示。

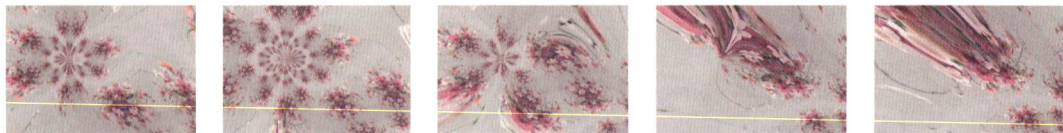

图 8-3-1　部分镜头截图

任务实施

1．新建合成，导入素材

步骤 1　新建合成。执行"合成"→"新建合成"命令，在打开的"合成设置"对话框中设置"合成名称"为"万花筒"，"高度"为"720px"，"宽度"为"480px"，"持续时间"为 5 秒，如图 8-3-2 所示。

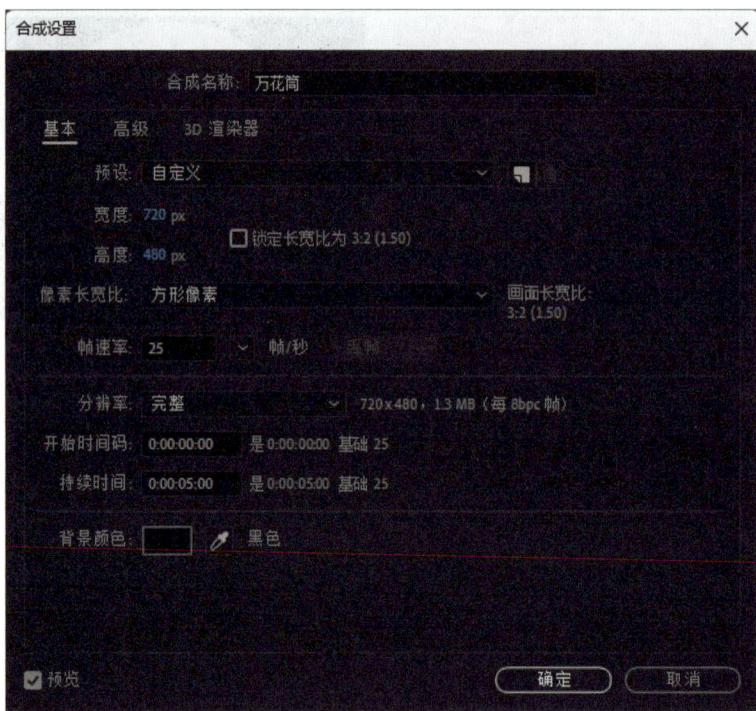

图 8-3-2　"合成设置"对话框

步骤 2　导入素材。双击"项目"面板空白处，打开"导入文件"对话框，导入"万花筒素材.jpg"素材，并将其拖到"时间轴"面板中，如图 8-3-3 所示。

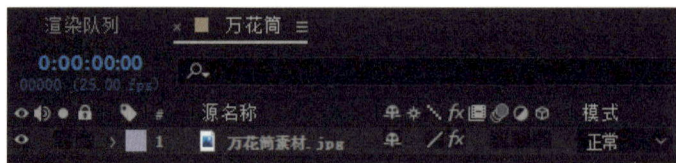

图 8-3-3　将素材拖到"时间轴"面板中

2. 添加"扭曲"特效并设置参数

步骤 1 添加"扭曲"效果。在"时间轴"面板中选中"万花筒素材.jpg"素材，执行"效果"→"扭曲"→"CC Flo Motion"命令，如图 8-3-4 所示。

表达式控制	>	球面化	
沉浸式视频	>	贝塞尔曲线变形	
风格化	>	漩涡条纹	
过渡	>	改变形状	
过时	>	放大	
抠像	>	镜像	
模糊和锐化	>	CC Bend It	
模拟	>	CC Bender	
扭曲	>	CC Blobbylize	
生成	>	CC Flo Motion	
时间	>	CC Griddler	
实用工具	>	CC Lens	
通道	>	CC Page Turn	
透视	>	CC Power Pin	
文本	>	CC Ripple Pulse	
颜色校正	>	CC Slant	
音频	>	CC Smear	
杂色和颗粒	>	CC Split	
遮罩	>	CC Split 2	

图 8-3-4 执行"扭曲"→"CC Flo Motion"命令

步骤 2 设置参数。在"效果控件"面板中，设置"Knot 1"（打结 1）的值为(240.0,200.0)，"Knot 2"（打结 2）的值为(866.0,576.0)，如图 8-3-5 所示。

3. 制作关键帧动画

步骤 1 激活属性，记录动画。将当前时间指示器移至 0 秒处，在"效果控件"面板中，单击"Amount 1"（数量 1）左侧的"时间变化秒表"按钮，激活属性，记录关键帧，设置"Amount 1"的值为"150.0"；单击"Amount 2"（数量 2）左侧的"时间变化秒表"按钮，设置"Amount 2"的值为"300.0"，如图 8-3-6 所示。

图 8-3-5 设置参数

图 8-3-6 设置 0 秒处的关键帧参数

步骤2 添加关键帧。将当前时间指示器移至2 秒处，设置"Amount 1"的值为"247.0"，"Amount 2"的值为"450.0"；将当前时间指示器移至 4 秒处，设置"Amount 1"的值为"0.0"，"Amount 2"的值为"580.0"；将当前时间指示器移至 4 秒 24 帧，设置"Amount 2"的值为"600.0"，如图 8-3-7 所示。

4.　渲染输出

执行"合成"→"添加到渲染队列"命令，打开"渲染队列"面板，设置渲染参数，单击"渲染"按钮，输出视频。

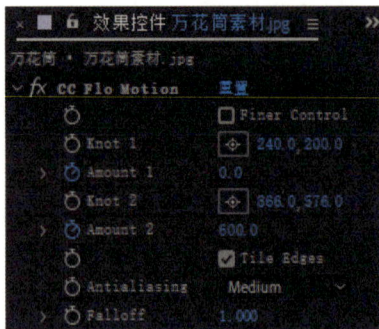

图 8-3-7　设置 4 秒 24 帧处的关键帧参数

8.4 工作任务二　"模拟"特效——制作滚珠成像效果

微课："模拟"特效——
制作滚珠成像效果

☞ **任务目标**

1. 掌握"CC Ball Action"（CC 滚珠操作）特效的使用方法。
2. 掌握关键帧的创建方法。
3. 了解动画的制作流程。

☞ **任务要求**

使用"CC Ball Action"特效制作滚珠成像效果。其中，部分镜头截图如图 8-4-1 所示。

图 8-4-1　部分镜头截图

任务实施

1.　新建合成，导入素材

步骤1 新建合成。执行"合成"→"新建合成"命令，在打开的"合成设置"对话框中设置"合成名称"为"滚珠成像"，"高度"为"720px"，"宽度"为"480px"，"持续时间"为 3 秒，如图 8-4-2 所示。

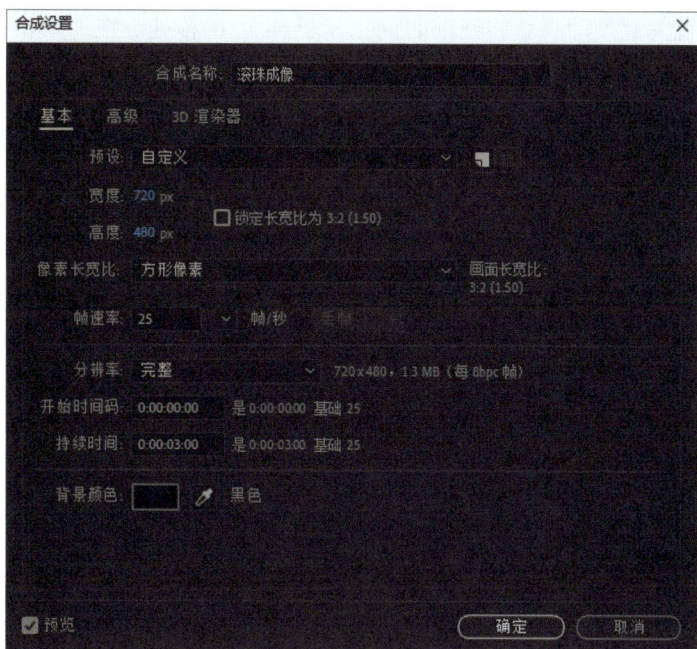

图 8-4-2　"合成设置"对话框

步骤2　导入素材。双击"项目"面板空白处，打开"导入文件"对话框，导入"背景.jpg"素材，并将其拖到"时间轴"面板中，如图 8-4-3 所示。

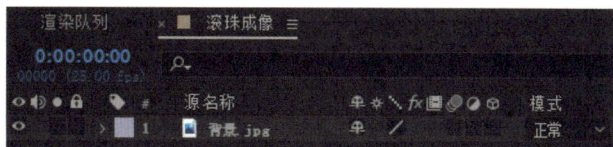

图 8-4-3　将素材拖到"时间轴"面板中

2. 添加"CC Ball Action"特效

步骤1　添加特效。选中"背景.jpg"图层，执行"效果"→"模拟"→"CC Ball Action"命令，如图 8-4-4 所示。

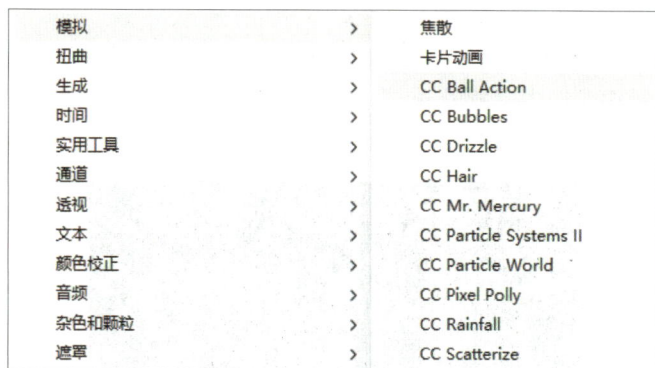

模拟	>	焦散
扭曲	>	卡片动画
生成	>	CC Ball Action
时间	>	CC Bubbles
实用工具	>	CC Drizzle
通道	>	CC Hair
透视	>	CC Mr. Mercury
文本	>	CC Particle Systems II
颜色校正	>	CC Particle World
音频	>	CC Pixel Polly
杂色和颗粒	>	CC Rainfall
遮罩	>	CC Scatterize

图 8-4-4　"模拟"→"CC Ball Action"命令

步骤 2　设置关键帧动画。将当前时间指示器移至 0 秒处，在"效果控件"面板中，设置"Scatter"（分散）的值为"1020.0"，单击"Scatter"左侧的"时间变化秒表"按钮，激活属性，记录动画，设置"Grid Spacing"（网格间距）为"3"，如图 8-4-5 所示；将当前时间指示器移至 1 秒 9 帧，设置"Scatter"的值为"35.0"；将当前时间指示器移至 2 秒 4 帧，设置"Scatter"的值为"0.0"。

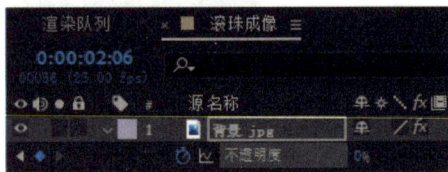

图 8-4-5　设置 0 秒处的关键帧参数

3. 设置"背景.jpg"图层的不透明度动画

步骤 1　激活"不透明度"属性。选中"背景.jpg"图层，按 T 键展开"不透明度"属性，单击"不透明度"属性前的"时间变化秒表"按钮，记录动画，如图 8-4-6 所示。

步骤 2　添加关键帧。将当前时间指示器移至 2 秒 6 帧处，设置"不透明度"为"0%"，如图 8-4-7 所示。

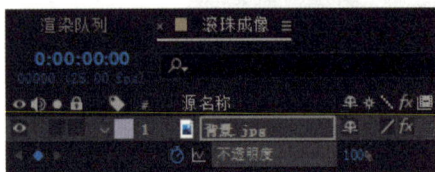

图 8-4-6　激活"不透明度"属性　　　　图 8-4-7　设置 2 秒 6 帧处的关键帧参数

4. 添加背景

在"项目"面板中，选中"背景.jpg"素材，再次将其拖至"时间轴"面板中，置于底层。按 Enter 键，重命名图层为"背景 1"，如图 8-4-8 所示。

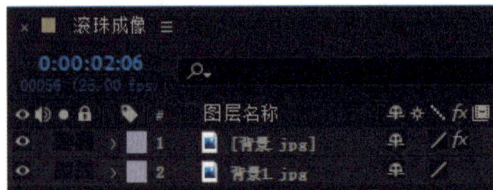

图 8-4-8　添加背景

5. 设置"背景 1.jpg"图层的不透明度动画

步骤 1 激活"不透明度"属性。将当前时间指示器移至 1 秒 24 帧处，选中"背景 1.jpg"图层，按 T 键展开"不透明度"属性，单击"不透明度"属性前的"时间变化秒表"按钮，设置"不透明度"为"0%"，如图 8-4-9 所示。

步骤 2 添加关键帧。将当前时间指示器移至 2 秒 24 帧处，设置"不透明度"为"100%"，如图 8-4-10 所示。

图 8-4-9 设置 1 秒 24 帧处的关键帧参数

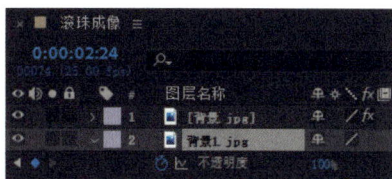

图 8-4-10 设置 2 秒 24 帧处的关键帧参数

6. 渲染输出

执行"合成"→"添加到渲染队列"命令，打开"渲染队列"面板，设置渲染参数，单击"渲染"按钮，输出视频。

8.5 工作任务三 "生成"特效——制作动感声波动画

微课："生成"特效——
制作动感声波动画

☞ **任务目标**

1. 掌握"梯度渐变"特效的使用方法。
2. 掌握"分形杂色"特效的设置方法。
3. 掌握"网格"特效的设置方法。
4. 掌握"勾画"特效的设置方法。

☞ **任务要求**

使用"梯度渐变"和"网格"特效制作绚丽的背景，使用"勾画"特效制作动感声波。其中，部分镜头截图如图 8-5-1 所示。

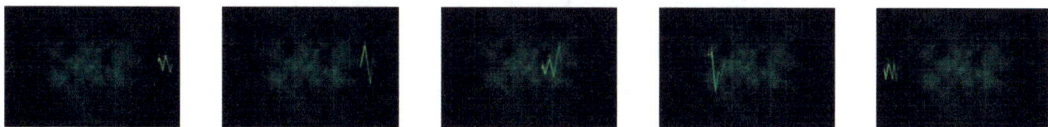

图 8-5-1 部分镜头截图

任务实施

1. 新建合成及纯色层

步骤1 新建合成。执行"合成"→"新建合成"命令，在打开的"合成设置"对话框中设置"合成名称"为"声波"，"预设"为"自定义"，"宽度"为"720px"，"高度"为"480px"，"持续时间"为 6 秒，如图 8-5-2 所示。

图 8-5-2　"合成设置"对话框

步骤2 新建纯色层。执行"图层"→"新建"→"纯色"命令，打开"纯色设置"对话框，设置"名称"为"渐变"，"颜色"为黑色，如图 8-5-3 所示。

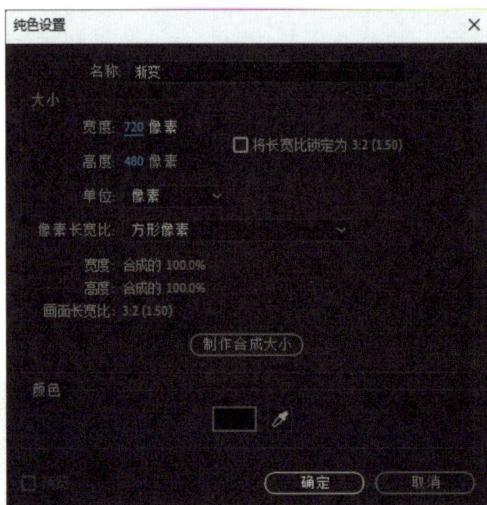

图 8-5-3　"纯色设置"对话框

2. 添加"梯度渐变"特效

步骤 1　添加"梯度渐变"特效。选中"渐变"图层,执行"效果"→"生成"→"梯度渐变"命令。

步骤 2　设置参数。在"效果控件"面板中,设置"渐变起点"为(360.0,240.0),"起始颜色"为绿色(0,153,32),"渐变终点"为(600.0,490.0),"结束颜色"为黑色,在"渐变形状"下拉列表中选择"径向渐变"选项,如图 8-5-4 所示。

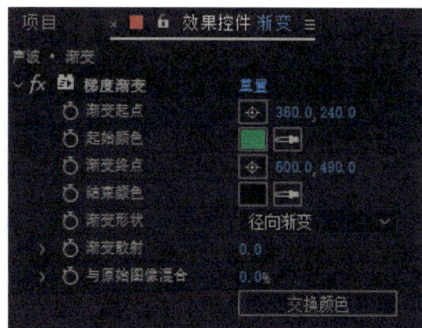

图 8-5-4　参数设置

3. 添加"分形杂色"特效

步骤 1　复制图层。选中"渐变"图层,按 Ctrl+D 组合键,复制一个图层,将新复制的图层重命名为"渐变 2",如图 8-5-5 所示。

步骤 2　添加"分形杂色"特效。选择"渐变 2"图层,执行"效果"→"杂色和颗粒"→"分形杂色"命令,如图 8-5-6 所示。

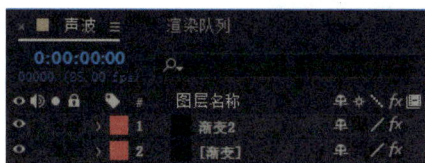

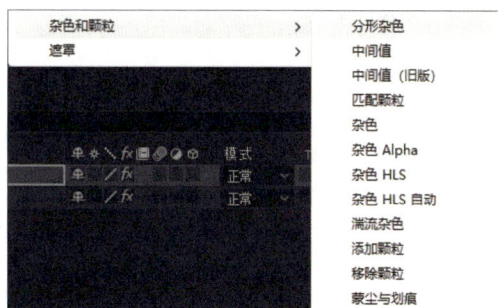

图 8-5-5　复制图层　　　　　　图 8-5-6　"杂色和颗粒"→"分形杂色"命令

步骤 3　设置参数。在"效果控件"面板中,设置"对比度"为"144.0","演化"为"0x+100.0°",如图 8-5-7 所示。

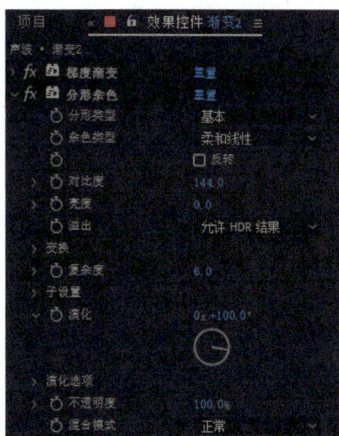

图 8-5-7　"分形杂色"参数设置

步骤 4 设置图层模式。设置"渐变 2"图层的"模式"为"相乘"，如图 8-5-8 所示。

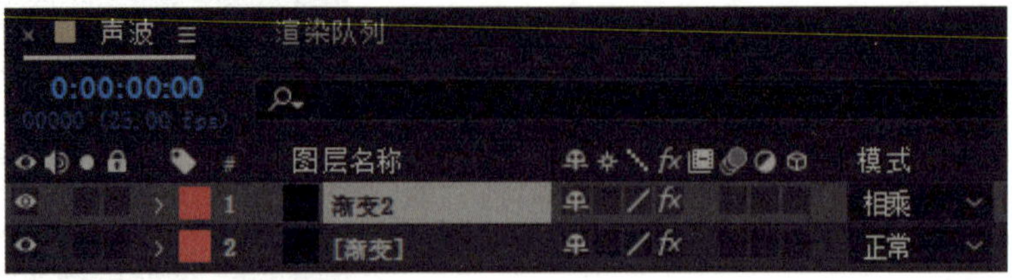

图 8-5-8 设置图层模式

4. 制作网格效果

步骤 1 新建纯色层。执行"图层"→"新建"→"纯色"命令，打开"纯色设置"对话框，设置"名称"为"网格"，"颜色"为黑色。

步骤 2 添加"网格"特效。选择"网格"图层，执行"效果"→"生成"→"网格"命令。

步骤 3 设置参数。在"效果控件"面板中，设置"大小依据"为"宽度和高度滑块"，"边界"为"3.0"，"颜色"为绿色(78,158,12)，"不透明度"为"30.0%"，如图 8-5-9 所示。

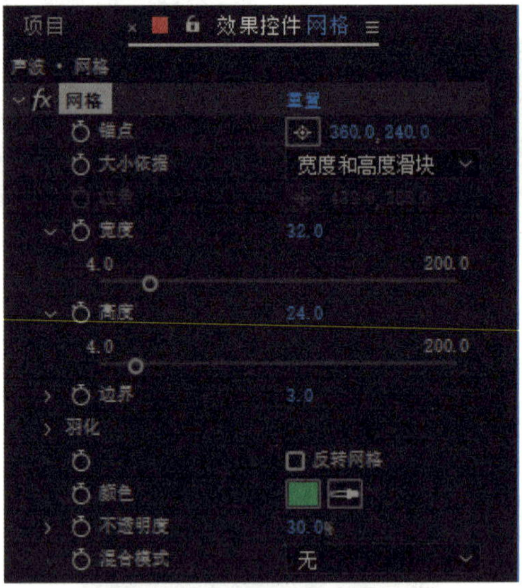

图 8-5-9 "网格"参数设置

5. 制作"描边"动画

步骤 1 新建纯色层。执行"图层"→"新建"→"纯色"命令，打开"纯色设置"对话框，设置"名称"为"描边"，"颜色"为黑色。

步骤 2 绘制路径。单击工具栏中的"钢笔工具"按钮，在"合成"窗口中绘制一个路径，如图 8-5-10 所示。

图 8-5-10　绘制路径

步骤 3　添加"勾画"特效。选中"描边"图层，执行"效果"→"生成"→"勾画"命令。

步骤 4　设置参数。在"效果控件"面板的"描边"下拉列表中选择"蒙版/路径"选项，展开"片段"选项栏，设置"片段"为"1"，"长度"为"0.500"，选中"随机相位"复选框，如图 8-5-11 所示。

步骤 5　展开"正在渲染"选项栏，在"混合模式"下拉列表中选择"透明"选项，设置"颜色"为绿色(161,238,18)，"宽度"为"4.0"，"起始点不透明度"为"0.000"，"中点不透明度"为"−1.000"，"结束点不透明度"为"1.000"，如图 8-5-11 所示。

步骤 6　制作关键帧动画。将当前时间指示器移至 0 秒处，单击"旋转"左侧的"时间变化秒表"按钮，激活属性，记录关键帧；将当前时间指示器移至 5 秒 24 帧处，设置"旋转"为"1x+0.0°"，如图 8-5-12 所示。

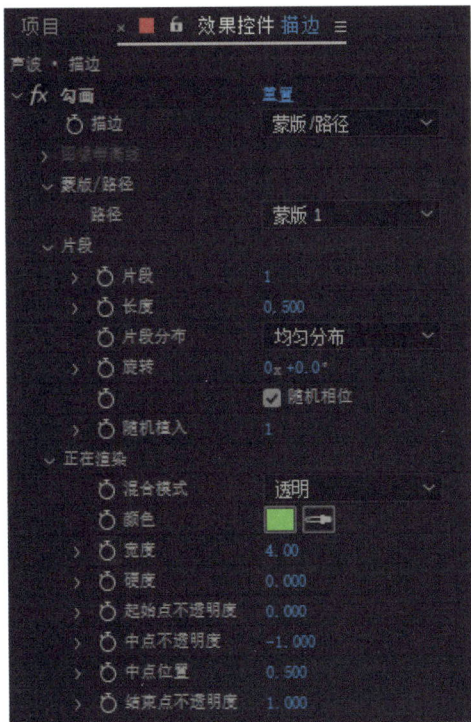

图 8-5-11　"勾画"参数设置

图 8-5-12　设置 5 秒 24 帧处的"旋转"参数

6. 制作倒影

步骤 1 复制图层。在"时间轴"面板中，选中"描边"图层，按 Ctrl+D 组合键复制一个图层，将复制后的图层命名为"描边倒影"，如图 8-5-13 所示。

步骤 2 设置参数。在"时间轴"面板中，选中"描边倒影"图层，按 P 键展开"位置"属性，设置"位置"参数为(360.0,220.0)；按 T 键展开"不透明度"属性，设置"不透明度"为"30%"，如图 8-5-14 所示。

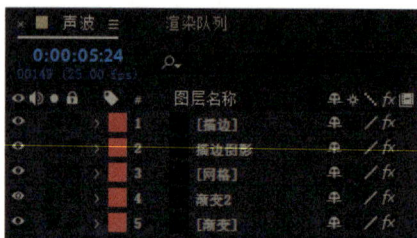

图 8-5-13　复制图层

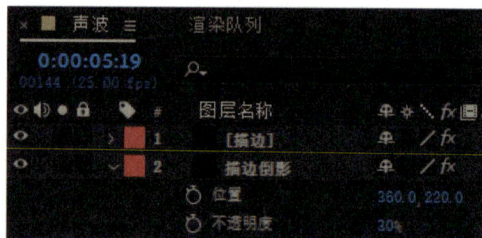

图 8-5-14　设置参数

7. 渲染输出

执行"文件"→"保存"命令，保存文件。执行"合成"→"添加到渲染队列"命令，打开"渲染队列"面板，设置渲染参数，单击"渲染"按钮，输出视频。

8.6　工作任务四　综合应用——制作空间文字动画

微课：综合应用——制作
空间文字动画

☞ **任务目标**

1. 掌握"网格"特效的设置方法。
2. 掌握"父级"属性的设置方法。
3. 掌握"空对象"属性的设置方法。

☞ **任务要求**

使用"网格"特效制作网格，使用"空对象"属性制作动态效果。其中，部分镜头截图如图 8-6-1 所示。

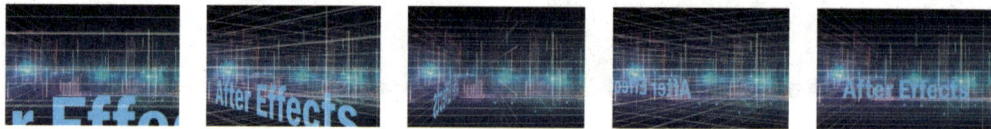

图 8-6-1　部分镜头截图

1. 新建合成

步骤 1 新建合成。执行"合成"→"新建合成"命令，在打开的"合成设置"对话框中设置"合成名称"为"网格"，"宽度"为"1900px"，"高度"为"480px"，"持续时间"为 8 秒，如图 8-6-2 所示。

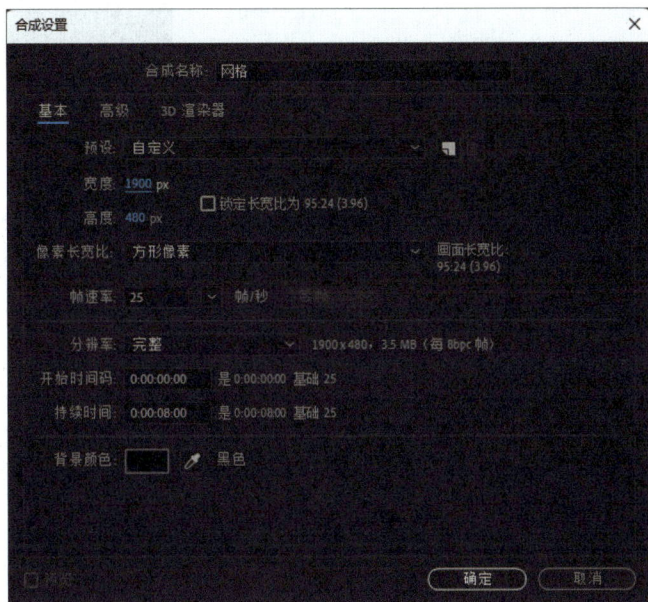

图 8-6-2 "合成设置"对话框

步骤 2 新建纯色层。执行"图层"→"新建"→"纯色"命令，打开"纯色设置"对话框，设置"名称"为"网格"，"颜色"为黑色，如图 8-6-3 所示。

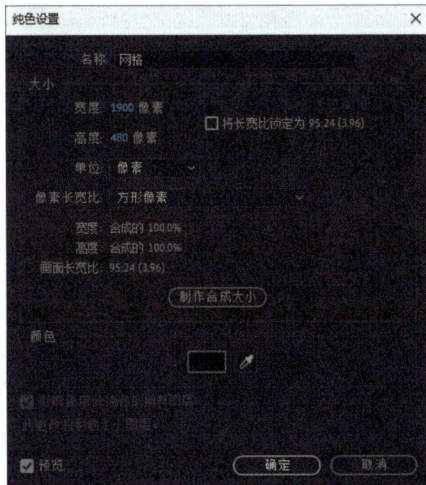

图 8-6-3 "纯色设置"对话框

步骤3 添加"网格"特效。选择"网格"图层，执行"效果"→"生成"→"网格"命令。

步骤4 设置参数。在"效果控件"面板中，设置"锚点"为(0.0,160.0)，"边角"为(1600.0,195.0)，"边界"为"3.0"，"不透明度"为"50.0%"，如图8-6-4所示。

2. 制作网格

步骤1 新建合成。执行"合成"→"新建合成"命令，在打开的"合成设置"对话框中设置"合成名称"为"空间网格"，"宽度"为"720px"，"高度"为"480px"，"持续时间"为8秒，如图8-6-5所示。

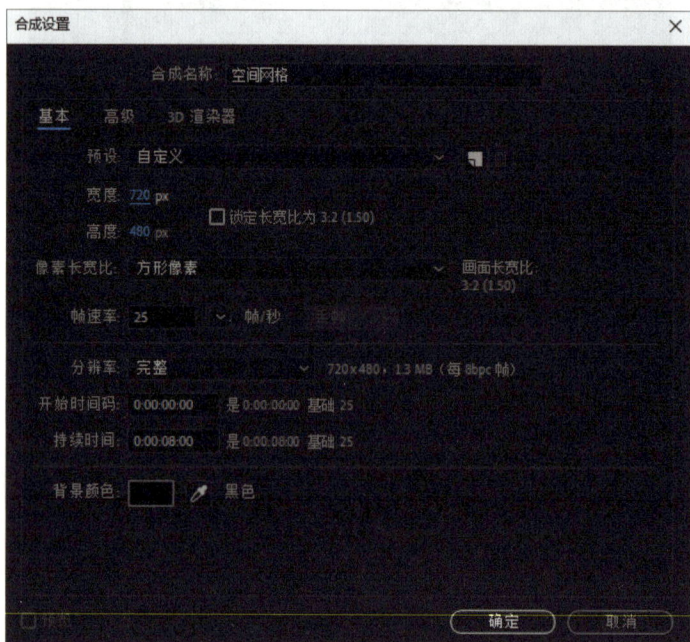

图 8-6-4 "网格"参数设置

图 8-6-5 "合成设置"对话框

步骤2 导入素材。双击"项目"面板空白处，打开"导入文件"对话框，导入"背景.jpg"素材。在"项目"面板中选中"网格"合成和"背景.jpg"素材，将其拖到"空间网格"合成的"时间轴"面板中。

步骤3 转换为三维图层。在"时间轴"面板中，单击"网格"图层的"3D图层"按钮，将其转换为三维图层，如图8-6-6所示。

图 8-6-6 "时间轴"面板

步骤 4　搭建网格。

① 选中"网格"图层,按 P 键展开"位置"属性,设置"位置"参数为(265.0,90.0,0.0);按 Shift+R 组合键展开"旋转"属性,设置"Y 轴旋转"为"0x+90°",如图 8-6-7 所示。

② 在"时间轴"面板中选中"网格"图层,按 Ctrl+D 组合键复制图层,并将复制后的图层重命名为"网格 2",按 P 键展开"位置"属性,设置"位置"参数为(73.0,90.0,0.0),如图 8-6-8 所示。

图 8-6-7　设置"网格"图层的位置和旋转参数　　图 8-6-8　设置"网格 2"图层的位置参数

③ 在"时间轴"面板中选中"网格 2"图层,按 Ctrl+D 组合键复制图层,并将复制后的图层重命名为"网格 3",按 P 键展开"位置"属性,设置"位置"参数为(162.0,90.0,-115.0);按 Shift+R 组合键展开"旋转"属性,设置"Y 轴旋转"的参数为"0x+0.0°",如图 8-6-9 所示。

④ 在"时间轴"面板中选中"网格 3"图层,按 Ctrl+D 组合键复制图层,并将复制后的图层重命名为"网格 4",按 P 键展开"位置"属性,设置"位置"参数为(73.0,90.0,170.0);按 R 键展开"旋转"属性,设置"Y 轴旋转"为"0x+0.0°",如图 8-6-10 所示。

图 8-6-9　设置"网格 3"图层的位置和旋转参数　　图 8-6-10　设置"网格 4"图层的位置和旋转参数

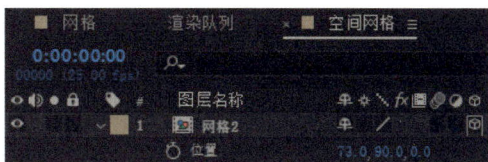

3. 制作文字

步骤 1　新建文字层。单击工具栏中的"横排文字工具"按钮,在"合成"窗口中输入文字"After Effects"。在"文本"面板中设置文字的字体为"Franklin Gothic Demi Cond",字符大小为"118 像素",字体的填充颜色为蓝色(138,206,248),如图 8-6-11 所示。

步骤 2　调整位置。选中文字图层,打开其"3D 图层"开关。按 P 键展开"位置"属性,设置参数为(-138.0,-40.3,0),如图 8-6-12 所示。

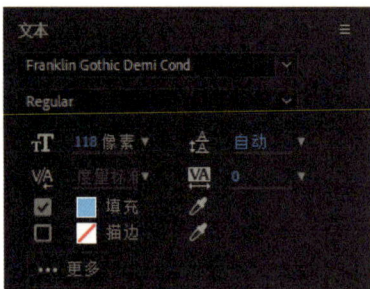

图 8-6-11 "文本"面板

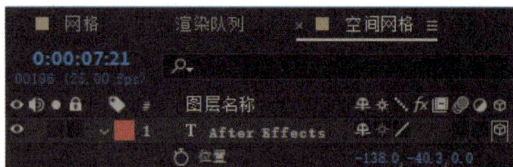

图 8-6-12 调整文字位置

4. 制作动态效果

步骤 1 新建空对象。执行"图层"→"新建"→"空对象"命令，新建"空 1"图层。单击"空 1"图层的"3D 图层"开关，将其转换为三维图层。

步骤 2 设置父级链接。选择"网格"图层、"网格 2"图层、"网格 3"图层、"网格 4"图层和文字图层，在右侧的"父级和链接"属性栏中选择"1.空 1"选项，如图 8-6-13所示。

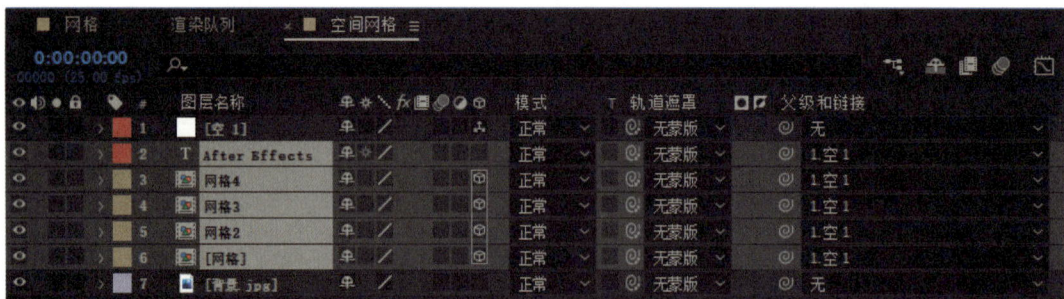

图 8-6-13 设置父级链接

步骤 3 设置关键帧动画。

① 将当前时间指示器移至 0 秒，选中"空 1"图层，按 P 键展开其"位置"属性，设置"位置"参数为(187.0,404.0,-643.0)，单击"位置"左侧的"时间变化秒表"按钮，记录关键帧；按 R 键展开"旋转"属性，单击"Y 轴旋转"左侧的"时间变化秒表"按钮，记录关键帧，如图 8-6-14 所示。

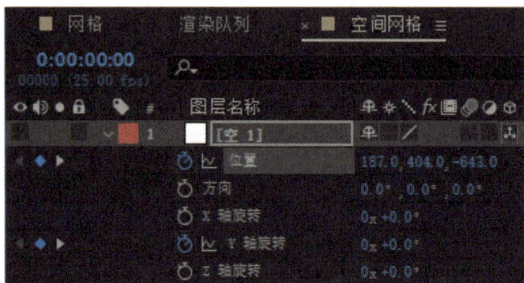

图 8-6-14 0 秒关键帧设置

② 将当前时间指示器移至 1 秒 21 帧，设置"位置"参数为(187.0,404.0,195.0)。

③ 将当前时间指示器移至 5 秒 24 帧，设置"位置"参数为(220.0,404.0,0.0)，设置"Y 轴旋转"参数为"1x+0.0°"，如图 8-6-15 所示。

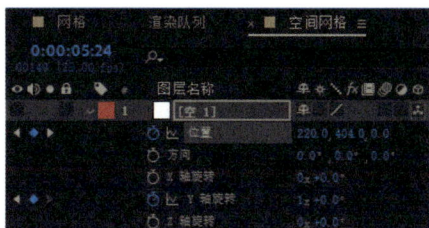

图 8-6-15　5 秒 24 帧关键帧设置

④ 将当前时间指示器移至 7 秒 20 帧，设置"位置"参数为(220.0,404.0,98.0)。单击"空 1"左侧的眼睛按钮，隐藏"空 1"图层。

5. 渲染输出

执行"文件"→"保存"命令，保存文件。执行"合成"→"添加到渲染队列"命令，打开"渲染队列"面板，设置渲染参数，单击"渲染"按钮，输出视频。

8.7 工作任务五　综合应用——制作"法治中国"动画

微课：综合应用——制作
"法治中国"动画

☞ 任务目标

1. 掌握"分形杂色"和"发光"特效的设置方法。
2. 掌握"块溶解"特效的设置方法。
3. 掌握"卡片擦除"特效的设置方法。

☞ 任务要求

使用"分形杂色"和"发光"特效制作立体交叉光线；使用"块溶解"和"卡片擦除"特效制作转场和分屏效果；通过调节摄像机，实现三维空间变化动画。其中，部分镜头截图如图 8-7-1 所示。

图 8-7-1　部分镜头截图

💻 任务实施 ————————————————————————————————————— ■

1. 制作三维线框

步骤1 新建合成。打开 After Effects 软件，执行"合成"→"新建合成"命令，打开"合成设置"对话框，设置"合成名称"为"三维线框"，"宽度"为"720px"，"高度"为"576px"，"持续时间"为5秒，如图8-7-2所示。

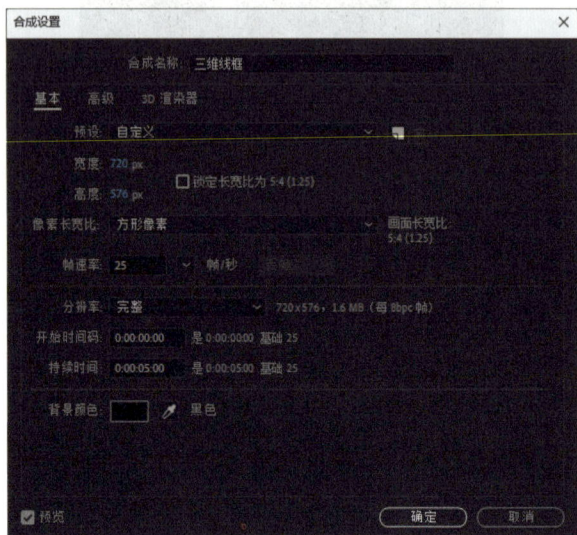

图 8-7-2 "合成设置"对话框

步骤2 新建纯色层。按 Ctrl+Y 组合键，新建一个与合成大小一样的黑色纯色层。

步骤3 添加"分形杂色"效果。执行"效果"→"杂色和颗粒"→"分形杂色"命令，在打开的"效果控件"面板中，展开"变换"属性，取消选中"统一缩放"复选框，设置"缩放宽度"为"10000.0"，"缩放高度"为"5.0"，如图8-7-3所示。

步骤4 创建"演化"关键帧动画。将当前时间指示器移至0秒处，激活"演化"属性前的"时间变化秒表"按钮，记录动画；将当前时间指示器移至末尾，设置其值为"4x+0.0°"，如图8-7-4所示。

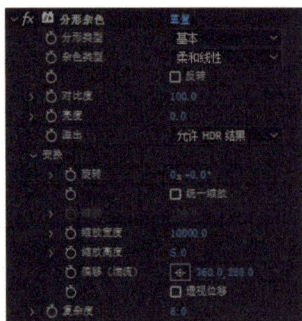

图 8-7-3 "分形杂色"参数设置　　图 8-7-4 4秒24帧处的"演化"关键帧设置

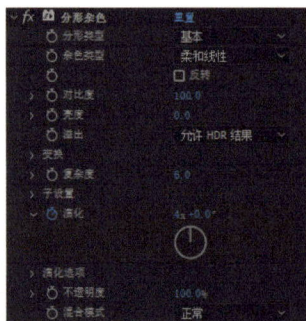

步骤 5　加强对比度。执行"效果"→"颜色校正"→"色阶"命令，设置"输入黑色"为"190.0"，把图像调暗，如图 8-7-5 所示。

步骤 6　添加"发光"特效。执行"效果"→"风格化"→"发光"命令，展开"发光"选项，设置"发光阈值"为"9.0%"，"发光强度"为"3.0"，"发光颜色"为"A 和 B 颜色"，"颜色 A"为 RGB(0,255,255)，"颜色 B"为 RGB(0,12,255)，如图 8-7-6 所示。

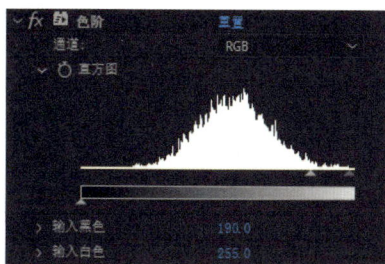

图 8-7-5　"色阶"参数设置

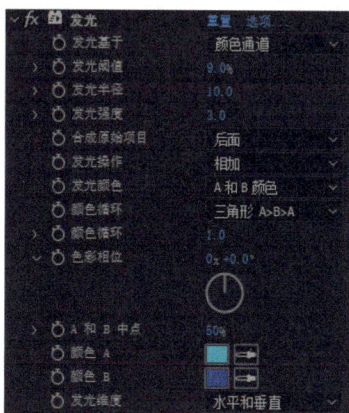

图 8-7-6　"发光"参数设置

步骤 7　复制图层。选中黑色纯色层，打开其"3D 图层"开关，按 Ctrl+D 组合键 5 次，复制出 5 个图层，分别命名为"线框 1"～"线框 6"，设置 6 个图层的混合模式为"相加"，如图 8-7-7 所示。

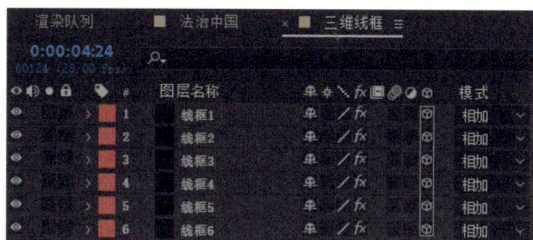

图 8-7-7　复制图层

步骤 8　搭建三维网格。

① 选中"线框 1"图层，按 P 键展开其"位置"属性，按 Shift+R 组合键展开旋转属性，设置位置参数为(360.0,80.0,0.0)，"X 轴旋转"为"0x+90.0°"，如图 8-7-8 所示。

② 选中"线框 2"图层，按 P 键展开其"位置"属性，设置位置参数为(347.0,319.0,279.0)，如图 8-7-9 所示。

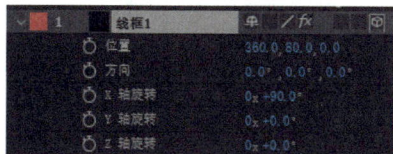

图 8-7-8　"线框 1"位置和旋转参数设置

图 8-7-9　"线框 2"位置参数设置

③ 选中"线框 3"图层，按 P 键展开其"位置"属性，按 Shift+R 组合键展开旋转属性，设置位置参数为(626.0,288.0,8.0)，"Y 轴旋转"为"0x+90.0°"，如图 8-7-10 所示。

④ 选中"线框 4"图层，按 P 键展开其"位置"属性，按 Shift+R 组合键展开旋转属性，设置位置参数为(626.0,288.0,−218.0)，"Z 轴旋转"为"0x+90.0°"，如图 8-7-11 所示。

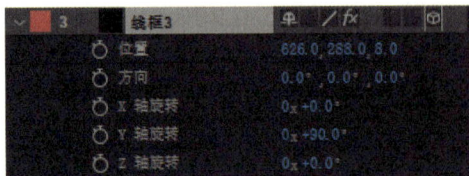

| 图 8-7-10 "线框 3"位置和旋转参数设置 | 图 8-7-11 "线框 4"位置和旋转参数设置 |

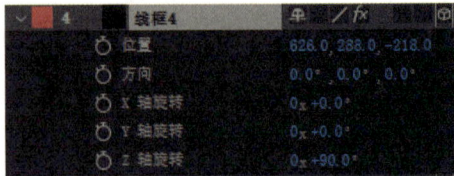

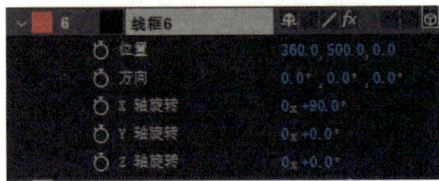

⑤ 选中"线框 5"图层，按 P 键展开其"位置"属性，按 Shift+R 组合键展开旋转属性，设置位置参数为(82.0,288.0,104.0)，"Y 轴旋转"为"0x+90.0°"，如图 8-7-12 所示。

⑥ 选中"线框 6"图层，按 P 键展开其"位置"属性，按 Shift+R 组合键展开旋转属性，设置位置参数为(360.0,500.0,0.0)，"X 轴旋转"为"0x+90.0°"，如图 8-7-13 所示。

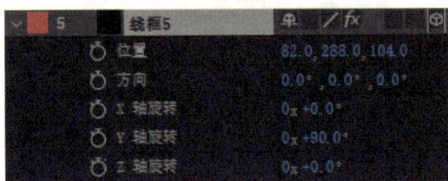

| 图 8-7-12 "线框 5"位置和旋转参数设置 | 图 8-7-13 "线框 6"位置和旋转参数设置 |

2. 创建摄像机动画

步骤 1 创建摄像机图层。执行"图层"→"新建"→"摄像机"命令，在打开的"摄像机设置"对话框中，设置左侧的"焦距"为"41.67 毫米"，如图 8-7-14 所示。

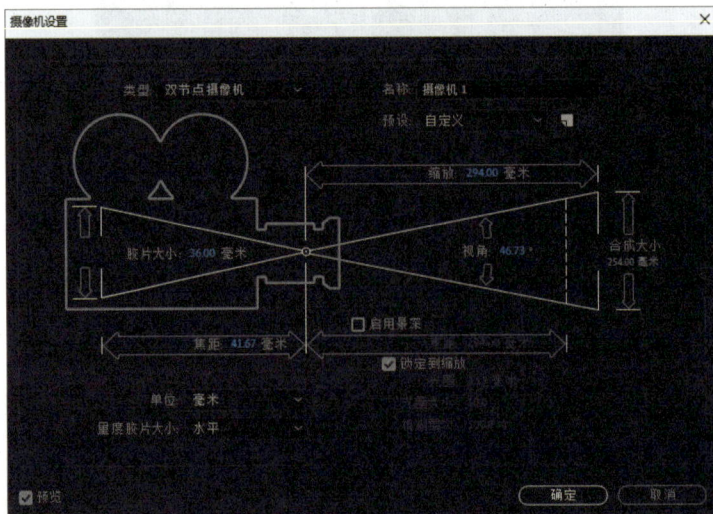

图 8-7-14 "摄像机设置"对话框

步骤 2　制作摄像机关键帧动画。选中"摄像机 1"图层，按 P 键展开其"位置"属性。将当前时间指示器移至 3 秒处，单击"时间变化秒表"按钮，记录动画，设置其值为(360.0, 288.0,−833.0)；将当前时间指示器移至 0 秒处，设置其值为(1120.0,288.0,0.0)，如图 8-7-15 所示，使摄像机产生一个从右边转动拍摄至正面的运动。

图 8-7-15　0 秒处的"摄像机 1"图层"位置"属性

3. 新建"法治中国"合成

步骤 1　新建合成。按 Ctrl+N 组合键，新建一个"法治中国"合成，其他设置同前。

步骤 2　导入素材。双击"项目"面板中的空白处，导入"1.jpg""2.jpg"两个素材文件，并将图片素材拖至"时间轴"面板。按 S 键展开其"缩放"属性，设置参数为 30%，如图 8-7-16 所示。

4. 制作过渡动画

选中"1.jpg"图层，执行"效果"→"过渡"→"块溶解"命令，展开"块溶解"选项，设置"块宽度"为"102.3"，"块高度"为"82.0"，取消选中"柔化边缘（最佳品质）"复选框，将当前时间指示器移至 3 秒处，激活"过渡完成"属性前的"时间变化秒表"按钮，记录动画，设置其为 0；将当前时间指示器移至 4 秒处，设置其为 100%，如图 8-7-17 所示。

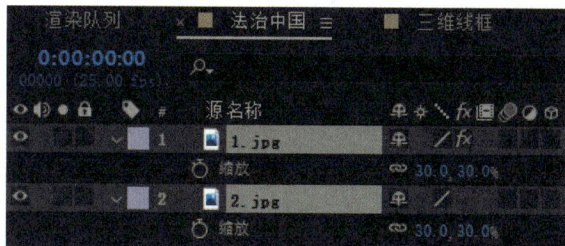

图 8-7-16　"缩放"参数设置

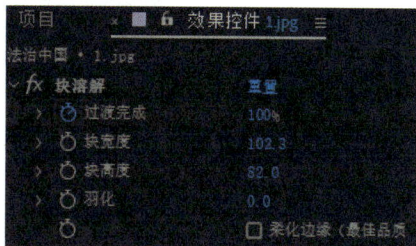

图 8-7-17　4 秒处的"块溶解"参数设置

5. 添加"卡片擦除"特效

步骤 1　添加合成。回到"三维线框"合成，将"法治中国"合成拖入"时间轴"面板中。

步骤 2　添加"卡片擦除"特效。选中"法治中国"合成图层，执行"效果"→"过渡"→"卡片擦除"命令，展开"卡片擦除"选项，设置"过渡完成"为"100%"，"过渡宽度"为"100%"，"背景图层"为"1.法治中国"，"行数"为"7"，"列数"为"7"，"摄像机系统"为"合成摄像机"，如图 8-7-18 所示。

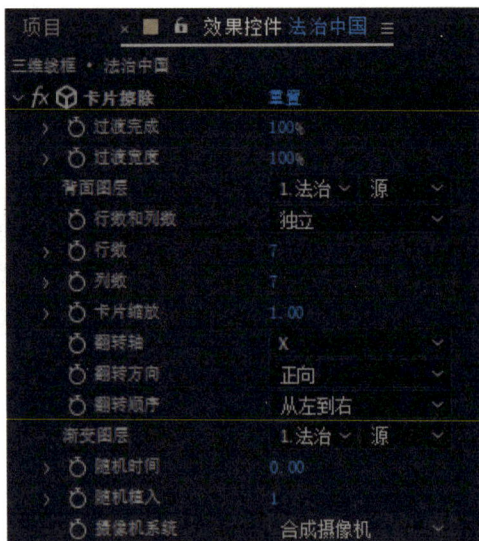

图 8-7-18 "卡片擦除"参数设置

步骤 3 制作画面抖动动画。将当前时间指示器移至 0 秒处，展开"位置抖动"选项，激活"Z 抖动量"属性前的"时间变化秒表"按钮，记录动画，设置其值为"20.00"；将当前时间指示器移至 4 秒 15 帧，设置其值为"0.00"；设置"Z 抖动速度"为"0.00"，如图 8-7-19 所示。

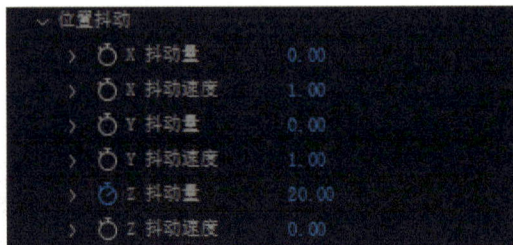

图 8-7-19 0 秒处的"卡片擦除"参数设置

6. 渲染输出

执行"合成"→"添加到渲染队列"命令，打开"渲染队列"面板，设置渲染参数，单击"渲染"按钮，输出视频。

📘 **拓展训练** ——— ■

利用"粒子运动场"和"音频波形"特效，制作一个音符随音乐跳动弹出的动画效果，创作一段"七彩快乐音符"视频。

项目 9

AIGC 辅助视频创作

▎内容导读

在数字化快速发展的当今，影视后期领域不断涌现出各种新技术，AIGC（artificial intelligence generated content，人工智能生成内容）辅助视频生成工具应运而生。无论是对专业的影视制作公司，还是广大的自媒体创作者、动画爱好者来说，AIGC 辅助视频生成工具都提供了前所未有的便利。它的出现大大降低了视频制作的门槛，让更多人有机会参与到视频创作中来。

▎学习目标

知识目标

1. 了解 AI 视频生成的概念和发展背景。
2. 了解 AI 视频生成工具在视频创作中的应用前景。
3. 了解常用的 AI 视频创作工具。

能力目标

1. 能够利用 AI 视频生成工具独立完成视频创作的各个环节。
2. 能够利用 AI 视频生成工具提高视频创作的效率和质量，缩短制作周期。

素养目标

1. 通过 AIGC 技术的辅助，激发创新思维，制作出更具创造性和吸引力的视频作品。
2. 针对 AI 视频工具在视频创作中遇到的问题，提出解决方案，培养问题解决能力。
3. 了解 AIGC 技术涉及的道德伦理和法律问题，树立正确的职业道德观和法律意识。

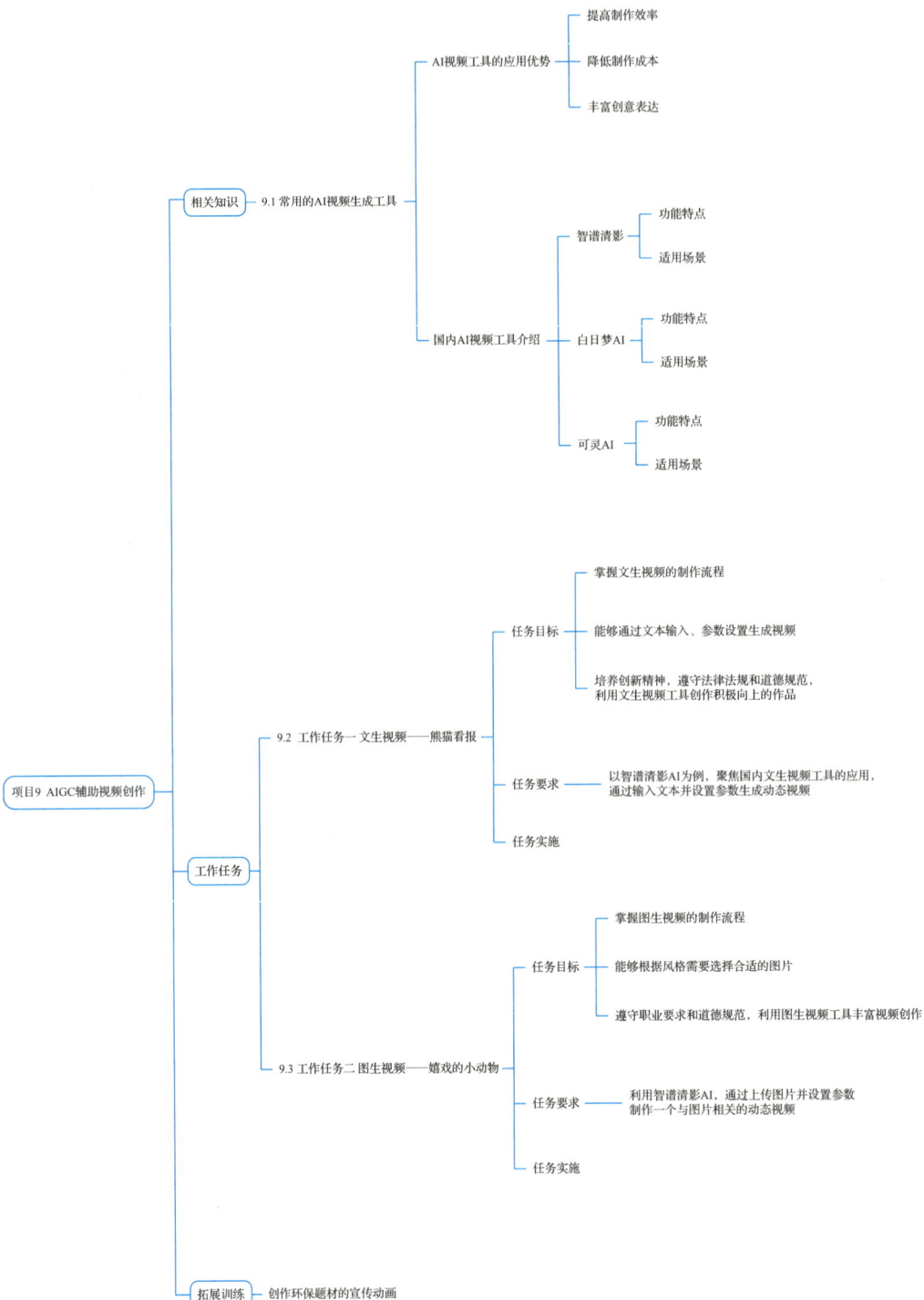

┃思维导图

```
项目9 AIGC辅助视频创作
├─ 相关知识 ── 9.1 常用的AI视频生成工具
│                ├─ AI视频工具的应用优势
│                │     ├─ 提高制作效率
│                │     ├─ 降低制作成本
│                │     └─ 丰富创意表达
│                └─ 国内AI视频工具介绍
│                      ├─ 智谱清影 ── 功能特点 / 适用场景
│                      ├─ 白日梦AI ── 功能特点 / 适用场景
│                      └─ 可灵AI ── 功能特点 / 适用场景
├─ 工作任务
│     ├─ 9.2 工作任务一 文生视频——熊猫看报
│     │      ├─ 任务目标
│     │      │     ├─ 掌握文生视频的制作流程
│     │      │     ├─ 能够通过文本输入、参数设置生成视频
│     │      │     └─ 培养创新精神，遵守法律法规和道德规范，
│     │      │        利用文生视频工具创作积极向上的作品
│     │      ├─ 任务要求 ── 以智谱清影AI为例，聚焦国内文生视频工具的应用，
│     │      │             通过输入文本并设置参数生成动态视频
│     │      └─ 任务实施
│     └─ 9.3 工作任务二 图生视频——嬉戏的小动物
│            ├─ 任务目标
│            │     ├─ 掌握图生视频的制作流程
│            │     ├─ 能够根据风格需要选择合适的图片
│            │     └─ 遵守职业要求和道德规范，利用图生视频工具丰富视频创作
│            ├─ 任务要求 ── 利用智谱清影AI，通过上传图片并设置参数
│            │             制作一个与图片相关的动态视频
│            └─ 任务实施
└─ 拓展训练 ── 创作环保题材的宣传动画
```

9.1 常用的AI视频生成工具

AI 视频生成是一种利用人工智能算法和技术生成新视频内容的过程。它的发展是多方面因素共同作用的结果。随着人工智能技术的崛起，自然语言处理能力得到了极大提升。计算机能够更好地理解文本语言，并将其转化为可视化的视频内容。

在国内，互联网内容的快速增长对视频创作的需求也在不断增加。从短视频平台上的各种趣味动画到电商平台的商品展示动画，传统的视频制作方式已经难以满足如此大规模的需求，AIGC 技术的出现为视频制作带来了高效、便捷的新途径。各种 AI 视频工具如图 9-1-1 所示。

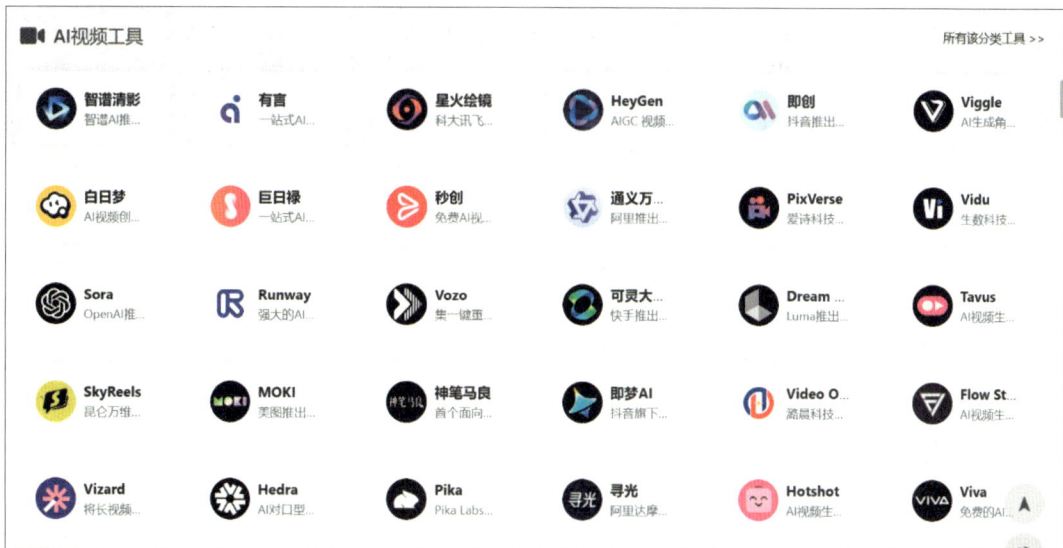

图 9-1-1　AI 视频工具

1. AI 视频工具的应用优势

相比于传统的影视后期视频制作工具，AI 视频工具有以下优势：

1）提高制作效率。使用 AI 视频工具可以快速生成视频框架，大大缩短前期制作的时间。

2）降低制作成本。AI 视频工具的出现，使得非专业人员也能制作出质量较高的视频，这不仅降低了人力成本，同时也减少了对专业视频制作软件和硬件设备的依赖，从而进一步降低了制作成本。

3）丰富创意表达。这些工具提供了丰富的素材库和多样的功能，创作者可以通过文本输入尝试各种不同的创意想法。

2. 国内 AI 视频工具介绍

（1）智谱清影

智谱清影界面如图 9-1-2 所示。

图 9-1-2　智谱清影界面

1）功能特点：智谱清影是智谱 AI 推出的 AI 视频生成工具，用户通过输入文本或上传图片，在 30 秒内即可生成 10 秒、4K、60 帧视频。它支持多种风格和背景音乐。

2）适用场景：适用于个人创作和专业制作，广泛应用于内容创作、广告营销、教育、影视制作和艺术设计等领域。

知识窗

智谱清影 AI

智谱是由清华大学计算机系技术成果转化而来的公司，致力于打造新一代认知智能通用模型。智谱清影 AI 是基于智谱最新的生成模型和音效模型开发的，为用户带来前所未有的 AI 视频创作体验。

智谱清影 AI 支持文本生成视频、图片生成视频，具有强大的指令跟随能力和高效的视频理解模型，能够为海量的视频数据生成详细的、贴合内容的描述。此外，智谱清影 AI 还支持 4K、60 帧的超高清视频生成，并可以生成与画面匹配的音效，进一步提升用户的创作体验。

（2）白日梦 AI

白日梦 AI 界面如图 9-1-3 所示。

图 9-1-3　白日梦 AI 界面

1）功能特点：支持用户通过输入文本内容快速生成最长 6 分钟的视频，具备文本到视频的智能转换、丰富的角色库、自动化分镜设计等功能。

2）适用场景：适用于智能角色和场景生成，能根据文本描述自动创建或选择相应的角色和场景，实现自动化分镜和镜头切换。

知识窗

白日梦 AI

白日梦 AI 是由光魔科技推出的一个 AI 视频创作平台，通过自然语言处理技术，支持用户输入文本内容后快速生成视频。该平台支持文生视频、动态画面、AI 角色生成等功能，并能保持人物和场景的一致性。白日梦 AI 有助于创作儿童绘本和连环画，提供简单易用的创作工具，让创意快速转化为可视化的视频内容。

（3）可灵 AI

可灵 AI 界面如图 9-1-4 所示。

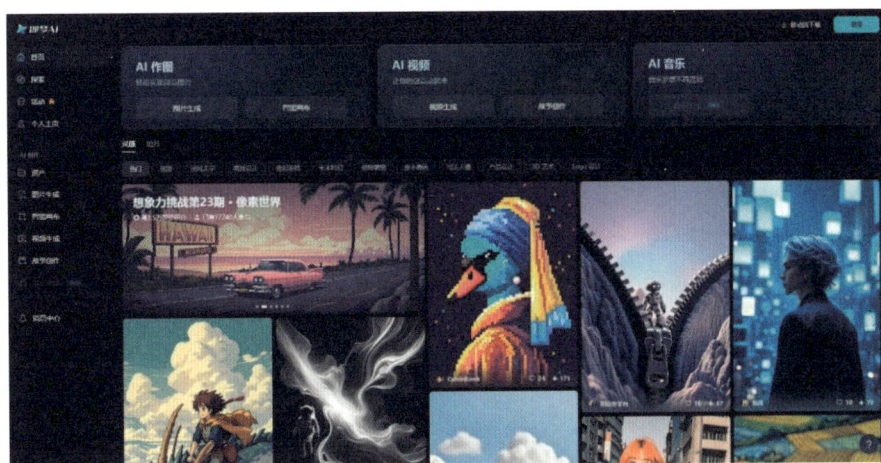

图 9-1-4　可灵 AI

图 9-1-4（续）

1）功能特点：能根据用户的文本描述生成高质量的视频内容；引入了"运动笔刷"功能；基于自研模型架构，能模拟真实世界的物理特性。

2）适用场景：适合创意爱好者、设计师、内容创作者等使用，可满足不同场景的需求。

知识窗

可灵 AI

可灵（Kling）AI 是快手推出的 AI 视频生成大模型，具备强大的视频创作能力，能够生成符合物理规律的大幅度运动视频，模拟真实世界的特性。可灵支持生成长达 2 分钟、1080px 分辨率的高清视频，并具有自由调整宽高比的功能。此外，该 AI 视频工具还结合了 3D 人脸和人体重建技术，可实现表情和肢体的全驱动，用户只需提供一张全身照，即可体验生动的 AI 唱跳功能。

9.2 工作任务一　文生视频——熊猫看报

微课：文生视频——
熊猫看报

☞ 任务目标

1. 掌握文生视频的制作流程。

2. 能够通过文本输入、参数设置生成视频。

3. 培养创新精神，遵守法律法规和道德规范，利用文生视频工具创作积极向上的作品。

☞ 任务要求

以智谱清影 AI 为例，聚焦国内文生视频工具的应用，通过输入文本并设置参数生成动态视频，如图 9-2-1 所示。

图 9-2-1　文生视频效果

任务实施

1. 进入创作界面

打开智谱清言官网（https://chatglm.cn/），单击"清影-AI 生视频"按钮，即可进入清影 AI 创作界面，如图 9-2-2 所示。

图 9-2-2　清影——AI 生视频创作界面

2. 输入文本

单击界面右侧的"文生视频"按钮，根据需要在"灵感描述"文本栏中输入文本。例如，输入角色和场景"一只熊猫坐在椅子上看报纸，背景是复古书房"，如图 9-2-3 所示。

3．设置视频基础参数

选择视频生成模式、视频帧率及视频比例，如图 9-2-4 所示。

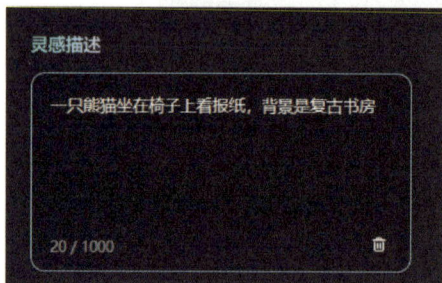

图 9-2-3　灵感描述

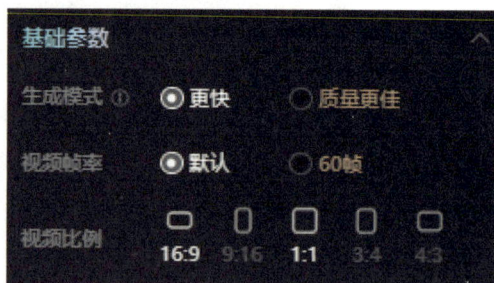

图 9-2-4　设置基础参数

4．设置视频进阶参数

根据需要选择视频风格、情感氛围及运镜方式，如图 9-2-5 所示。

1）视频风格：主要有卡通 3D、黑白老照片、油画等，如图 9-2-6 所示。

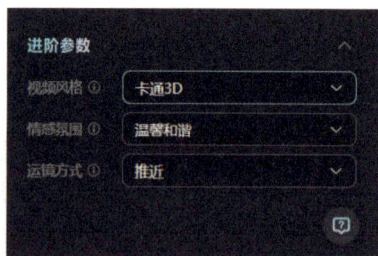

图 9-2-5　设置进阶参数

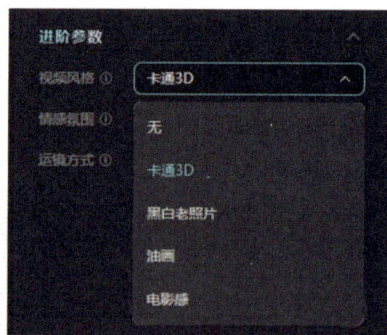

图 9-2-6　视频风格

2）情感氛围：主要依据场景效果选择，如图 9-2-7 所示。

3）运镜方式：包括水平、垂直、推近和拉远，如图 9-2-8 所示。

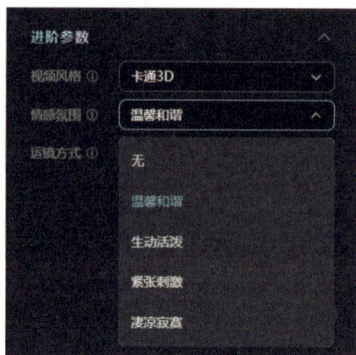

图 9-2-7　情感氛围

图 9-2-8　运镜方式

4）AI 音效：提供 AI 音效匹配视频场景，如图 9-2-9 所示。

图 9-2-9　AI 音效

5. 生成视频，下载导出

单击"生成视频"按钮，即可生成视频，如图 9-2-1 所示。查看视频制作效果。单击"下载"按钮，即可导出视频动画。

9.3 工作任务二　图生视频——嬉戏的小动物

微课：图生视频——
嬉戏的小动物

☞ **任务目标**

1. 掌握图生视频的制作流程。
2. 能够根据风格需要选择合适的图片。
3. 遵守职业要求和道德规范，利用图生视频工具丰富视频创作。

☞ **任务要求**

利用智谱清影 AI，通过上传图片并设置参数制作一个与图片相关的动态视频，如图 9-3-1 所示。

图 9-3-1　图生视频效果

任务实施

1. 上传图片

单击"清影-AI 生视频"按钮，进入清影 AI 创作界面。单击界面右侧的"图生视频"按钮，上传图片，如图 9-3-2 所示。

2. 输入文本（可选）

可以选择在"灵感描述"文本栏中输入文本。

3. 设置参数与特效

根据需要设置视频特效、基础参数及 AI 音效，如图 9-3-3 所示。

图 9-3-2　上传图片　　　　　　图 9-3-3　设置参数与特效

4. 生成视频，下载导出

单击"生成视频"按钮，即可生成视频。查看视频制作效果。单击"下载"按钮，即可导出视频动画，如图 9-3-4 所示。

图 9-3-4　图生视频效果

拓展训练

利用国内其他 AI 视频工具，创作环保题材的宣传动画。

10 项目

综合实训

▌内容导读

随着影视行业的蓬勃兴起，后期制作在塑造影视作品魅力方面的作用愈发显著。本项目通过"珍惜水资源"公益广告和《走进科学》栏目片头的设计与制作，深入探索 After Effects 软件的全面功能与高效操作技巧，以及影视后期制作的核心流程与高效方法。

▌学习目标

知识目标

1. 了解公益广告与栏目片头的特点与功能。
2. 系统学习 After Effects 软件的核心功能与操作技巧，涵盖项目创建、素材管理、合成编辑等基础知识。
3. 深入理解视频合成、特效制作、动画设计的方法。
4. 通过项目实践，熟悉影视后期制作的整体流程。

能力目标

1. 熟练运用 After Effects 软件，独立完成影视作品的特效制作与合成工作，提升实际操作能力。
2. 能够根据项目需求进行创意设计。
3. 能够灵活运用所学技能解决实际问题，提升问题解决与创新思维。

素养目标

1. 培养深耕细作、精益求精、专注执着的职业素养。
2. 追求逐本求源的科学精神。
3. 强化质量意识，注重精益求精的大国工匠精神。

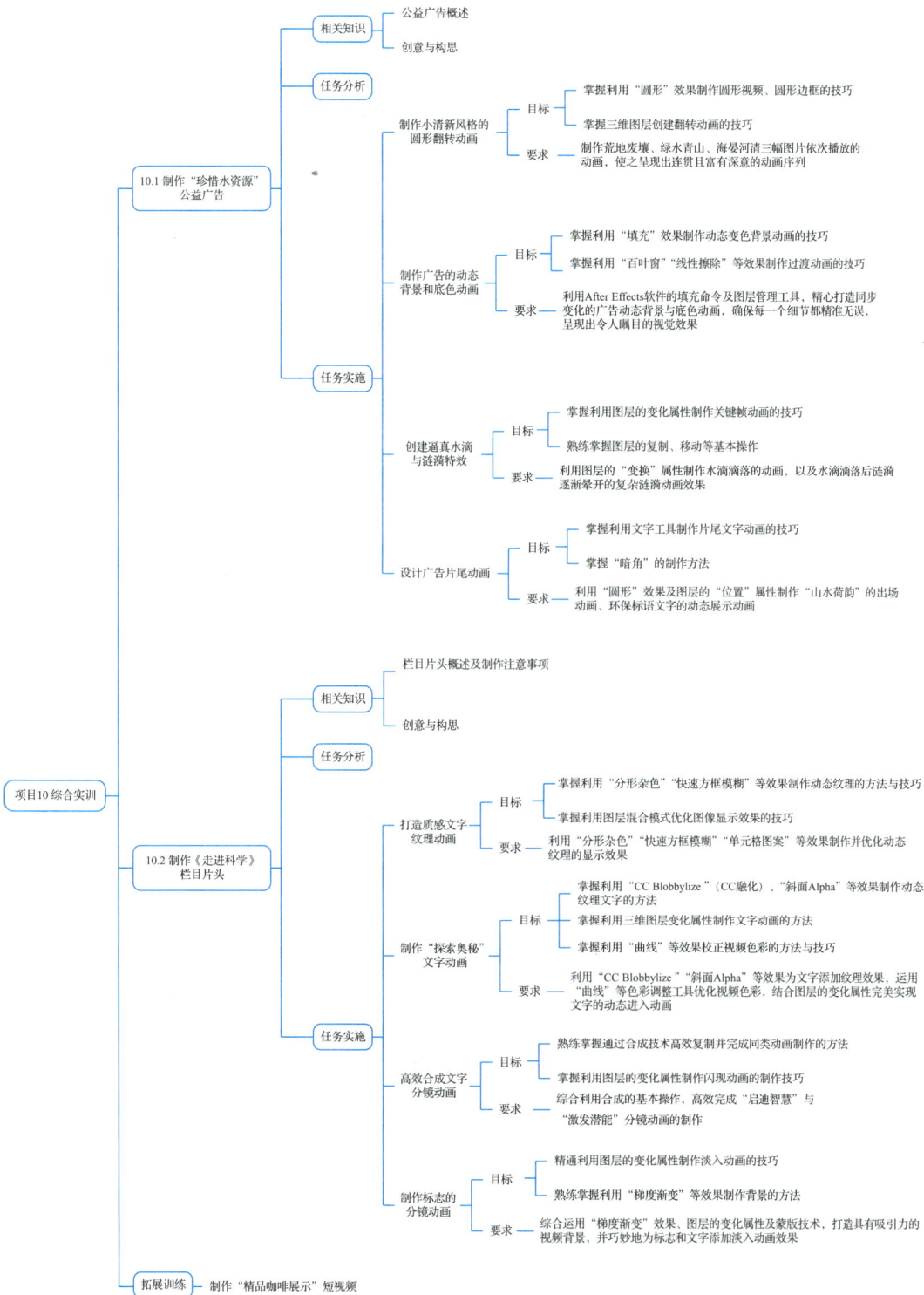

思维导图

项目10综合实训
├─ 10.1 制作"珍惜水资源"公益广告
│　　├─ 相关知识
│　　│　　├─ 公益广告概述
│　　│　　└─ 创意与构思
│　　├─ 任务分析
│　　└─ 任务实施
│　　　　├─ 制作小清新风格的圆形翻转动画
│　　　　│　　├─ 目标
│　　　　│　　│　　├─ 掌握利用"圆形"效果制作圆形视频、圆形边框的技巧
│　　　　│　　│　　└─ 掌握三维图层创建翻转动画的技巧
│　　　　│　　└─ 要求 — 制作荒地废墟、绿水青山、海晏河清三幅图片依次播放的动画，使之呈现出连贯且富有深意的动画序列
│　　　　├─ 制作广告的动态背景和底色动画
│　　　　│　　├─ 目标
│　　　　│　　│　　├─ 掌握利用"填充"效果制作动态变色背景动画的技巧
│　　　　│　　│　　└─ 掌握利用"百叶窗""线性擦除"等效果制作过渡动画的技巧
│　　　　│　　└─ 要求 — 利用After Effects软件的填充命令及图层管理工具，精心打造同步变化的广告动态背景与底色动画，确保每一个细节都精准无误，呈现出令人瞩目的视觉效果
│　　　　├─ 创建逼真水滴与涟漪特效
│　　　　│　　├─ 目标
│　　　　│　　│　　├─ 掌握利用图层的变化属性制作关键帧动画的技巧
│　　　　│　　│　　└─ 熟练掌握图层的复制、移动等基本操作
│　　　　│　　└─ 要求 — 利用图层的"变换"属性制作水滴滴落的动画，以及水滴滴落后涟漪逐渐晕开的复杂涟漪动画效果
│　　　　└─ 设计广告片尾动画
│　　　　　　├─ 目标
│　　　　　　│　　├─ 掌握利用文字工具制作片尾文字动画的技巧
│　　　　　　│　　└─ 掌握"暗角"的制作方法
│　　　　　　└─ 要求 — 利用"圆形"效果及图层的"位置"属性制作"山水荷韵"的出场动画、环保标语文字的动态展示动画
├─ 10.2 制作《走进科学》栏目片头
│　　├─ 相关知识
│　　│　　├─ 栏目片头概述及制作注意事项
│　　│　　└─ 创意与构思
│　　├─ 任务分析
│　　└─ 任务实施
│　　　　├─ 打造质感文字纹理动画
│　　　　│　　├─ 目标
│　　　　│　　│　　├─ 掌握利用"分形杂色""快速方框模糊"等效果制作动态纹理的方法与技巧
│　　　　│　　│　　└─ 掌握利用图层混合模式优化图像显示效果的技巧
│　　　　│　　└─ 要求 — 利用"分形杂色""快速方框模糊""单元格图案"等效果制作并优化动态纹理的显示效果
│　　　　├─ 制作"探索奥秘"文字动画
│　　　　│　　├─ 目标
│　　　　│　　│　　├─ 掌握利用"CC Blobbylize"（CC融化）、"斜面Alpha"等效果制作动态纹理文字的方法
│　　　　│　　│　　├─ 掌握利用三维图层变化属性制作文字动画的方法
│　　　　│　　│　　└─ 掌握利用"曲线"等效果校正视频色彩的方法与技巧
│　　　　│　　└─ 要求 — 利用"CC Blobbylize""斜面Alpha"等效果为文字添加纹理效果，运用"曲线"等色彩调整工具优化视频色彩，结合图层的变化属性完美实现文字的动态进入动画
│　　　　├─ 高效合成文字分镜动画
│　　　　│　　├─ 目标
│　　　　│　　│　　├─ 熟练掌握通过合成技术高效复制并完成同类动画制作的方法
│　　　　│　　│　　└─ 掌握利用图层的变化属性制作闪现动画的制作技巧
│　　　　│　　└─ 要求 — 综合利用合成的基本操作，高效完成"启迪智慧"与"激发潜能"分镜动画的制作
│　　　　└─ 制作标志的分镜动画
│　　　　　　├─ 目标
│　　　　　　│　　├─ 精通利用图层的变化属性制作淡入动画的技巧
│　　　　　　│　　└─ 熟练掌握利用"梯度渐变"等效果制作背景的方法
│　　　　　　└─ 要求 — 综合运用"梯度渐变"效果、图层的变化属性及蒙版技术，打造具有吸引力的视频背景，并巧妙地为标志和文字添加淡入动画效果
└─ 拓展训练 — 制作"精品咖啡展示"短视频

10.1 制作"珍惜水资源"公益广告

本任务是制作一个与环保相关的公益广告视频，广告主题是"绿动未来，你我共守！"，旨在通过使用美丽的自然风光画面、生机勃勃的海洋画面与荒地废壤的生态破坏镜头对比，让更多人从视频中感悟到水资源的珍贵，引起人们的共鸣和思考，激发观众的危机感和责任感。

10.1.1　公益广告概述

公益广告是不以营利为目的，而为社会提供免费服务的广告活动。它旨在传播公益观念，促使人们形成公益行为，甚至推动某些公益事业的发展。公益广告一般由政府有关部门主办，企业和广告公司等参与制作或资助，通过大众传播媒介进行发布。

1）公益广告的特点主要有以下 3 点：

① 非营利性。公益广告的主要目的是传播公益观念，而非追求经济利益。

② 社会性。公益广告关注社会公共利益，反映社会主流文化价值观，追求社会风气的改良。

③ 通俗性。公益广告的内容通常简洁明了，易于被大众理解和接受。

2）公益广告的功能与作用主要有以下 3 点：

① 传播社会文化。公益广告借助大众传播媒介传递各种社会文化、社会规范、行为准则、生活方式和审美意识等方面的内容。

② 规范社会道德。公益广告通过新奇的创意和大众传媒进行道德观念的引导和社会主义风尚的提倡，潜移默化地影响人们的思维方式，规范公众的行为举止，营造良好的道德风尚。

③ 社会教育功能。公益广告通过倡导、鼓励等方式引起人们的共鸣，达到教育的目的。

10.1.2　创意与构思

中华民族自古就崇尚"天人合一"的理念，追求人与自然的和谐共生。在快速发展的现代社会中，环境污染和生态破坏已成为人们不得不面对的现实问题。作为新时代的公民，我们不仅要敬畏自然，更应积极主动地将环保理念融入我们的创作与生活中，以实际行动守护我们的绿水青山。

视频前半部分采用小清新风格的圆环翻转动画，通过 After Effects 软件的 3D 旋转动画功能，将荒地废壤、绿水青山、海晏河清等一系列与环保主题相关的图片，随着水滴的滴落，以圆环翻转的形式展示出来，既表达了水资源的重要，又新颖、引人注目。视频后半部分为温馨又美好的"山水荷韵"的出场动画，在短片的高潮部分，在水滴滴落产生的涟漪效果消失后，以缩放的方式使"山水荷韵"出场，点明"绿动未来，你我共守！"的主题，进一步强调水资源对环保事业的重要，呼吁人人行动起来，保护水资源。

短片从整体来说，色彩清新自然，营造出一种宁静而有力的氛围，让人们感受到大自然的美好与珍贵，从而更加深刻地认识到保护自然环境对于人类社会具有深远的意义。

10.1.3 任务分析

本任务致力于创作一个"珍惜水资源"环保公益广告，主要分为以下 4 个核心环节。

1）需制作小清新风格的圆形翻转动画，包括将"荒地废壤""绿水青山""海晏河清"3 幅图合成为连续视频，并设计其圆形旋转效果。

2）打造广告的动态背景与底色动画，涉及背景颜色的渐变及旋转动画底色的同步变化。

3）创建逼真的水滴与涟漪特效，增强广告的视觉吸引力。

4）设计广告片尾动画，涵盖"山水荷韵"元素的优雅出场、环保标语文字的动态展示，以及为整个短片添加暗角效果，以营造沉浸式的观看体验。

10.1.4 任务实施

1. 制作小清新风格的圆形翻转动画

本步骤主要是利用"合成"及"截图图层"等命令，将"荒地废壤""绿水青山""海晏河清"3 幅图制作成依次播放的动画，使之呈现出连贯且富有深意的动画序列。生动展现环境从荒芜破败逐步迈向恢复与和谐的壮丽转变，凸显环保的迫切主题，为观众带来强烈的视觉震撼与情感共鸣。

微课：制作小清新风格的圆形翻转动画

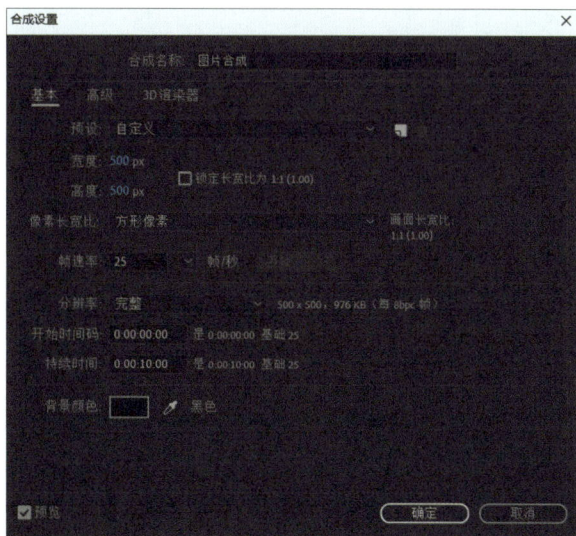

（1）制作合成

01 新建合成，导入素材。

步骤1 执行"合成"→"新建合成"命令，在打开的"合成设置"对话框中设置"合成名称"为"图片合成"，"预设"为"自定义"，"宽度""高度"都为"500px"，"像素长宽比"为"方形像素"，"帧速率"为"25 帧/秒"，并设置"持续时间"为 10 秒，"背景颜色"为黑色，如图 10-1-1 所示。单击"确定"按钮，完成合成设置。

图 10-1-1 设置合成参数

步骤 2 在"项目"面板中双击，打开"导入文件"对话框，导入"荒地废壤.jpg""绿水青山.png""海晏河清.png"素材，并将其拖动到"时间轴"面板上，调整图层顺序，从下到上依次为"荒地废壤.jpg""绿水青山.png""海晏河清.png"，如图 10-1-2所示。

图 10-1-2　图层顺序

02 调整图层的显示长度。

步骤 1 单击时间指示器，输入"210"，将当前时间指示器移动到 2 秒 10 帧的位置，选中"绿水青山.png"图层，按 Alt+"["组合键，设置图层入点，使"绿水青山.png"图层从 2 秒 10 帧开始显示。单击时间指示器，输入"400"，将当前时间指示器移动到 4 秒的位置，选中"海晏河清.png"图层，按 Alt+"["组合键，设置图层入点，使"海晏河清.png"图层从 4 秒开始显示。设置完成后，如图 10-1-3 所示。

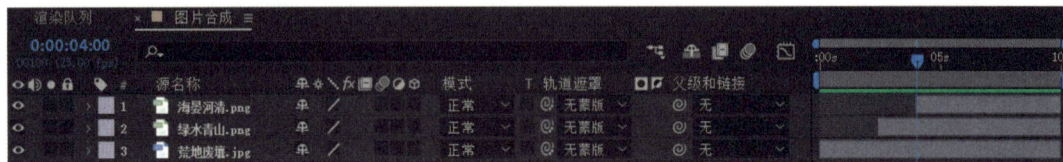

图 10-1-3　调整图层的显示长度

步骤 2 将当前时间指示器移动到开始帧的位置，按空格键预演视频动画。这样，"荒地废壤.jpg""绿水青山.png""海晏河清.png" 3 幅图片就变成了依次播放的视频动画。

（2）制作圆形旋转动画

本步骤主要利用"圆形"特效，精心打造圆形视频、圆形边框，以及圆形图片逐渐显现的动画效果。同时，结合图层的变化属性，巧妙地融入旋转动画，增强了画面动感，为整体作品增添了一份韵律与节奏感。

01 制作合成。

执行"合成"→"新建合成"命令，在打开的"合成设置"对话框中设置"合成名称"为"总合成"，"预设"为"HDV/HDTV · 1280×720 · 25fps"，这样图像大小就是 1280×720px，"像素长宽比"为"方形像素"，"帧速率"为"25 帧/秒"，"持续时间"为 10 秒，如图 10-1-4 所示。单击"确定"按钮完成设置。

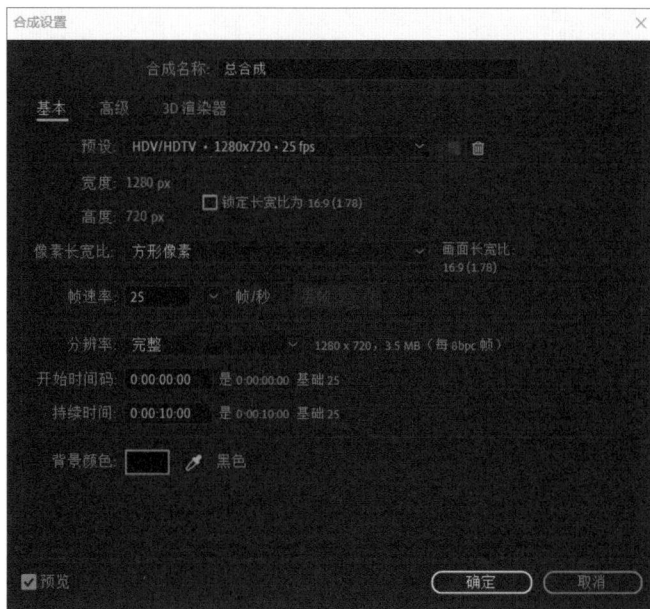

图 10-1-4　设置合成参数

02 制作图片蒙版效果。

在"项目"面板中找到"图片合成",将其拖入"总合成"的"时间轴"面板中。

步骤1 制作圆形蒙版。

选中"图片合成"图层,在"效果和预设"面板中展开"生成"特效组,双击"圆形"特效。在"效果控件"面板中,修改特效的参数:设置"半径"为"200.0","混合模式"为"模板 Alpha",如图 10-1-5 所示。

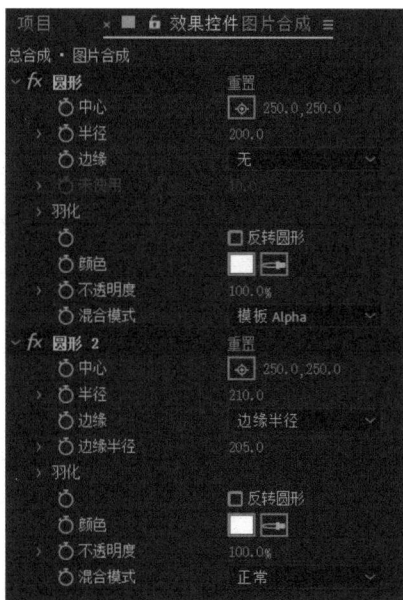

图 10-1-5　设置圆形特效参数

步骤2 制作圆形边框。

再次双击"圆形"特效，再添加一次圆。在"效果控件"面板中设置"半径"为"210.0"，"边缘"为"边缘半径"，"边缘半径"为"205.0"，"颜色"为白色，"混合模式"为"正常"，如图 10-1-5 所示。

这样，合成动画变成圆形形状，并添加了一个白边效果，如图 10-1-6 所示。

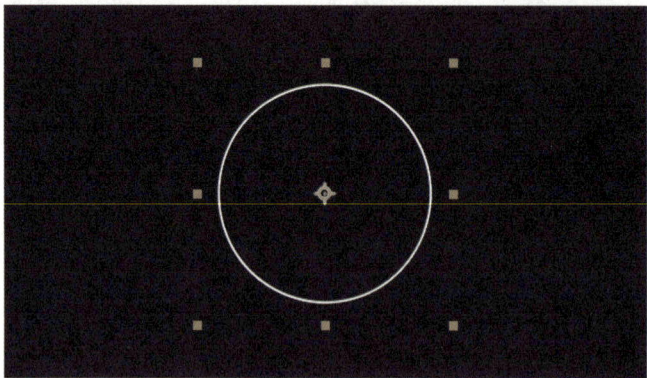

图 10-1-6 圆形效果

03 制作图片出现动画。

选中圆形"图片合成"层，在特效控制台找到第一个圆特效的半径属性。下面来设置图片合成逐渐显示并弹性运动的动画。

步骤1 制作逐渐显示动画。

单击时间指示器，输入"1"，将当前时间指示器移到 1 帧位置，设置"半径"为 0，并单击"半径"前面的"时间变化秒表"按钮，定义一个关键帧，如图 10-1-7 所示；单击时间指示器，输入"100"，将当前时间指示器移至 1 秒的位置，设置"半径"为"216.0"，如图 10-1-8 所示，形成圆形逐渐显示的动画。

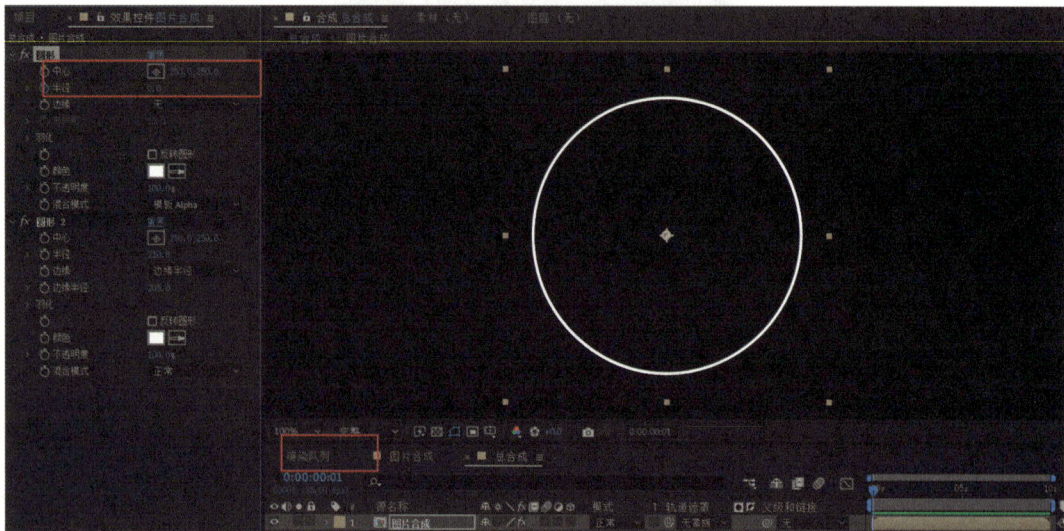

图 10-1-7 设置 1 帧位置关键帧

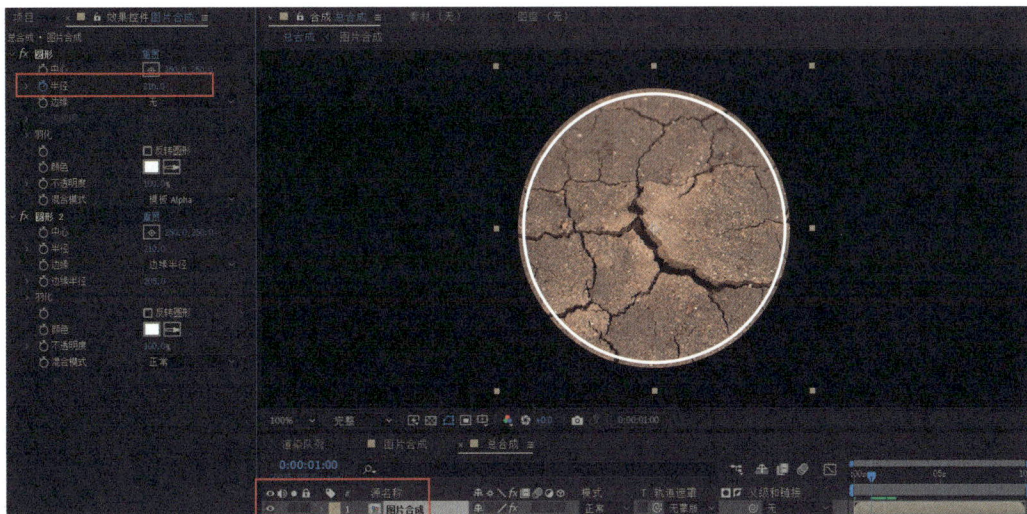

图 10-1-8 设置 1 秒位置关键帧

步骤 2 制作动画弹性运动效果。

① 单击时间指示器，输入"104"，将当前时间指示器移至 1 秒 04 帧的位置，设置"半径"为"188.0"，如图 10-1-9 所示。

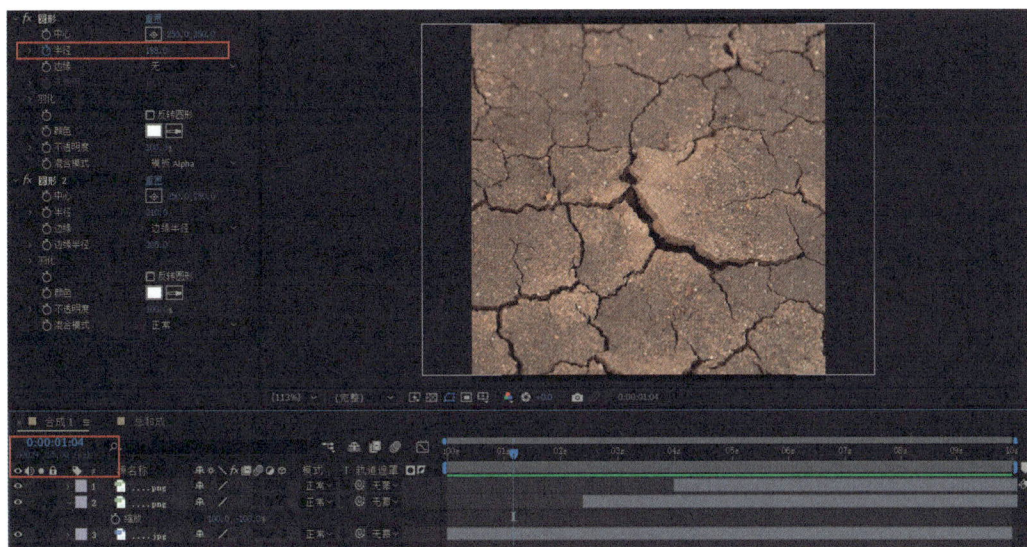

图 10-1-9 设置 1 秒 04 帧的半径

② 依次操作：将当前时间指示器移至 1 秒 08 帧的位置，设置"半径"为"208.0"；将当前时间指示器移至 1 秒 12 帧的位置，设置"半径"为"196.0"；将当前时间指示器移至 1 秒 16 帧的位置，设置"半径"为"200.0"。这样从 1 秒开始，间隔 4 帧，到 1 秒 16 帧，就设置了动画的弹性效果。

③ 按 U 键展开关键帧，框选所有的半径关键帧，单击 F9 键柔化曲线。这样就有了一个画面逐渐出现，并且带有弹性运动的动画效果。

04 制作"图片合成"旋转动画。

步骤1 选中圆形图片这一层，打开"3D 图层"开关。按 R 键展开旋转属性，制作一个旋转并变化图像的动画效果。

步骤2 单击时间指示器，输入"200"，将当前时间指示器移至 2 秒的位置，单击"X 轴旋转"前面的"时间变化秒表"按钮添加一个关键帧；将当前时间指示器移至 2 秒 10 帧的位置，设置"X 轴旋转"为-90°；将当前时间指示器移至 2 秒 20 帧的位置，设置"X 轴旋转"为-180°；将当前时间指示器移至 3 秒 15 帧的位置，单击属性前面的"时间变化秒表"按钮，添加关键帧。将当前时间指示器移至 4 秒的位置，设置"X 轴旋转"为-270°；将当前时间指示器移至 4 秒 10 帧的位置，设置"X 轴旋转"为 0°，如图 10-1-10 所示。

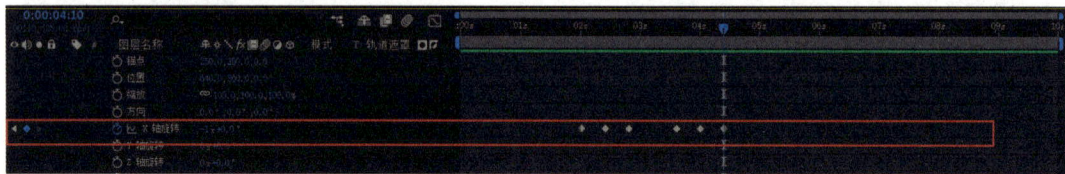

图 10-1-10　设置旋转动画

设置图片旋转的时间卡点正好与"图片合成"中图片变化的时间卡点相吻合，这样，当图片合成旋转到中间位置时，便能实现图片的切换，从而完成旋转动画的制作。

2. 制作广告动态背景和底色动画

（1）制作背景动画

在这一步中，利用 After Effect 的"填充"命令，通过精确控制旋转动画的帧速率和色彩变化的时机，创造既动感又协调的背景动画。

微课：打造广告的动态
背景与底色动画

01 新建图层。

执行"图层"→"新建"→"纯色"命令，在打开的"纯色设置"对话框中设置"名称"为"背景"，"大小"为合成大小，"颜色"无须设置（因为后面要用填充效果覆盖原始颜色）。将"背景"图层拖动至"时间轴"面板的最底层。

02 制作背景变色动画。

步骤1 选中"背景"图层，在"效果和预设"面板中展开"生成"特效组，双击"填充"特效。在"效果控件"面板中修改特效的参数：设置"填充颜色"为浅棕色，RGB 数值为(206,167,139)，将当前时间指示器移至 2 秒的位置，单击"填充颜色"前面的"时间变化秒表"按钮添加关键帧，并按 U 键展开关键帧效果，以便观看。

步骤2 将当前时间指示器移至 2 秒 20 帧的位置，设置"颜色"为浅绿色，RGB 数值为(205,240,135)。

步骤3 将当前时间指示器移至 3 秒 15 帧的位置，单击"添加关键帧"按钮添加一个关键帧。将当前时间指示器移至 4 秒 10 帧的位置，设置颜色为蓝色，RGB 数值为(154,208,254)，如图 10-1-11 和图 10-1-12 所示。

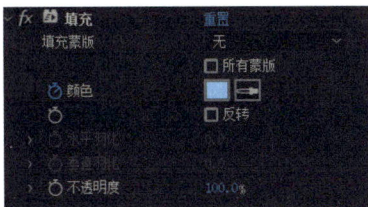

图 10-1-11　设置填充效果参数

图 10-1-12　设置关键帧

按空格键预演效果，可以看到背景颜色的变化与翻转动画的图片颜色相契合，完全匹配。

（2）制作动态底色动画

本步骤主要聚焦"荒地废壤.jpg""绿水青山.png""海晏河清.png"3 幅图在过渡过程中底色动画的设计与实现。通过图层管理和动画工具，精心策划底色从暗淡、荒芜逐渐过渡到明亮、清新的色彩变化，以此象征环境从破坏到恢复、从污染到清澈的积极转变，寓意着环境的最终和谐与美好。

01 制作"荒地废壤"底色动画。

步骤 1　回到总合成，执行"图层"→"新建"→"纯色"命令，在打开的"纯色设置"对话框中设置图层"名称"为"圆形底色 1"，"大小"为"500×500"，单击"确定"按钮，新建一个纯色层。

步骤 2　选中图层，在"效果和预设"面板中展开"生成"特效组，双击"填充"特效。在"效果控件"面板中，修改特效的参数：单击"颜色"色块，在打开的颜色框中设置 RGB 的值为(38,21,11)，如图 10-1-13 所示，得到一个深棕色的色彩，使其颜色匹配荒地废壤的色系。

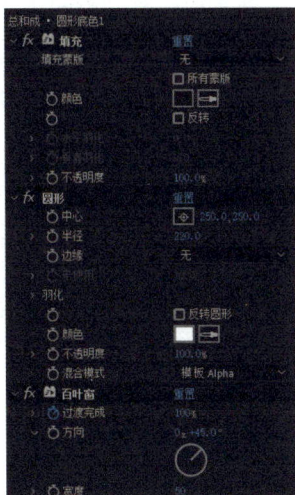

图 10-1-13　设置圆形底色 1 的效果

步骤 3　回到"生成"特效组，双击"圆形"效果，在"效果控件"面板中修改特效的参数：设置"半径"为"220.0"，"混合模式"为"模板 Alpha"，如图 10-1-13 所示。

步骤 4　在"效果和预设"面板中，展开"过渡"特效，双击"百叶窗"效果。在"效果控件"面板中，修改特效的参数：设置"方向"为 45°，"宽度"为"50"，如图 10-1-13 所示。

步骤 5　单击时间指示器，输入"10"，将当前时间指示器移至 10 帧的位置，设置"过渡完成"为"100%"，并单击前面的"时间变化秒表"按钮添加一个关键帧，如图 10-1-14 所示。将当前时间指示器移至第 20 帧的位置，设置"过渡完成"为"0"。

图 10-1-14　设置过渡完成关键帧

步骤 6　按 U 键展开关键帧，框选过渡完成的两个关键帧，按 F9 键柔化曲线。将"圆形底色 1"图层拖动至"图片合成"下方。此时就有了一个圆形从有到无的百叶窗动画。

02　制作"绿水青山"底色动画。

步骤 1　执行"图层"→"新建"→"纯色"命令，在打开的"纯色设置"对话框中设置图层"名称"为"圆形底色 2"，"大小"为"500×500"，单击"确定"按钮，新建一个纯色层。

步骤 2　修改色彩。选中"图形底色 2"图层，在"效果和预设"面板中展开"生成"特效组，双击"填充"特效。在"效果控件"面板中，修改特效的参数：单击"颜色"色块，在打开的颜色框中设置 RGB 的值为(68,142,9)，如图 10-1-15 所示，得到一个深绿色，使其颜色匹配绿水青山的色系。

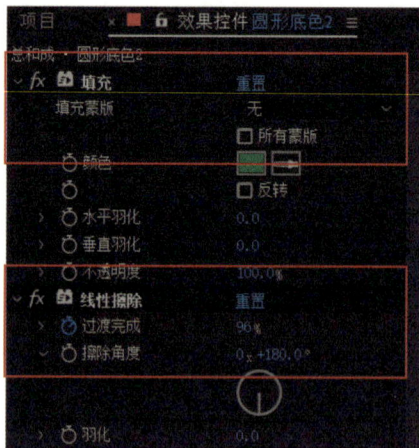

图 10-1-15　设置颜色和擦除动画

步骤 3　设置擦除动画。

①　在"效果和预设"面板中，展开"过渡"特效，双击"线性擦除"效果，在"效果控件"面板中，修改特效的参数：设置"擦除角度"为 180°，设置从下向上擦除的效果，

如图 10-1-15 所示。

② 将当前时间指示器移至 2 秒的位置，设置"过渡完成"为 90%，并单击前面的"时间变化秒表"按钮添加关键帧；将当前时间指示器移至 2 秒 20 帧的位置，设置"过渡完成"为 10%。按 U 键展开关键帧，框选过渡完成的两个关键帧，按 F9 键柔化曲线。

步骤 4 设置波动动画。在"效果和预设"面板中展开"扭曲"特效组，双击"波形变形"效果，在"效果控件"面板中，修改特效的参数：设置"波纹宽度"为 60，按住 Alt 键的同时单击"相位"前面的"时间变化秒表"按钮添加表达式"time*60"，设置相位跟随时间自动变化的速度，如图 10-1-16 所示。

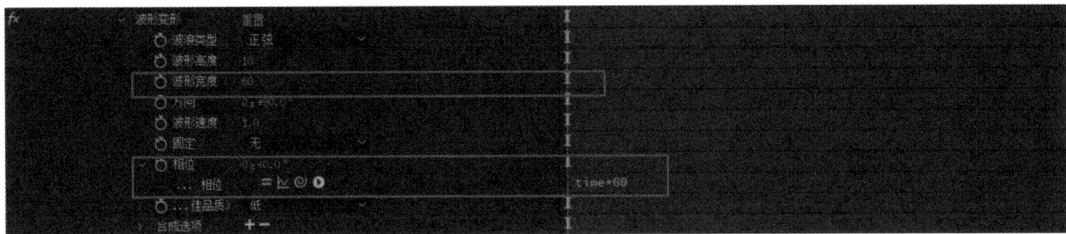

图 10-1-16 设置波动动画

步骤 5 设置圆形形状。

① 在"效果和预设"面板中展开"生成"特效组，双击"圆形"效果。在"效果控件"面板中，修改特效的参数：设置"半径"为"220.0"，"混合模式"为"模板 Alpha"，如图 10-1-17 所示。将"圆形底色 2"图层拖动至"图片合成"下方。

图 10-1-17 设置圆形效果

② 播放动画，出现随旋转逐渐出现的螺旋上升的圆形底色动画。

03 制作"海晏河清"底色动画。

因为这个动画跟第二个动画只有颜色不同，其他都相同，所以我们采用复制、修改的方法。

步骤 1 选中"圆形底色 2"图层，按 Ctrl+D 组合键复制一个图层，选中新复制的图层，右击，将其重命名为"圆形底色 3"。按 F3 键打开特效控制台，修改填充颜色为深蓝色，RGB 数值为(10,44,87)，匹配海豚的色彩。

步骤 2 按 U 键展开关键帧，将时间指示器移至 3 秒 15 帧的位置，框选 2 个关键帧，用鼠标拖动向后移动，使第一个关键帧对齐到时间指示器，如图 10-1-18 所示。

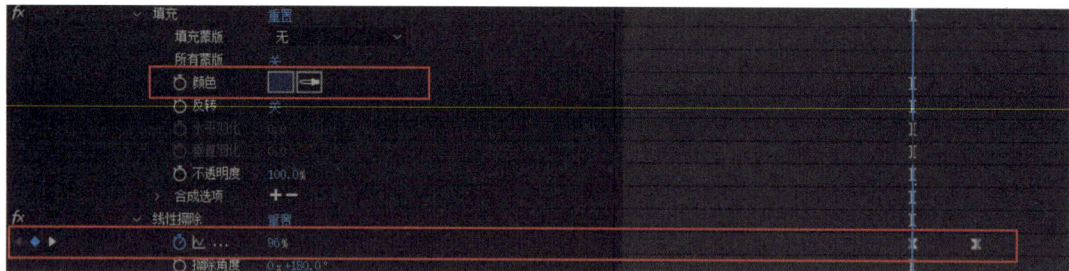

图 10-1-18　制作第三个圆形底色动画

播放动画，出现第三个随旋转逐渐出现的螺旋上升的圆形底色动画。

3. 创建逼真水滴与涟漪特效

（1）制作水滴效果

本部分主要利用图层的变化属性，制作水滴滴落的动画效果。通过精确控制关键帧，确保水滴的下降速度符合物理规律，增强动画的真实感。

微课：创建逼真的水滴
与涟漪特效

01 导入素材并调整大小。

回到总合成，从"项目"面板中找到"水滴"素材，并拖动到"时间轴"面板中。按 S 键展开图层的"缩放"属性，设置缩放大小为 20%。

02 制作水滴滴落动画。

步骤 1 按 P 键展开图层的"位置"属性。单击时间指示器，输入"110"，将当前时间指示器移至 1 秒 10 帧处，设置水滴垂直方向的"位置"属性值为(640.0,-70.0)，如图 10-1-19 所示，并按 Alt+"["组合键设置图层入点，将水滴左边的图层截掉。

图 10-1-19　设置"位置"属性参数

步骤 2 将当前时间指示器移至 2 秒处，设置水滴垂直方向的"位置"属性值为(640.0,300.0)。按 Alt+"]"组合键设置图层出点，将水滴右边的图层截掉，得到一个水滴从上到下滴落的动画。

03 制作其余两处水滴滴落动画。

步骤 1 按 Ctrl+D 组合键复制水滴图层。将当前时间指示器移动至 3 秒 15 帧处，拖动图层，使其结束端对齐当前时间指示器。

步骤 2 按 Ctrl+D 组合键复制水滴图层。将时间指示器移动至 5 秒 5 帧处，拖动图层，使其结束端对齐当前时间指示器，如图 10-1-20 所示。

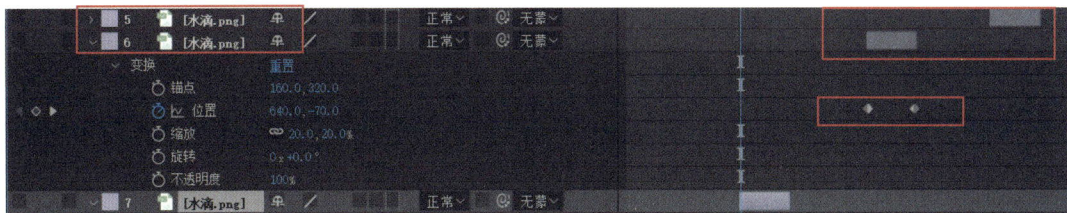

图 10-1-20　制作其余两处水滴滴落动画

至此，3 处水滴滴落效果制作完成。

（2）制作水滴涟漪动画

本步骤主要利用图层的复制、圆形半径参数的修改等完成水滴滴落后涟漪逐渐晕开的复杂涟漪效果，使其既真实又富有艺术感，从而为整体画面增添动态之美。

01　制作单个水滴涟漪。

步骤 1　选中"圆形底色 3"图层，按 Ctrl+D 组合键复制，右击修改名称为"涟漪"。拖动图层的名称上下移动可以改变图层顺序，将它移动到"图片合成"上方。

步骤 2　按 F3 键打开特效控制台，选中"线性擦除"和"波形变形"，按 Delete 键删除，只留下填充和圆，修改填充颜色为青色，RGB 数值为(0,240,255)。将时间指示器移动至 5 秒 5 帧处，按 Alt+"["组合键截断图层，如图 10-1-21 所示。

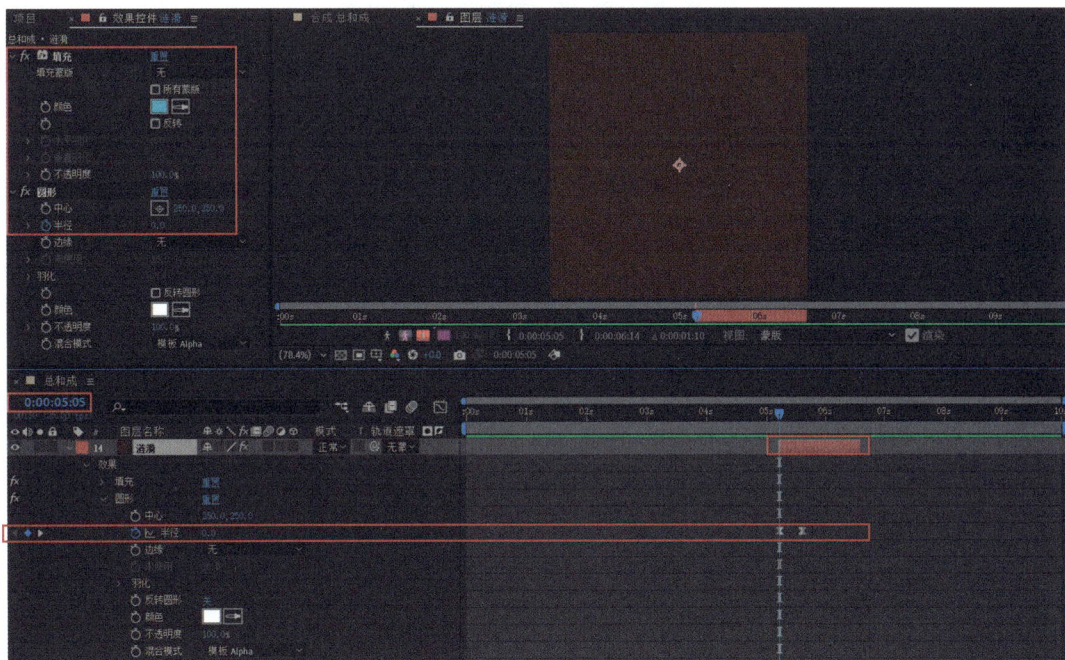

图 10-1-21　制作水滴涟漪

步骤 3　在特效控制台找到圆的"半径"属性，设置为 0，并单击"时间变化秒表"按钮添加关键帧，按 U 键展开关键帧。将时间指示器移至 5 秒 15 帧的位置，设置"半径"为 220。按 U 键展开关键帧，并框选两个半径的关键帧，按 F9 键柔化曲线，如图 10-1-21 所示。

步骤 4　选中 3 个底色图层和图片合成图层，按 Alt+"["组合键截断图层，如图 10-1-22 所示。

图 10-1-22　截断图层

02 制作多个水滴涟漪。

步骤 1 选中"涟漪"图层，按 Ctrl+D 组合键复制一个图层。在"效果控件"面板中修改填充颜色为黄绿色(192,248,23)，如图 10-1-23 所示。

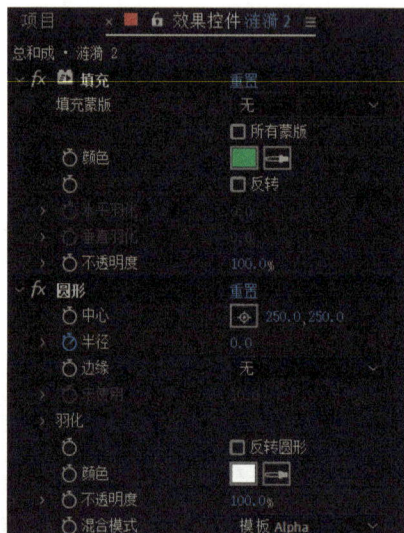

图 10-1-23　修改填充颜色

步骤 2 按 Alt+PageDown 组合键 4 次，将图层向时间线后方移动 4 帧，此时就出现了第二个扩散圆的动画覆盖第一个。用同样的方法复制出 6 个，这样就有了一个扩散动画，如图 10-1-24 所示。

图 10-1-24　扩散动画

03 制作涟漪消失动画。

本步骤主要制作涟漪消失的动画效果。

步骤 1 选中"圆形底色 1"图层，在特效控制台找到"百叶窗"并选中，按 Ctrl+C 组合键复制。将当前时间指示器移至 6 秒 15 帧，选中"涟漪 7"，按 Ctrl+V 组合键粘贴，如图 10-1-25 所示。

步骤 2 按 U 键展开关键帧并框选，执行"动画"→"关键帧辅助"→"时间反向关键帧"命令，更改动画为消失动画。

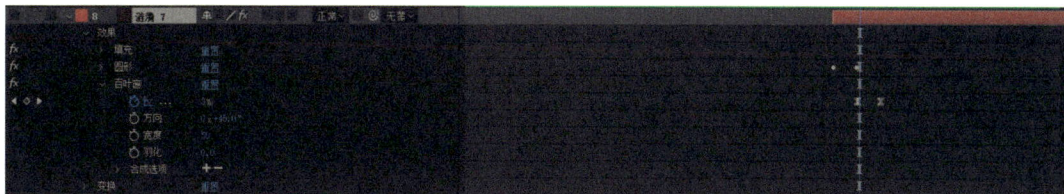

图 10-1-25　粘贴"百叶窗"特效

步骤 3　将当前时间指示器移至 6 秒 15 帧，选中"涟漪 1"～"涟漪 6"图层，按 Alt+
"]"组合键截断图层。

这样就有了一个图层百叶窗消失动画。

4. 设计广告片尾动画

（1）制作"山水荷韵"出场动画

在本步骤中，主要利用"圆形"特效及图层的"位置"属性制作
"山水荷韵"的出场动画。

微课：设计广告片尾动画

01 设置圆形图片动画。

步骤 1　在"项目"面板中双击，导入素材"山水荷韵"并将其拖入"总合成"的"时
间轴"面板中。

步骤 2　在"效果和预设"面板中展开"生成"特效组，双击"圆形"效果添加特效。
在"效果控件"面板中，设置"混合模式"为"模板 Alpha"，图 10-1-26 所示，显示素材
图像。

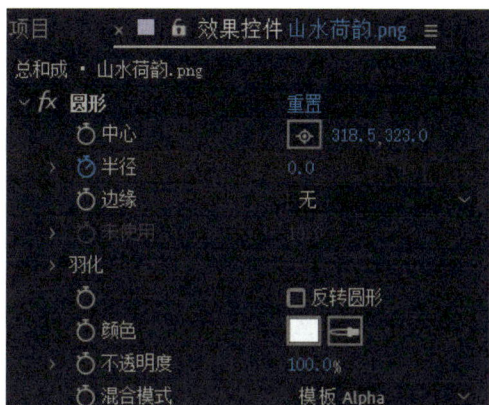

图 10-1-26　设置圆形特效

步骤 3　将当前时间指示器移至 7 秒位置，设置圆形"半径"为 0，单击"时间变化秒
表"按钮记录关键帧。将当前时间指示器移至 7 秒 10 帧的位置，设置圆形"半径"为 220，
通过此项设置，得到一个从小到大逐渐展开的动画。

02 设置白色圆圈动画。

步骤 1　打开"生成"特效组，双击"圆形"效果，继续添加一个圆形特效。在"效果
控件"面板中，修改"混合模式"为"正常"，"边缘"为"边缘半径"，"颜色"为白色。

步骤 2 将当前时间指示器移至 7 秒位置，设置圆形"半径"为 5，"边缘半径"为 0，单击"时间变化秒表"按钮记录关键帧；将当前时间指示器移至 7 秒 10 帧的位置，设置圆形"半径"为 220，"边缘半径"为 210，如图 10-1-27 所示。匹配上一步的圆形动画，得到一个从小到大逐渐展开的白色圆圈动画。

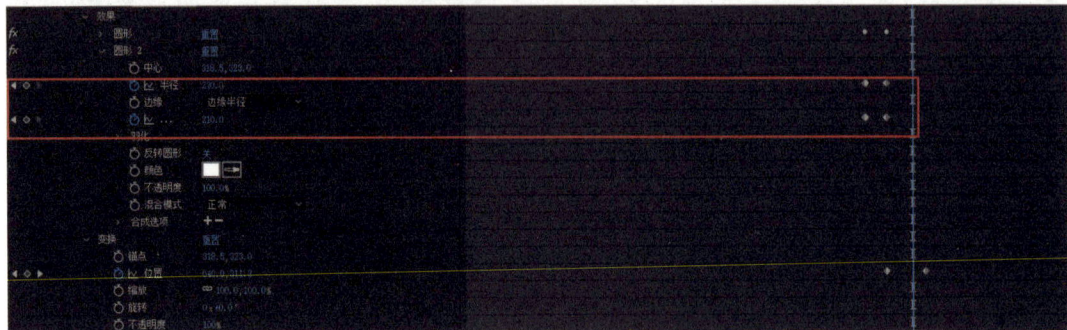

图 10-1-27　设置白色圆圈动画

03 设置圆形图片移动动画。

步骤 1 将当前时间指示器移至 7 秒 10 帧的位置，按 P 键展开"位置"属性，单击"位置"属性前的"时间变化秒表"按钮，添加关键帧。

步骤 2 将当前时间指示器移至 7 秒 15 帧的位置，修改 Y 轴方向上的值为"280"。

这样，随着水滴滴落产生的涟漪缓缓消散，"山水荷韵"的圆形图片仿佛被赋予了生命，逐渐从中心向外放大，优雅地呈现在观众眼前。这一细腻而富有诗意的动画效果，不仅提升了视觉上的美感，而且深刻寓意着自然之美与我们每个人紧密相连。

（2）标语文字出现动画

本部分主要利用文字工具制作文字的翻转出现动画。

步骤 1 输入文字。单击"横排文字工具"按钮，并在"合成"窗口中选择合适的位置单击，输入文字"绿动未来，你我共守！"，打开"文本"面板，设置文字为"隶书"，大小为"60 像素"，颜色为绿色，描边为"4 像素"，颜色为白色，间距为"200"，图 10-1-28 所示。

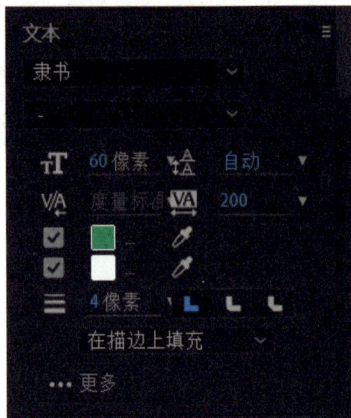

图 10-1-28　设置文字参数

步骤 2　设置文字动画。调节位置，使文字在"山水荷韵"下方。打开"3D 图层"开关，将当前时间指示器移至 7 秒 10 帧的位置，按 R 键展开"旋转"属性，设置"X 轴旋转"为 90°，并单击"时间变化秒表"按钮添加关键帧。按 Alt+"["组合键，设置图层入点，截断图层。将当前时间指示器移至 7 秒 15 帧的位置，设置"X 轴旋转"为 0°，框选两个关键帧，按 F9 键柔化曲线，使其过渡更为缓和，如图 10-1-29 所示。

图 10-1-29　设置文字动画

这样，就制作出了一个简约而富有创意的文字翻转出场动画。通过精心设计和细腻制作，这个动画不仅增添了视觉上的动感，还能有效地吸引观众的注意力，从而更加突出创意短片的核心主题。

（3）制作暗角效果

本部分利用图层混合模式和"梯度渐变"效果，制作图像的暗角效果。

步骤 1　新建一个固态层，与合成大小一样，设置名称为"暗角"。

步骤 2　在"效果和预设"面板中展开"生成"特效组，双击"梯度渐变"效果，为图片添加渐变效果，设置"渐变形状"为"径向渐变"，"渐变起点"为合成中心，"起始颜色"为白色，"结束颜色"为(180,180,180)，如图 10-1-30 所示。设置图层的叠加模式为"颜色加深"。

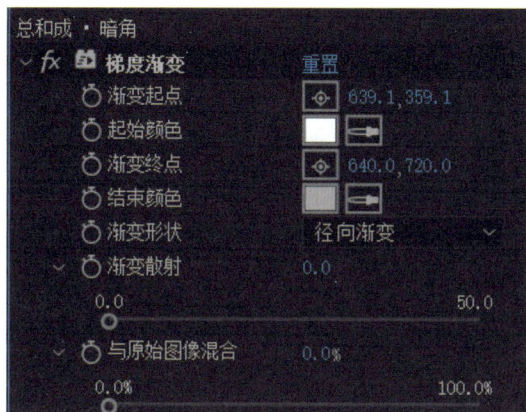

图 10-1-30　设置梯度渐变效果

步骤 3　"珍惜水资源"公益广告全部制作完成，预览视频。

（4）渲染输出

执行"合成"→"添加到渲染队列"命令，或按 Ctrl+M 组合键，打开"渲染队列"面板，设置渲染参数，单击"渲染"按钮，输出视频。

10.2 制作《走进科学》栏目片头

栏目包装片头在电视或网络视频栏目中占据着举足轻重的地位，是整个节目的视觉先导，它不仅是吸引观众眼球的利器，更是展现栏目主题与风格的窗口。

10.2.1 栏目片头概述及制作注意事项

在制作栏目片头时，要深入挖掘所创作品的核心价值与独特魅力，通过巧妙的构思与精彩的创意呈现，打造出既符合作品定位又能吸引观众注意力的个性化作品。

1. 栏目片头概述

栏目片头是电视节目或网络节目中，用于标识和引入特定栏目的一系列视觉和听觉元素的总和，通常出现在栏目开始的时刻，作为栏目的标志性开场，旨在迅速吸引观众的注意力，同时传达栏目的主题、风格、定位等信息。

栏目片头的设计通常包括以下几个方面：

1）视觉元素：包括栏目的名称、标志（logo）、色彩搭配、图形动画等。这些元素通过巧妙的组合和布局，形成独特的视觉效果，使观众能够一眼识别出这是哪个栏目的开头。

2）听觉元素：片头通常还伴随着特定的音乐或音效，这些声音元素与视觉元素相辅相成，共同营造出栏目的独特氛围。音乐的选择往往与栏目的主题和风格紧密相连，能够激发观众的情感共鸣。

3）时长与节奏：电视栏目片头的时长通常较短，一般在几秒到十几秒之间。这是因为观众对电视节目的耐心和注意力是有限的，片头需要迅速抓住观众的眼球，同时保持适当的节奏和紧张感，以激发观众的观看欲望。

4）品牌塑造：电视栏目片头还是塑造栏目品牌形象的重要手段。通过持续使用统一风格的片头，可以加深观众对栏目的印象和认同感，从而提升栏目的知名度和影响力。

2. 栏目片头制作注意事项

在制作栏目片头的过程中，有以下两点需要特别注意：

1）要确保所使用的素材拥有合法的使用权或版权许可。这不仅是对原创者的尊重，也是我们作为内容创作者遵循法律底线、捍卫品牌声誉的坚实基石。尊重知识产权，是我们不容动摇的原则。

2）要坚决拒绝盲目模仿与抄袭他人片头的创意和内容。追求创新与独特性，是我们创作片头的灵魂所在。盲目抄袭不仅会模糊栏目的独特身份，还可能让观众陷入审美疲劳。只有深度挖掘栏目的核心价值与非凡魅力，通过匠心独运的构思与创意无限的表达，才能锻造出既精准贴合栏目定位，又能瞬间捕获观众心弦的个性化片头。

10.2.2 创意与构思

《走进科学》栏目片头，共分为 4 个分镜头，分别是"探索奥秘"文字分镜动画、"启迪智慧"文字分镜动画、"激发潜能"文字分镜动画、"标志栏目名称"分镜动画。

文字设计采用现代科技感十足的背景填充，随着音乐的节奏产生光影变化，营造出一种紧迫而激动人心的探索氛围。

片头背景采用一系列快速变化的科技元素，如 DNA 双螺旋，这些元素以动态形式交织在一起，构成一幅充满未来感的画面。

背景光效以强烈的视觉冲击力出现，仿佛一股能量波从屏幕深处涌出，直接击中观众的心灵，旨在强调科学的力量能够激发人类无限的潜能，鼓励每个人勇敢探索未知，挑战自我极限。

片头色彩主色调为蓝色。蓝色常被用来描绘未来世界或高科技场景，营造出一种神秘、先进且充满希望的氛围。整个片头效果不仅展示了栏目的科学主题和探索精神，还增强了观众的观看体验和对栏目的认同感。

10.2.3 任务分析

本任务是创作《走进科学》栏目的片头动画。主要分以下 4 个部分完成：

1）设计并制作出具有独特质感的动态背景纹理效果。

2）制作"探索奥秘"文字动画，并高效合成，形成一个连贯的故事线。

3）制作"启迪智慧"与"激发潜能"文字动画，并高效合成，形成一个连贯的故事线。

4）制作标志的分镜动画，并对整个动画进行最终渲染，确保输出效果精美且符合项目要求。

10.2.4 任务实施

1. 打造质感文字纹理动画

本步骤主要利用"分形杂色""快速方框模糊""HDR 压缩扩展器"等效果实现视觉效果，利用"分形杂色"效果中的"偏移"效果制作动态效果。

微课：打造质感文字
纹理动画

（1）打造质感纹理

01 新建合成。

在菜单栏中执行"合成"→"新建合成"命令，打开"合成设置"对话框，设置"合成名称"为"质感纹理"，"宽度"为"720px"，"高度"为"405px"，"帧速率"为"25 帧/秒"，并设置"持续时间"为 10 秒，"背景颜色"为黑色，如图 10-2-1 所示，单击"确定"按钮完成。

02 制作质感图层。

步骤1 新建图层。在菜单栏中执行"图层"→"新建"→"纯色"命令，在打开的"纯色设置"对话框中设置"名称"为"杂色"，"颜色"为黑色，单击"确定"按钮，创建一个黑色的纯色层，用以做质感效果。

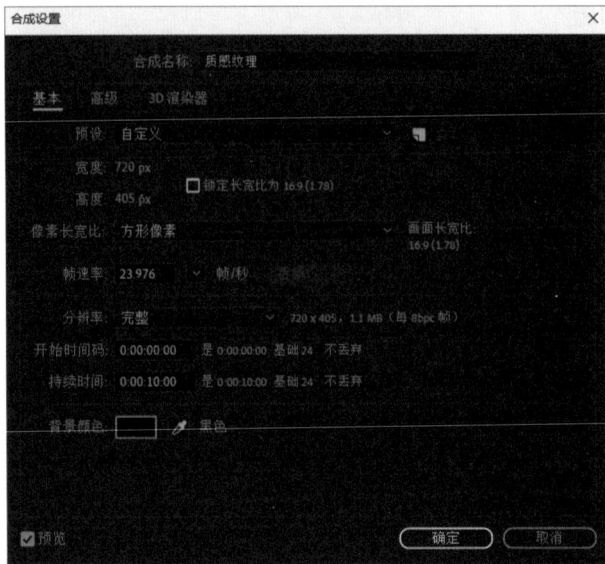

图 10-2-1 设置合成参数

步骤 2 添加杂色效果。将当前时间指示器移至起始帧的位置，选中"杂色"图层，在"效果和预设"面板中展开"杂色和颗粒"效果，双击"分形杂色"效果，图层显示添加杂色后的效果。进一步更改参数：在"效果控件"面板中，设置"对比度"为"150.0"，"亮度"为"-2.0"，调整图像明暗。

这样，纹理效果就呈现出来了。

03 设置质感背景动态效果。

步骤 1 展开"变换"选项，设置"缩放"为"20.0"，"复杂度"为"3.0"，如图 10-2-2 所示。单击"偏移（湍流）"左侧的"时间变化秒表"按钮，在当前位置添加关键帧。

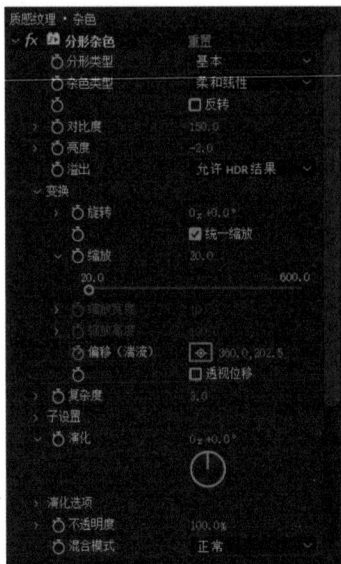

图 10-2-2 设置"变换"选项

步骤 2　将时间指示器调整到结束帧的位置，将"偏移（湍流）"水平坐标值更改为520。制作纹理背景水平偏移的动画效果。

按空格键预览动态效果，发现纹理效果略显生硬，下面对纹理做一下模糊处理。

04　添加模糊效果。

步骤 1　增加纹理模糊效果。选中"杂色"图层，在"效果和预设"面板中展开"模糊和锐化"选项，双击"快速方框模糊"特效。在"效果控件"面板中，设置"模糊半径"为"3.0"，选中"重复边缘像素"复选框，如图10-2-3所示。

步骤 2　降低纹理亮度。选中"杂色"图层，在"效果和预设"面板中展开"实用工具"选项，双击"HDR 压缩扩展器"特效，在"效果控件"面板中，设置"增益"为"1.50"，如图10-2-3所示。

这样，带有质感的文字动态背景纹理就出现了。

（2）对背景进行特效调整

本部分主要利用"单元格图案"效果产生单元格的纹理图案，利用其"偏移"产生晶体格水平方向位置改变的动画，利用"亮度键""快速方框模糊"等效果优化动态纹理的显示效果。

步骤 1　新建纯色层。在菜单栏中执行"图层"→"新建"→"纯色"命令，在打开的"纯色设置"对话框中设置"名称"为"纹理"，"颜色"为黑色，单击"确定"按钮完成。

步骤 2　添加图层的单元格特效。选中"纹理"图层，在"效果和预设"面板中展开"生成"特效组，双击"单元格图案"添加特效。在"效果控件"面板中，设置"单元格图案"为"晶体"，选中"反转"复选框，将"对比度"更改为"200.00"，"分散"更改为"1.50"，"大小"更改为"20.0"，如图10-2-4所示，产生图层的不规则格子纹理效果。

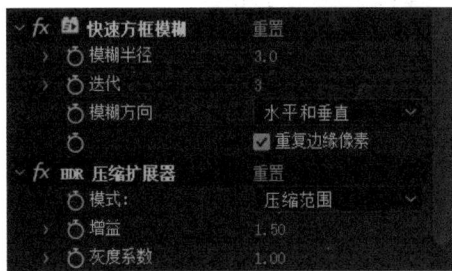

图 10-2-3　设置模糊效果

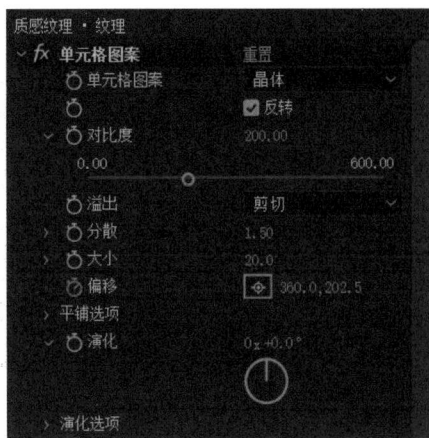

图 10-2-4　设置单元格特效

步骤 3　设置纹理变化动画。将当前时间指示器移到起始帧的位置，单击"偏移"左侧的"时间变化秒表"按钮，添加关键帧；将当前时间指示器移到结束帧的位置，将"偏移"水平方向数值修改为"520"，制作晶体格水平方向位置改变的动画。

步骤 4　提升亮度。选中"纹理"图层，在"效果和预设"面板中展开"过时"特效组，双击"亮度键"特效。在"效果控件"面板中，设置"键控类型"为"抠出较暗区域"，

"阈值"为"230"，"羽化边缘"为"0.1"，如图10-2-5所示，提升晶体格的亮度。

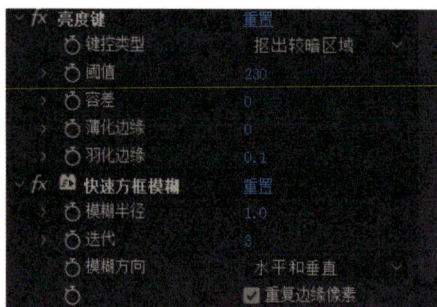

图 10-2-5   设置亮度键和模糊效果

步骤5   设置模糊效果。选中"纹理"图层，在"效果和预设"面板中展开"模糊和锐化"特效组，双击"快速方框模糊"特效。在"效果控件"面板中，设置"模糊半径"为"1.0"，选中"重复边缘像素"复选框，如图10-2-5所示。

步骤6   设置图层混合模式。在"时间轴"面板中选中"纹理"图层，将其图层模式更改为"相加"，设置当前层和下一层的混合模式。

步骤7   按空格键预览最终的纹理动态效果。

至此，文字的填充纹理效果制作完成。

2. 制作"探索奥秘"文字动画

本步骤主要利用"CC Blobbylize"（CC 融化）和"斜面 Alpha"效果将上一步骤完成的质感动态纹理应用到"探索奥秘"文字上，如图 10-2-6 所示。

微课：制作"探索奥秘"
文字动画

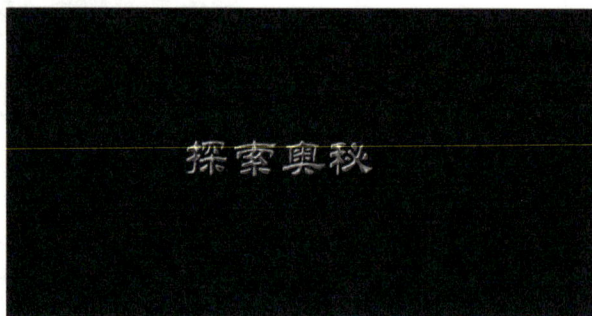

图 10-2-6   应用质感动态纹理后的效果

（1）新建合成，添加文字

01   新建合成。

步骤1   在菜单栏中执行"合成"→"新建合成"命令，打开"合成设置"对话框，设置"合成名称"为"文字效果"，"宽度"为"720px"，"高度"为"405px"，"帧速率"为"25 帧/秒"，并设置"持续时间"为 10 秒，"背景颜色"为黑色，单击"确定"按钮完成。

步骤2   添加文字。单击工具栏中的"横排文字工具"按钮，在"合成"窗口中添加文字"探索奥秘"，设置文字字体为"华文隶书"，大小为 50。

02 设置文字效果。

步骤 1 添加质感纹理层。在"项目"面板中，选中"质感纹理"合成，将其拖至"时间轴"面板中，将"质感纹理"合成移至文字图层下方，并将文字图层暂时隐藏。

步骤 2 添加文字融化特效。选中"质感纹理"图层，在"效果和预设"面板中展开"扭曲"特效组，双击"CC Blobbylize"添加特效。在"效果控件"面板中，设置"Blob Layer"（水滴层）为"2.探索奥秘"，"Property"（特性）为"Alpha"，"Softness"（柔和）为"1.0"，如图 10-2-7 所示。

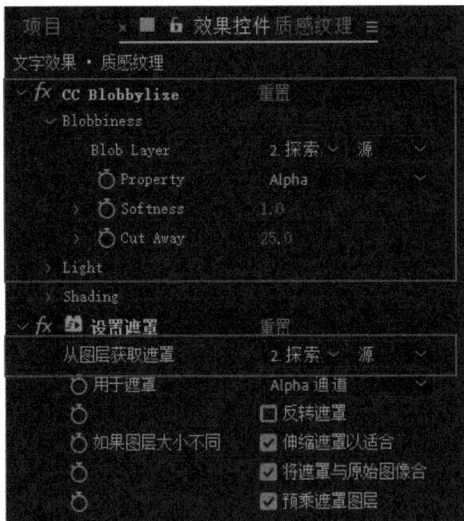

图 10-2-7 设置文字融化和遮罩特效

步骤 3 添加文字遮罩特效。在"效果和预设"面板中展开"通道"特效组，双击"设置遮罩"添加特效。在"效果控件"面板中，设置"从图层获取遮罩"为"2.探索奥秘"，如图 10-2-7 所示。

步骤 4 设置文字透视效果。在"时间轴"面板中，选中"探索奥秘"图层，按 Ctrl+D 组合键复制一个"探索奥秘 2"图层。选中"探索奥秘 2"图层，将文字更改为黑色，再将其图层模式更改为"相加"。

步骤 5 在"时间轴"面板中，选中"探索奥秘 2"图层，在"效果和预设"面板中展开"透视"特效组，双击"斜面 Alpha"添加特效。在"效果控件"面板中，设置"边缘厚度"为"1.00"，"灯光角度"为"0x-50.0°"，"灯光强度"为"1.00"，如图 10-2-8 所示。

至此，科技感十足的"探索奥秘"文字动画制作完成。

（2）制作"探索奥秘"文字分镜动画

本部分主要利用图层混合模式制作动态的背景动画，利用"曲线"效果调整图像的色彩与明亮，利用文字图层的"位置"属性动画制作文字的进入效果，最终效果如图 10-2-9 所示。

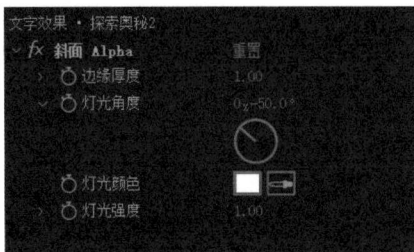

图 10-2-8 设置"斜面 Alpha"特效

图 10-2-9　"探索奥秘"文字分镜动画效果

01 新建合成，导入素材。

步骤1　新建合成。在菜单栏中执行"合成"→"新建合成"命令，打开"合成设置"对话框，设置"合成名称"为"分镜1整体效果"，"宽度"为"720px"，"高度"为"405px"，"帧速率"为"25帧/秒"，并设置"持续时间"为2秒20帧，"背景颜色"为黑色，如图 10-2-10 所示，单击"确定"按钮。

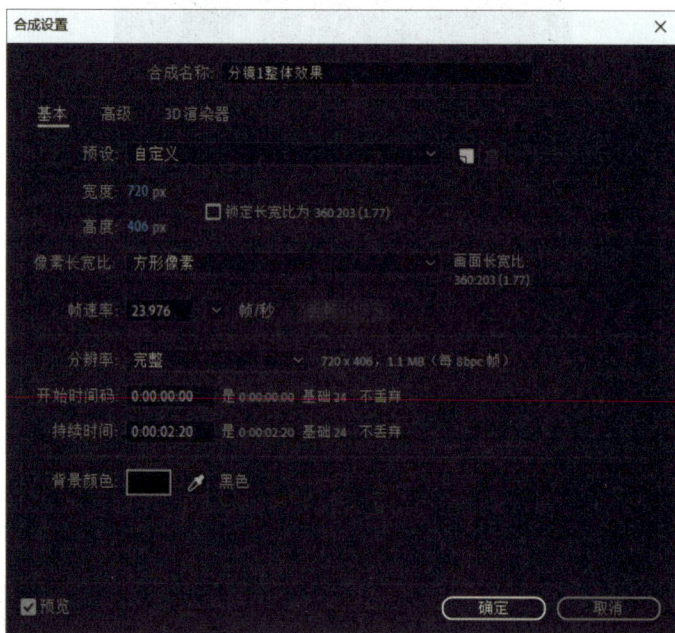

图 10-2-10　设置合成参数

步骤2　导入素材。在"项目"面板中，同时选中"文字效果"合成及"线条动画.avi""扫光.avi"素材，将其拖至"时间轴"面板中，图层顺序从下往上依次是扫光、文字、线条，将"线条动画.avi"的图层模式更改为"屏幕"。

02 调整文字色彩。

前面完成的文字动画是银色的，利用"曲线"命令调整文字层的亮度和色彩。

在"时间轴"面板中，选中"文字效果"合成，在"效果和预设"面板中展开"颜色校正"特效组，然后双击"曲线"特效。在"效果控件"面板中，单击曲线，向上调整，增强图像对比度。选择"通道"为红色，单击曲线，向下调整，减少文字中的红色。选择"通道"为蓝色，单击曲线，向上调整，增加文字中的蓝色。调整后的效果如图 10-2-11 所示。

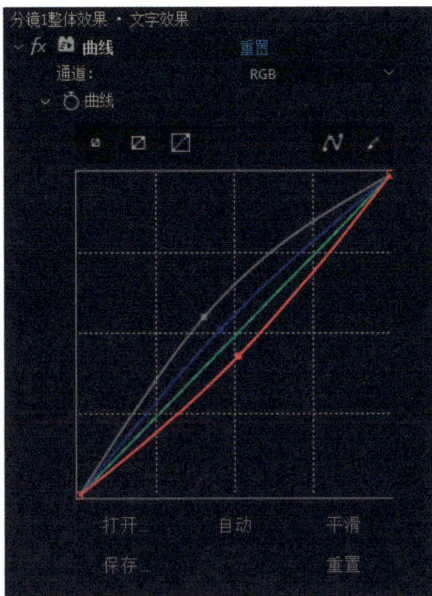

图 10-2-11　调整文字色彩

这样，科技感色彩的文字就调整好了。

03 制作文字动画。

步骤 1　设置文字纵深方向的位置动画。选中"文字效果"图层，单击"3D 图层"按钮，打开图层 3D 效果，将当前时间指示器移到起始帧的位置，按 P 键展开"位置"属性，单击"位置"左侧的"时间变化秒表"按钮，在当前位置添加关键帧，将"位置"纵深数值更改为-1000，如图 10-2-12 所示。将当前时间指示器移到结束帧的位置，将"位置"纵深数值更改为 0，系统将自动添加关键帧，制作位置动画。

图 10-2-12　设置位置纵深数值

步骤 2　设置动画的舒缓效果。选中"文字效果"合成中的位置关键帧，在菜单栏中执行"动画"→"关键帧辅助"→"缓动"命令，为动画添加缓动效果。

04 制作背景的动画效果。

步骤 1　在"项目"面板中，双击选中"光.jpg"素材并导入，将其拖至"时间轴"面板中，并将其图层模式更改为"屏幕"。

步骤 2　在"时间轴"面板中，将当前时间指示器移到起始帧的位置，选中"光.jpg"图层，按 T 键展开"不透明度"属性，将"不透明度"更改为"0%"，如图 10-2-13 所示。

间隔 10 帧，依次设置为 60%、0%、100%、20%、100%，制作光线图层的不透明度动画，也就是光线的闪烁动画。

图 10-2-13　设置不透明度

至此，"探索奥秘"文字分镜动画制作完成。

3．高效合成文字分镜动画

（1）制作"启迪智慧"和"激发潜能"分镜动画

本步骤主要通过复制合成、复制动画完成。也可以理解为，将"分镜 1 整体效果"当作模板，采用同样的动画，只需修改模板即可。这样不仅提升了动画风格的统一，还大大提高了动画的制作效率。"启迪智慧"

微课：高效合成文字分镜动画

和"激发潜能"分镜动画效果分别如图 10-2-14 和图 10-2-15 所示。

图 10-2-14　"启迪智慧"分镜动画效果

图 10-2-15　"激发潜能"分镜动画效果

步骤 1　更改文字效果模板。

在"项目"面板中，选中"文字效果"合成，按 Ctrl+D 组合键复制"文字效果 2"为新合成。

双击打开"文字效果 2"合成，选中最上面的文字图层，双击并更改文字为"启迪智慧"。采用同样的方法，双击下面的文字图层，更改文字为"启迪智慧 2"，如图 10-2-16 所示。

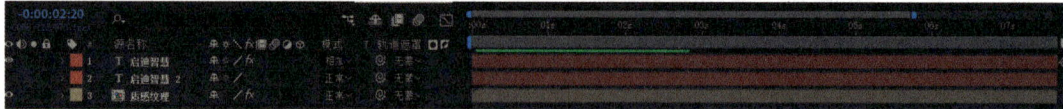

图 10-2-16　更改文字效果模版

步骤 2　更改"分镜 2 整体效果"。采用与刚才相同的方法复制"分镜 1 整体效果"，并修改名字为"分镜 2 整体效果"，删除图层"文字效果 1"，拖动"文字效果 2"到同样的位置。

步骤 3　复制动画效果。打开"分镜 1 整体效果"，选中文字，按 U 键，显示其关键帧动画。选中位置，按 Ctrl+C 组合键复制其关键帧动画。打开"分镜 2 整体效果"，选中文字图层，打开 3D 效果，按 Ctrl+V 组合键粘贴动画，如图 10-2-17 所示。

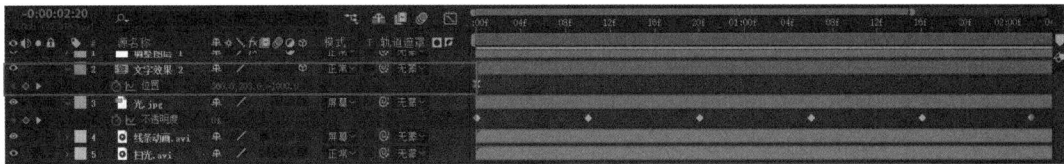

图 10-2-17　复制动画效果

至此，完成"启迪智慧"分镜动画的制作。

步骤 4　采用同样的方法，制作"激发潜能"分镜动画。

（2）合成 3 个分镜动画

本步骤主要利用图层的入点设置，衔接 3 个文字分镜动画。

01 新建总合成。

步骤 1　在菜单栏中执行"合成"→"新建合成"命令，打开"合成设置"对话框，设置"合成名称"为"最终合成"，"宽度"为"720px"，"高度"为"405px"，"帧速率"为"25 帧/秒"，并设置"持续时间"为 10 秒，"背景颜色"为黑色，如图 10-2-18 所示。完成之后单击"确定"按钮。

图 10-2-18　设置合成参数

步骤 2　在"项目"面板中，同时选中"分镜 1 整体效果""分镜 2 整体效果"及"分镜 3 整体效果"合成，按照图层顺序拖至"时间轴"面板中。

02 设置图层的入点位置。

在"时间轴"面板中，将当前时间指示器移到 2 秒 20 帧的位置，选中"分镜 2 整体效果"图层，按"["键设置当前图层的动画入点；将当前时间指示器移到 5 秒 15 帧的位置，选中"整体效果 3"图层，按"["键设置当前图层的动画入点，如图 10-2-19 所示。

图 10-2-19　设置图层的入点位置

这样，3 个分镜动画就衔接起来了。

03 调整动画氛围感。

本步骤主要利用"曲线"效果，进一步调整图像的色彩，使其色彩更鲜亮。

在菜单栏中执行"图层"→"新建"→"调整图层"命令，新建一个"调整图层 1"图层。在"时间轴"面板中，选中"调整图层1"图层，在"效果和预设"面板中展开"颜色校正"特效组，然后双击"曲线"特效。在"效果控件"面板中，修改"曲线"特效的参数，单击曲线上方向上调整，单击曲线下方向下调整，调整曲线为 S 形，增强图像对比度，如图 10-2-20 所示。

至此，3 个文字的分镜动画就制作完成了。

4.　制作标志的分镜动画

在这一步中，综合运用"梯度渐变"效果、图层的变化属性及蒙版技术打造具有吸引力的视频背景，并巧妙地为标志和文字添加淡入动画效果。

微课：制作标志的分镜动画

标志分镜动画效果如图 10-2-21 所示。

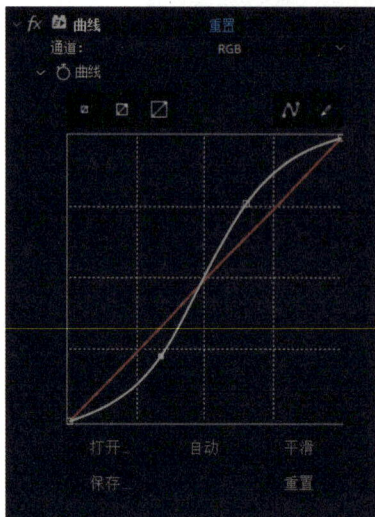

图 10-2-20　调整曲线效果

图 10-2-21　标志分镜动画效果

（1）新建合成

在菜单栏中执行"图层"→"新建"→"纯色"命令，在打开的"纯色设置"对话框中设置"名称"为"结尾背景"，"颜色"为黑色，单击"制作合成大小"按钮，制作与合成匹配大小的图层。完成之后单击"确定"按钮。

（2）添加渐变效果

在"时间轴"面板中，选中"结尾背景"图层，在"效果和预设"面板中展开"生成"特效组，选中"梯度渐变"特效并双击。在"效果控件"面板中，设置"渐变起点"为屏幕中间位置，数值为(360.0,202.5)；"起始颜色"为蓝色，RGB 数值为(9,43,67)；"渐变终点"为(720.0,406.0)；"结束颜色"为深蓝色，RGB 数值为(0,6,10)；"渐变形状"为"径向渐变"，制作蓝绿色到蓝黑色渐变的背景效果，如图 10-2-22 所示。

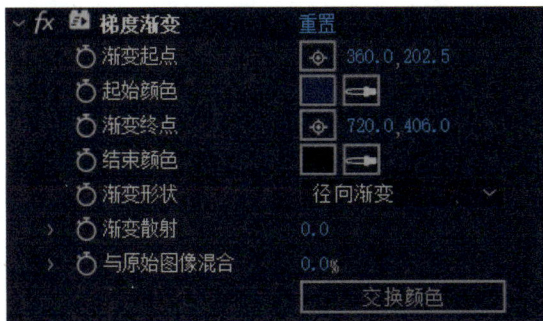

图 10-2-22 设置渐变效果

（3）制作背景淡入动画

选中"结尾背景"图层，将当前时间指示器移到 7 秒 20 帧的位置，按 T 键展开"不透明度"属性，将"不透明度"更改为"0%"，单击"不透明度"左侧的"时间变化秒表"按钮添加关键帧。将当前时间指示器移到 8 秒 13 帧的位置，将"不透明度"更改为"100%"，系统自动添加关键帧，制作背景从无到有逐渐显示的不透明度动画，即淡入效果。

（4）制作科学标志淡入动画

在"项目"面板中，双击选中"科学标志.png"素材并导入，将其拖至"时间轴"面板中并选中，将当前时间指示器移到 7 秒 20 帧位置，按 T 键展开"不透明度"属性，将数值更改为"0%"，单击左侧的"时间变化秒表"按钮，在当前位置添加关键帧；将当前时间指示器移到 8 秒 13 帧的位置，将数值更改为"100%"，如图 10-2-23 所示，制作"科学标志"的淡入动画。

图 10-2-23 设置不透明度

（5）制作文字的显示动画

步骤 1 添加文字。单击工具栏中的"横排文字工具"按钮，在图像下边单击，添加文字"走进科学"，设置字体为黑体，文字大小为 14，颜色为白色，字符间距为 1000，使文字长度稍稍长于标志动画宽度。调整文字到合适的位置。

步骤 2 制作蒙版显示动画。单击工具栏中的"矩形工具"按钮，选中文字图层，在文字左侧位置绘制一个蒙版路径，文字全部隐藏。将时间调整到 8 秒 13 帧的位置，展开"蒙版"选项，单击"蒙版路径"左侧的"时间变化秒表"按钮，在当前位置添加关键帧。将当前时间指示器移到 9 秒的位置，调整蒙版路径大小，使其全部覆盖文字，文字显示出来。系统自动添加关键帧，形成文字从左到右逐渐显示的动画，如图 10-2-24 和图 10-2-25 所示。

图 10-2-24 设置蒙版路径

图 10-2-25 动画效果

步骤 3 设置蒙版羽化效果。刚刚制作出来的文字，显示太过生硬，因此需要调整蒙版的羽化值，使过渡效果比较缓和。设置蒙版羽化值为(20,20)。

（6）预览效果，渲染输出

至此，《走进科学》栏目片头动画就制作完成了。按小键盘上的数字"0"键，在"合成"窗口中预览动画效果。

执行"合成"→"添加到渲染队列"命令，或按 Ctrl+M 组合键，打开"渲染队列"面板，设置渲染参数，单击"渲染"按钮，输出视频。

拓展训练

根据给定素材制作"精品咖啡展示"短视频。

参 考 文 献

曹茂鹏，2023．中文版 After Effects 2023 完全案例教程：微课视频版[M]．北京：中国水利水电出版社.

董明秀，2023．After Effects 影视特效与后期合成案例解析[M]．北京：清华大学出版社.

高文铭，祝海英，2022．After Effects 影视特效设计教程[M]．4 版．大连：大连理工大学出版社.

刘晓梅，李宝丽，2023．Adobe After Effects 2023 视频后期制作案例教程[M]．武汉：华中科技大学出版社.